JN446778

제2판

# 위상수학

조용승 지음

**불법복사는 지적재산을 훔치는 범죄행위입니다.**
저작권법 제136조(권리의 침해죄)에 따라 위반자는 5년 이하의 징역
또는 5천만원 이하의 벌금에 처하거나 이를 병과할 수 있습니다.

KM 경문사

# 머리말

위상수학은 공간의 성질을 연구하는 학문이다. 공간은 집합의 부분집합 사이에 관계를 줌으로써 형성되며, 다양한 관계가 다양한 위상공간을 만들어낸다. 위상수학은 수학 연구에 필수과목이다. 국소적으로는 극한의 개념으로부터 시작한 해석학과 기하학의 개념 정립과 발전에 기여하였으며, 광의적으로는 공간의 대역적 구조를 밝힘으로써 추상대수학과 기하학을 연계되어 상호 발전하였다.

위상수학은 크게 세 분야로 분류할 수 있다. 집합론과 논리학에 근거한 일반위상수학, 공간상에 대수학을 이용한 대수적 위상수학, 그리고 다양체상에 해석학과 기하학을 이용한 미분위상수학이 그 세 분야이다.

이 세 분야는 이 책의 집필 동기와도 관련이 있다. 현대의 위상수학 연구는 일반위상수학을 근간으로 하여 대수적위상수학과 미분위상수학 연구가 주류이며, 나아가서 대수기하학, 이론물리학 등 여러 분야와 연계하여 연구하고 있다. 그러나 대부분의 학부과정에서는 일반위상수학 분야만을 다루는 교재를 사용하고 있다. 그리하여 저자는 일반위상수학뿐만 아니라 대수적위상수학과 미분위상수학 입문 내용도 자연스럽게 연계하여 소개하는 위상수학 입문서가 필요하다고 생각하여 이 책을 집필하게 되었다.

이 책은 수학을 공부하는 학생을 위한 위상수학 입문서로서 1년간에 다룰 수 있는 분량인 총 11장으로 구성되어 있다.

첫째 학기에는 제1장에서 제7장까지 일반위상수학을 다루며, 둘째 학기에는 제8장과 제9장에서 대수적위상수학 입문을, 그리고 제10장과 제11장에서 미분위상수학 입문을 다루도록 집필하였다.

보다 구체적으로 기술하자면, 일반위상수학 분야인 제1장에서는 집합과 함수, 제2장에서는 위상의 정의, 닫힌포, 내부와 외부, 기저와 부분기저, 제3장에서는 연속함수와 위상적 성질, 제4장에서는 적공간과 상공간, 제5장에서는 위상공간의 연결성과 컴팩트성, 제6장에서는 분리공리, 연속함수의 확장, 한점 컴팩트화, 공간의 분류, 제7장에서는 완비거리공간, 범주정리, 함수공간을 공부한다.

대수적위상수학 입문 분야인 제8장에서는 패스의 호모토피, 기본군의 정의, 원의 기본군, 반-캄펜 정리, 기본군의 예, 제9장에서는 피복공간, 피복 호모토피 정리, 전피복공간, 피복공간과 기본군을 공부한다.

미분위상수학 입문 분야인 제10장에서는 미분다양체, 접공간, 몰입과 매장, 침몰과 횡단성, 사드정리와 모스함수, 경계를 갖는 다양체를 공부하며, 제11장에서는 외대수, 미분 형식, 다양체상의 적분, 외미분, 드람 코호몰로지, 스토크스 정리, 차수공식을 공부한다.

이 책은 저자가 2009년과 2010년 이화여자대학교에서 강의한 강의노트를 기본 내용으로 하여 집필하였다. 이화여자대학교와 성균관대학교에서 가르치면서 내용이 모호한 것을 보다 명확히 하고, 약간의 내용, 예, 연습문제를 추가하여 전체 흐름을 보다 매끄럽게 다듬어 제2판을 출간하게 되었다.

이 책을 출판해주신 경문사 조경희 대표님과 편집을 맡아주신 편집부 여러분, 그리고 박사과정 이소라와 석사과정 권미화, 임아람의 교정에 감사드린다.

2017년 8월

이화여자대학교 수학과 명예교수 조용승

# 차 례

## 제 5 장 연결공간(Connected Space)과 컴팩트공간(Compact Space)



## 제 6 장 위상공간의 분류(Classification of Topological Spaces)



## 제 7 장 함수공간(Function Space)



## 제 8 장 기본군(Fundamental Group)

## 제 9 장 피복공간(Covering Space)



## 제 10 장 미분다양체(Differentiable Manifold)



## 제 11 장 드람 코호몰로지(De Rham Cohomology)

# 제 1 장

# 집합(Set)과 함수(Function)

## 1.1 집합(Set)

직관적으로 어떤 대상들의 모임을 **집합**(set)이라 하고 집합 $X$의 구성원을 **원소**(element)라 한다.

어떤 $x$가 집합 $X$의 원소인지($x \in X$), 원소가 아닌지($x \not\in X$)가 명확해야 한다. 집합 $X$가 주어진 성질 $P$를 만족하는 원소의 모임이면

$$X = \{x \mid P(x)\}$$

로 나타낸다.

**예 1.1.1**

성질 $P$가 정수라고 하면

$$\text{정수(integer)의 집합 } \mathbb{Z} = \{n \mid n\text{은 정수}\} = \{\ldots, -2, -1, 0, 1, 2, \ldots\}$$

으로 나타낸다. ◘

집합 $X$의 원소의 개수가 유한이면 **유한집합**(finite set), 무한이면 **무한집합**(infinite set), 하나이면 단집합(singleton set), 없으면 **공집합** $\phi$(empty set)이라 한다.

두 집합 $X$, $Y$에 대하여 $X$의 모든 원소가 $Y$의 원소이면($x \in X \Rightarrow x \in Y$) $X$는 $Y$의 **부분집합**(subset)이라 하고, $X \subset Y$로 나타낸다. $X$가 $Y$의 부분집합이고($X \subset Y$) $Y$가 $X$의 부분집합($Y \subset X$)일 때 두 집합이 **같다**(equal)고 하고, $X = Y$로 나타낸다. 집합 $X$가 $Y$의 부분집합이고 같지 않을 때 $X$를 $Y$의 **진부분집합**(proper subset)이라 하고, $X \subsetneq Y$로 나타낸다.

집합 $X$의 두 부분집합 $A_1$과 $A_2$가 **서로소**(disjoint)란 교집합 $A_1 \cap A_2 = \phi$이 공집합임을 의미한다.

집합에 대한 여러 가지 용어와 성질은 집합론에서 다룬 것으로 하자.

주의 **러셀의 패러독스(Russell's paradox)**

$M = \{A \mid A \not\in A\}$은 집합인가? ($M \in M \Leftrightarrow M \not\in M$)

**정의 1.1.1**

(1) 집합족(family of sets) $\{X_\alpha \mid \alpha \in I\}$에 대하여 **적집합**(product set)은

$$\prod_{\alpha \in I} X_\alpha = \{(x_\alpha)_{\alpha \in I} \mid \text{각 } \alpha \in I \text{에 대하여 } x_\alpha \in X_\alpha\}$$

라고 정의한다.

(2) 집합 $X$의 원소들 사이에 관계 $\leq$가 $x,\ y,\ z \in X$에 대하여

(i) $x \leq x$

(ii) $x \leq y$이고 $y \leq x$이면 $x = y$

(iii) $x \leq y$이고 $y \leq z$이면 $x \leq z$

가 성립할 때, 관계 $\leq$를 **부분순서**(partial order)라 하고 쌍 $(X,\ \leq)$를 **부분순서집합**(partially ordered set)이라 한다.

(3) 부분순서집합 $(X,\ \leq)$에서 임의의 두 원소 $x,\ y \in X$ 사이에 $x \leq y$, $x = y$, $y \leq x$ 중 하나가 성립하면 $\leq$를 **전순서**(total order)라 하고, 이때 $(X,\ \leq)$를 **전순서집합**(totally ordered set)이라고 한다.

(4) 부분순서집합 $(X,\ \leq)$에서 원소 $x_0 \in X$가 **극대원소**(maximal element)란, 만일 원소 $x \in X$가 $x_0 \leq x$이면 $x = x_0$이다. 반대로 $x_0 \in X$가 **극소원소**(minimal element)란, 만일 원소 $x \in X$가 $x \leq x_0$이면 $x = x_0$이다.

부분집합 $A \subset X$에서 모든 $a \in A$에 대하여 $x \in X$가 존재하여 $a \leq x$이면 $A$를 **위로 유계**(bounded above)라 한다.

같은 방법으로, **아래로 유계**(bounded below)는 부등호를 반대로 $x \leq a$로 정의한다.

### 조른보조정리(Zorn lemma)

부분순서집합 $(X,\ \leq)$의 임의의 전순서부분집합이 위로 유계이면 $X$는 극대원소를 갖는다.

**정의 1.1.2**

(1) 집합 $X$상에 관계 $\sim$가 다음 세 가지 조건을 만족할 때 $\sim$을 $X$상의 **동치관계**(equivalence relation)라 한다.

(i) $x \sim x$, 모든 원소 $x \in X$

(ii) $x \sim y$이면 $y \sim x$, $x$, $y \in X$

(iii) $x \sim y$이고 $y \sim z$이면 $x \sim z$, $x$, $y$, $z \in X$

(2) 집합 $X$상에 동치관계 $\sim$가 정의될 때, $x \in X$에 대하여

$$[x] = \{y \mid y \in X,\ x \sim y\}$$

를 $x$의 **동치류**(equivalence class)라 한다.

집합 $X/\sim\ = \{[x] \mid x \in X\}$를 **상집합**(quotient set)이라 한다.

여기서 동치류 $[x]$를 $X$에서는 부분집합, 상집합 $X/\sim$에서는 원소로 사용한다,

**정리 1.1.2**

$X$상의 관계 $\sim$가 동치관계일 때,

(1) 각 $x$, $y \in X$에 대하여 $[x] = [y]$이거나 $[x] \cap [y] = \phi$이다.

(2) $X = \cup \{[x] \mid x \in X\}$는 동치류에 의하여 **분할**(partition)이 된다.

여기서 분할은 서로소인 부분집합의 합집합을 의미한다.

## 연습문제 1.1

**1.** 집합 $U$의 부분집합족 $(A_\alpha)_\alpha$와 부분집합 $B$에 대하여 다음을 증명하시오.

(1) $B \cup (\bigcap_\alpha A_\alpha) = \bigcap_\alpha (B \cup A_\alpha)$ (2) $B \cap (\bigcup_\alpha A_\alpha) = \bigcup_\alpha (B \cap A_\alpha)$

(3) $U - (\bigcup_\alpha A_\alpha) = \bigcap_\alpha (U - A_\alpha)$ (4) $U - (\bigcap_\alpha A_\alpha) = \bigcup_\alpha (U - A_\alpha)$

(5) $\cup \{A_\alpha \mid \alpha \in \phi\} = \phi$ (6) $\cap \{A_\alpha \mid \alpha \in \phi\} = U$

2. 실수 $\mathbb{R}$상의 관계 $\sim$을 $x \sim y \Leftrightarrow x-y \in \mathbb{Z}$로 정의하면 $\sim$은 동치관계임을 보이시오. 동치류들의 상집합 $\mathbb{R}/\sim$과 단위원 $S^1$ 사이에 전단사함수가 있음을 보이시오.

3. 집합족의 적집합 $\prod_{\alpha \in I} X_\alpha$와 함수 집합 $\mathfrak{F} = \{f : I \to \bigcup_{\alpha \in I} X_\alpha \mid f(\alpha) \in X_\alpha$, 각 $\alpha \in I\}$는 일대일 대응임을 보이시오.

4. 정리 1.1.2를 증명하시오.

## 1.2 함수(Function)

두 집합 $X$, $Y$에 대하여 $X$의 각 원소 $x$에 $Y$의 한 원소 $y$를 대응시키는 규칙 $f$를 $X$에서 $Y$로의 **함수**(function)라 하고, 기호로

$$f : X \to Y$$

로 나타내고 $f(x) = y$로 쓰며, $y$를 $f$에 의한 $x$의 **상**(image) 혹은 **값**(value)이라 한다. $X$를 **정의역**(domain), $Y$를 **공역**(codomain), $f(X) = \{f(x) \in Y \mid x \in X\}$를 **치역**(range)이라 한다.

두 함수 $f$, $g : X \to Y$가 같다는 것은 모든 $x \in X$에 대하여 $f(x) = g(x)$를 의미하며 $f = g$로 나타낸다.

**주의** ① 일반 교재에서 쓰는 함수 또는 사상을 이 책에서는 함수라고 한다.
② 집합론이나 학부 1, 2학년에서 함수의 성질(합성함수, 역함수, 단사함수, 전사함수 등)을 다룬 것으로 한다.
③ 함수의 정의에서 정의역이 공집합이면 공함수가 있으나, 정의역이 공집합이 아니고 공역이 공집합이면 함수는 없다.

이 책에서 쓰일 몇 가지 용어를 설명한다.

**정의 1.2.1**

(1) 두 집합 $X$, $Y$가 **같은 농도**(same cardinality)를 갖는다는 것은 전단사 함수 $f: X \to Y$가 존재함을 의미한다.

(2) 집합 $X$가 유한집합이거나 자연수 집합 $\mathbb{N}$과 같은 농도를 가질 때 $X$를 **가산집합**(countable set)이라 하고, 가산집합이 아닌 집합을 **비가산집합**(uncountable set)이라 한다.

**예 1.2.1**

(1) 정수 집합 $\mathbb{Z}$와 유리수 집합 $\mathbb{Q}$는 가산집합이며 같은 농도를 갖는다.

(2) 열린구간 $(0,\ 1)$, 실수 집합 $\mathbb{R}$은 비가산집합이며 같은 농도를 갖는다. 왜냐하면 $f:(0,1)\to\mathbb{R}$, $f(x)=\dfrac{-2x+1}{x(1-x)}$는 전단사이기 때문이다 ◘

**선택공리(axiom of choice)**

공집합이 아닌 집합들의 집합족 $\{X_\alpha \mid \alpha \in I\}$에 대하여 $f: I \to \bigcup_{\alpha\in I} X_\alpha$, 각 $\alpha\in I$에 $f(\alpha)\in X_\alpha$를 만족하는 함수가 존재한다.

따라서 적집합은

$$\prod_{\alpha\in I} X_\alpha = \{f : I \to \bigcup_{\alpha\in I} X_\alpha \mid \text{각 } \alpha\in I \text{에 대하여 } f(\alpha)\in X_\alpha\}$$

이고, 각 $\alpha$에 대하여 사영함수(projection function) $p_\alpha : \prod_{\alpha\in I} X_\alpha \to X_\alpha$, $p_\alpha(f)=f(\alpha)$가 잘 정의된다.

## 연습문제 1.2

1. 함수 $f: X \to Y$에서 $X$의 부분집합 $A$, $B$와 $Y$의 부분집합 $C$, $D$에 대하여 다음을 증명하시오.

(1) $f(A \cup B) = f(A) \cup f(B)$

(2) $f(A \cap B) \subset f(A) \cap f(B)$

(3) $f(A - B) \supset f(A) - f(B)$

(4) $f^{-1}(C \cup D) = f^{-1}(C) \cup f^{-1}(D)$

(5) $f^{-1}(C \cap D) = f^{-1}(C) \cap f^{-1}(D)$

(6) $f^{-1}(C - D) = f^{-1}(C) - f^{-1}(D)$

**2.** 함수 $f : X \to Y$에서 $A \subset X$, $B \subset Y$에 대하여 다음을 증명하시오.

(1) $A \subset f^{-1}(f(A))$

(2) $B \supset f(f^{-1}(B))$

(3) $f$가 단사일 필요충분조건은 모든 부분집합 $A \subset X$에 대하여 $A = f^{-1}(f(A))$ 이다.

(4) $f$가 전사일 필요충분조건은 모든 부분집합 $B \subset Y$에 대하여 $B = f(f^{-1}(B))$이다.

# 제2장

# 위상공간(Topological Space)

## 2.1 위상(Topology)

**정의 2.1.1**

공집합이 아닌 집합 $X$에 대하여, $\mathfrak{J}$를 다음의 세 조건을 만족하는 $X$의 부분집합들의 집합족이라 하자.

(1) $X \in \mathfrak{J}$, $\phi \in \mathfrak{J}$

(2) 만일 $\{U_\alpha \mid \alpha \in I\} \subset \mathfrak{J}$이면 $\bigcup_{\alpha \in I} U_\alpha \in \mathfrak{J}$

(3) 만일 $U$, $V \in \mathfrak{J}$이면 $U \cap V \in \mathfrak{J}$

이때 $\mathfrak{J}$를 $X$상의 **위상**(topology)이라 하고, 쌍 $(X, \mathfrak{J})$를 **위상공간**(topological space)이라 하며, $\mathfrak{J}$의 원소, 즉 $X$의 부분집합 $U \in \mathfrak{J}$를 **열린집합**(open set) 혹은 $X$의 **열린부분집합**(open subset)이라 한다.

원소 $x \in X$가 열린집합 $U$에 포함되면 $U$를 포함한 $X$의 부분집합 $N$을 $x$의 **근방**(neighborhood)이라 하고, 열린집합 $U \subset X$의 여집합 $X - U$를 **닫힌집합**(closed set) 혹은 $X$의 **닫힌부분집합**(closed subset)이라 한다.

집합 $X$에 위상이 주어지면 위상공간 혹은 간략히 **공간**(space)이라 부르고, 공간의 원소를 **점**(point)이라 한다.

**주의** 정의 2.1.1의 (3)에서 $\{U_\alpha \mid \alpha \in I_1\} \subset \mathfrak{J}$이고 $I_1$이 유한집합이면 $\bigcap_{\alpha \in I_1} U_\alpha \in \mathfrak{J}$ 로 대치할 수 있다. 논리적으로 (2)이면 $\phi \in \mathfrak{J}$ 이고, (3)이면 $X \in \mathfrak{J}$ 가 된다.

따라서 위상의 정의를 (2), (3)을 만족하는 $X$의 부분집합족으로 할 수 있다.

점 $x$의 근방을 $x$를 포함한 열린집합으로 정의하기도 한다.

**예 2.1.1 정의 및 예**

공집합이 아닌 집합 $X$에 대하여

(1) $\mathfrak{J} = \{X, \phi\}$라 하면 $\mathfrak{J}$는 위상조건을 만족한다. $\mathfrak{J}$를 **비이산위상**(indiscrete

topology)이라 하고 $(X, \mathfrak{I})$를 **비이산공간**(indiscrete space)이라 한다.

(2) $\mathfrak{D} = \{U \mid U \subset X\}$를 $X$의 모든 부분집합들의 집합족이라 하면 $\mathfrak{D}$도 위상조건을 만족한다. 이때 $\mathfrak{D}$를 **이산위상**(discrete topology)이라 하고 쌍 $(X, \mathfrak{D})$를 **이산공간**(discrete space)이라 한다.

(3) 함수 $d : X \times X \to \mathbb{R}$이 다음 조건을 만족한다고 하자.

(i) $d(x, y) \geq 0$, 모든 $x, y \in X$

(ii) $d(x, y) = 0 \Leftrightarrow x = y$

(iii) $d(x, y) = d(y, x)$, 모든 $x, y \in X$

(iv) $d(x, z) \leq d(x, y) + d(y, z)$, 모든 $x, y, z \in X$

이때 $d$를 **거리함수**(metric function), $d(x, y)$를 $x$와 $y$ 사이의 **거리**(distance)라 한다.

임의의 양수 $\varepsilon > 0$과 $x \in X$에 대하여 $B(x, \varepsilon) = \{y \in X \mid d(x, y) < \varepsilon\}$을 $x$의 **$\varepsilon$-근방**($\varepsilon$-neighborhood)이라고 한다. 집합족

$$\mathfrak{T}_d = \{U \subset X \mid \text{각 점 } x \in U, \ \exists \varepsilon > 0 \text{ s.t. } B(x, \varepsilon) \subset U\}$$

는 $X$의 위상이 된다.

이때 $\mathfrak{T}_d$를 거리함수 $d$에 의하여 $X$에 유도된 **거리위상**(metric topology)이라 하고, 쌍 $(X, d) = (X, \mathfrak{T}_d)$를 **거리공간**(metric space)이라 한다.

(4) 벡터공간 $\mathbb{R}^n$상에 $d(x, y) = |x - y|$, $x, y \in \mathbb{R}^n$은 거리함수이다. 따라서 $(\mathbb{R}^n, d)$는 거리공간이다.

이때 $(\mathbb{R}^n, d)$를 **유클리드공간**(Euclid space)이라 한다.

(5) 위상공간 $(X, \mathfrak{T})$의 각 $x \in X$에 대하여 집합족 $\mathfrak{N}_x = \{N \mid x \in U \in \mathfrak{I}, U \subset N \subset X\}$를 $x$의 **근방계**(neighborhood system)라 한다. ◘

**정리 2.1.1**

근방계 $\mathfrak{N}_x$는 다음 성질을 만족한다.

(1) $U \in \mathfrak{N}_x$이면 $x \in U$이다.

(2) $U \in \mathfrak{N}_x$, $U \subset V$이면 $V \in \mathfrak{N}_x$이다.

(3) $U, V \in \mathfrak{N}_x$이면 $U \cap V \in \mathfrak{N}_x$이다.

(4) $U \in \mathfrak{T} \Leftrightarrow$ 각 원소 $y \in U$에 대하여 $U \in \mathfrak{N}_y$이다.

증명 (4) $U \in \mathfrak{T}$이면 $U$는 열린집합이고, $y \in U$이면 $U$는 $y$의 근방이다. 따라서 $U \in \mathfrak{N}_y$이다. ■

주의 ① 같은 집합 $X$에 다른 위상구조 $\mathfrak{T}_1$과 $\mathfrak{T}_2$를 줄 수 있다.

$$\mathfrak{T}_1 \subset \mathfrak{T}_2 \Leftrightarrow \mathfrak{T}_1\text{이 } \mathfrak{T}_2\text{보다 } \textbf{약하다}\text{(weaker)}$$
$$\Leftrightarrow \mathfrak{T}_2\text{가 } \mathfrak{T}_1\text{보다 } \textbf{강하다}\text{(stronger)}$$

라고 한다.

예를 들면, 비이산공간 $(X, \mathfrak{I})$은 $X$ 상의 어떤 위상보다 약하고, 이산공간 $(X, \mathfrak{D})$은 $X$ 상의 어떤 위상보다 강하다.

② 거리공간으로서 실직선 $(\mathbb{R}^1, d)$에서

$$\bigcap_{n=1}^{\infty}\left(-2-\frac{1}{n},\ 2+\frac{1}{n}\right)=[-2,\ 2],$$

$$\bigcup_{n=1}^{\infty}\left[-2+\frac{1}{n},\ 2-\frac{1}{n}\right]=(-2,\ 2)$$

이다. 따라서 열린집합들의 무한교집합은 열린집합이라 할 수 없고, 닫힌집합들의 무한합집합은 닫힌집합이라 할 수 없다.

## 연습문제 2.1

**1.** 집합 $X=\{a, b, c, d\}$ 상에 줄 수 있는 위상을 모두 구하시오.

**2.** 공집합이 아닌 집합 $X$에 대하여 집합족

$$\mathfrak{T}=\{U \mid X-U: \text{유한집합}\} \cup \{\phi\}$$

은 $X$의 위상임을 보이시오.

**3.** 실수의 집합 $\mathbb{R}$에서

$$\mathfrak{T} = \{\mathbb{R},\ \phi,\ (q,\ \infty) \mid q\text{는 유리수}\}$$

는 $\mathbb{R}$에서 위상이 될 수 없음을 보이시오.

**4.** 함수 $f : X \to Y$에서 $X$는 공집합이 아닌 집합이고 $Y$는 위상 $\mathfrak{T}_Y$를 가졌을 때, 집합족

$$\mathfrak{T}_X = \{f^{-1}(V) \mid V \in \mathfrak{T}_Y\}$$

는 $X$의 위상이 됨을 보이시오.

**5.** 실수의 집합 $\mathbb{R}$에서

$$\mathfrak{T} = \{\mathbb{R},\ \phi,\ (r,\ \infty) \mid r \in \mathbb{R}\}$$

은 $\mathbb{R}$에서 위상임을 보이시오.
이때 거리공간 $(\mathbb{R}, d)$가 $(\mathbb{R}, \mathfrak{T})$보다 강함을 보이시오.

**6.** 정리 2.1.1을 증명하시오.

## 2.2 닫힌포(Closure)

위상공간 $(X,\ \mathfrak{T})$의 부분집합 $A \subset X$에 대하여 $A$의 부분집합족 $\mathfrak{T}_A = \{A \cap U \mid U \in \mathfrak{T}\}$는 $A$에서 위상이 된다. 위상공간 $(A,\ \mathfrak{T}_A)$를 $X$의 **부분공간**(subspace)이라 한다.

$X$의 한 점 $x$의 임의의 근방 $U$에 대하여 $A \cap (U - \{x\}) \neq \phi$이면 $x$를 $A$의 **집적점**(accumulation point) 혹은 **극한점**(limit point)이라 하고 $A$의 모든 집

적점들의 집합을 $A'$으로 나타내며, $A'$을 $A$의 **도집합**(derived set)이라 한다.

**정의 2.2.1**

공간 $X$의 부분집합 $A$와 $A$의 도집합 $A'$의 합집합 $\overline{A} := A \cup A'$을 $A$의 **닫힌포**(closure)라 한다.

**예 2.2.1**

실수 공간 $\mathbb{R}$에서

(1) $A = \{0\}$의 도집합 $A' = \phi$, 닫힌포는 $A = \overline{A}$이다.

(2) $A = \left\{\frac{1}{n} \mid n \in N\right\}$의 도집합 $A' = \{0\}$이고 $\overline{A} = A \cup \{0\}$이다. □

**정리 2.2.1**

$A$가 닫힌집합일 필요충분조건은 $A = \overline{A}$이다.

증명 $A$ : 닫힌집합 $\Leftrightarrow X - A$ : 열린집합

$$\Rightarrow A' \cap (X - A) = \phi$$

$$\Leftrightarrow A' \subset A$$

$$\Leftrightarrow \overline{A}(= A \cup A') = A \text{이다.}$$

따라서 위의 역방향만 증명하면 된다.

$A' \cap (X - A) = \phi$이라 하자.

임의의 원소 $x \in X - A$에 대하여 $x \notin A'$이므로 $x$의 근방 $U$가 존재하여 $A \cap (U - \{x\}) = \phi$이다. $x \notin A$이므로 $A \cap U = \phi$이다.

따라서 $U \subset X - A$는 $x$의 근방이다.

$x$가 $X - A$의 임의의 점이므로 $X - A$는 열린집합이다. ■

**계 2.2.2**

$A$의 닫힌포 $\overline{A} = \cap \{F \mid A \subset F,\ F\text{는 닫힌집합}\}$이다.

증명 $A$의 닫힌포 $\overline{A}$는 닫힌집합이므로 $\overline{A} \supset \cap \{F \mid A \subset F,\ F$는 닫힌집합$\}$이다.

역으로 $\overline{A} = A \cup A'$이므로, 만일 $x \in \overline{A}$이면 $x \in A$ 혹은 $x \in A'$이다. $x \in A$이면 $x \in \cap \{F \mid A \subset F,\ F$는 닫힌집합$\}$이다. 만일 $x \in A'$이면 $x$의 임의의 근방 $U$에 대하여 $A \cap (U - \{x\}) \neq \phi$이고, 모든 $A \subset F$에 대하여 $F \cap (U - \{x\}) \neq \phi$이다. $x \in F'$이고 $F$가 닫힌집합이므로 $x \in F$이다.

따라서 $x \in \cap \{F \mid A \subset F,\ F$는 닫힌집합$\}$이다. ■

**정리 2.2.3**

위상공간 $X$의 두 부분공간 $A$, $B$에 대하여

(1) $\overline{\phi} = \phi$

(2) $A \subset \overline{A}$

(3) $A \subset B \Rightarrow \overline{A} \subset \overline{B}$

(4) $\overline{\overline{A}} = \overline{A}$

(5) $\overline{A \cup B} = \overline{A} \cup \overline{B}$

(6) $\mathfrak{F} = \{A \subset X \mid A = \overline{A}\}$라 하면 $\mathfrak{T} = \{U \subset X \mid U^C \in \mathfrak{F}\}$는 $X$상의 위상이다. 여기서 $U^C = X - U$이다.

증명 (6) $\phi = \overline{\phi}$, $X = \overline{X}$이므로 $\phi$, $X \in \mathfrak{F}$이고 $X$, $\phi \in \mathfrak{T}$이다.

만일 $\{U_\alpha \mid \alpha \in I\} \subset \mathfrak{T}$이면, 각 $\alpha \in I$에 대하여 $U_\alpha^C \in \mathfrak{F}$이고, $U_\alpha^C = \overline{U_\alpha^C}$이며 $\bigcap_{\alpha \in I} U_\alpha^C = \bigcap_{\alpha \in I} \overline{U_\alpha^C} = \overline{\bigcap_{\alpha \in I} U_\alpha^C}$이다.

따라서 $\bigcap_{\alpha \in I} U_\alpha^C \in \mathfrak{F}$이고 $\left(\bigcap_{\alpha \in I} U_\alpha^C\right)^C = \bigcup_{\alpha \in I} U_\alpha \in \mathfrak{T}$이다.

만일 $\{U_\alpha \mid \alpha \in I_1\} \subset \mathfrak{T}$이고 $I_1$이 유한집합이라 하자.

$\{U_\alpha^C \mid \alpha \in I_1\} \subset \mathfrak{F}$이고,

$\overline{\bigcup_{\alpha \in I_1} U_\alpha^C} = \bigcup_{\alpha \in I_1} \overline{U_\alpha^C} = \bigcup_{\alpha \in I_1} U_\alpha^C = \left(\bigcap_{\alpha \in I_1} U_\alpha\right)^C \in \mathfrak{F}$이다.

따라서 $\bigcap_{\alpha \in I_1} U_\alpha \in \mathfrak{T}$이다. ■

**정의 2.2.2**

공간 $X$의 부분집합 $A$가 $X$에서 **조밀**(dense)하다는 것은 $A$의 닫힌포 $\overline{A} = X$가 $X$임을 의미한다.

**예 2.2.2**

실수 공간 $\mathbb{R}$의 부분집합인 유리수 집합 $\mathbb{Q}$에 대하여

(1) $\mathbb{Q}$의 도집합 $\mathbb{Q}' = \mathbb{R}$이다.

(2) $\mathbb{Q}$의 $\mathbb{R}$에서 조밀하다.

(3) 무리수 집합 $\mathbb{R} - \mathbb{Q}$도 $\mathbb{R}$에서 조밀하다. ◻

## 연습문제 2.2

**1.** 집합 $X$에 대하여 $P(X)$를 $X$의 모든 부분집합들의 집합족이라 하고, 함수 $* : P(X) \to P(X)$가 정리 2.2.3의 (1) ~ (4)를 만족한다고 하자(예: $*(A) := \overline{A}$). 집합족 $\mathfrak{T} = \{X - A \mid A \subset X,\ *(A) = A\}$는 $X$상의 위상이 되고, 이때 $*(A) = \overline{A}$임을 보이시오((1) ~ (4)를 쿠라토우스키(Kuratowski)의 **닫힌포공리**(closure axiom)라 한다).

**2.** 위상공간 $X$의 부분공간족 $\{A_\alpha \mid \alpha \in I\}$에 대하여 다음을 보이시오.

(1) $\cup \{\overline{A_\alpha} \mid \alpha \in I\} \subset \overline{\cup \{A_\alpha \mid \alpha \in I\}}$

(2) $\overline{\cap \{A_\alpha \mid \alpha \in I\}} \subset \cap \{\overline{A_\alpha} \mid \alpha \in I\}$

**3.** 자연수 집합 $\mathbb{N}$에서 $\mathfrak{T} = \{\phi,\ \{n,\ n+1,\ n+2,\ \cdots\} \mid n \in \mathbb{N}\}$은 $\mathbb{N}$상에 위

상임을 보이시오. 이때 부분집합 $A=\{2,\ 7,\ 50\}$의 닫힌포 $\overline{A}$를 구하시오.

4. 위상공간 $X$의 부분집합 $A \subset B$에 대하여 $A$의 극한점은 $B$의 극한점임을 보이시오.

5. 위상공간 $X$의 부분집합 $D$가 조밀하고, $U$가 열린 부분집합일 때 $U \subset \overline{D \cap U}$임을 보이시오.

## 2.3 내부(Interior), 외부(Exterior)와 경계(Boundary)

위상공간의 부분집합에 대하여, 내부, 외부 그리고 경계를 알아보자.

**정의 2.3.1**

위상공간 $X$의 부분집합 $A \subset X$에 대하여

(1) $i(A) = \cup \{U \mid U \subset A,\ U:$ 열린집합$\}$을 $A$의 **내부**(interior)라 하고, $i(A)$의 점을 $A$의 **내점**(interior point)이라 한다.

(2) $e(A) = i(X - A)$를 $A$의 **외부**(exterior)라 하고, $e(A)$의 점을 $A$의 **외점**(exterior point)이라 한다.

(3) $b(A) = X - (i(A) \cup e(A))$를 $A$의 **경계**(boundary)라 하고, $b(A)$의 점을 $A$의 **경계점**(boundary point)이라 한다.

**예 2.3.1**

실수 공간 $\mathbb{R}$에서

(1) $A = \{0\}$이면 $i(A) = \phi,\ b(A) = A,\ e(A) = \mathbb{R} - A$이다.

(2) $A = (0, 1]$이면 $i(A) = (0, 1),\ b(A) = \{0, 1\},\ e(A) = \mathbb{R} - [0, 1]$이다. ◘

**주의** (1) $A$의 경계를 $\partial(A)$로 나타내기도 한다.

(2) $x \in b(A) \Leftrightarrow$ 임의의 $x$의 근방 $U$에 대하여 $U \cap A \neq \phi \neq U \cap (X - A)$.

**정리 2.3.1**

공간 $X$의 부분집합 $A$에 대하여

(1) $X = i(A) \cup b(A) \cup e(A)$는 서로소인 부분집합의 합집합이다.

(2) $A$가 열린집합 $\Leftrightarrow$ $A = i(A)$ $\Leftrightarrow$ $A \cap b(A) = \phi$ $\Leftrightarrow$ $b(A) \subset X - A$

(3) $A$가 닫힌집합 $\Leftrightarrow$ $A = \overline{A}$ $\Leftrightarrow$ $A \cup b(A) = A$ $\Leftrightarrow$ $b(A) \subset A$

**증명** (1) 정의에 의하여 $X = i(A) \cup b(A) \cup e(A)$는 서로소인 합집합이고 $i(A)$와 $e(A)$는 열린집합이다.

따라서 (2)는 명확하다.

(3) 만일 $A$가 닫힌집합이면 $A = \overline{A}$는 정리 2.2.1에서 증명하였다.

$X - A$는 열린집합이므로 $X - A = i(X - A) = e(A)$이고

$$A = X - (X - A) = X - e(A) = i(A) \cup b(A).$$

$b(A) \subset A$이고 $A = A \cup b(A)$이다.

역으로 $A = A \cup b(A)$라고 가정하자.

만일 $x \in X - A$라 하면, $x \notin A$이므로 $x \notin b(A)$이다. 따라서 $x \in e(A)$이고, $X - A$가 열린집합이다. 즉, $A$는 닫힌집합이다. ■

## 연습문제 2.3

[1-6] 공간 $X$의 부분집합 $A, B \subset X$에 대하여 다음을 보이시오.

1. $i(A) = X - (\overline{X - A})$

2. $i(A \cap B) = i(A) \cap i(B)$

3. $e(A \cup B) = e(A) \cap e(B)$

4. $b(A) = \overline{A} - i(A) = \overline{A} \cap \overline{(X - A)}$

5. $\overline{A} = A \cup b(A) = i(A) \cup b(A)$

6. (1) $b(A) = b(X - A)$ (2) $b(b(A)) \subset b(A)$
(3) $b(A \cup B) \subset b(A) \cup b(B)$ (4) $i(A) = A - b(A)$

7. 위상공간 $(X,\ \mathfrak{T}_X)$의 부분공간 $(Y,\ \mathfrak{T}_Y)$에 대하여 부분집합 $F \subset Y$가 $\mathfrak{T}_Y$에서 닫힌집합일 필요충분조건은 $\mathfrak{T}_X$의 닫힌부분집합 $C \subset X$가 존재하여 $F = C \cap Y$임을 보이시오. 또한 $Y$의 부분집합 $A$에 대하여 $Y$에서 $A$의 닫힌포는 $(\overline{A})_Y = A \cap Y$이고, $A$의 내점의 집합은 $i(A) = i(A)_Y \cap i(Y)$임을 보이시오.

8. 실수공간 $\mathbb{R}$의 부분집합인 유리수 집합 $\mathbb{Q}$와 무리수 집합 $\mathbb{R} - \mathbb{Q}$의 내부, 외부, 경계를 구하시오.

9. (1) $\mathbb{R}^2$의 부분집합 $A = \{(x, y) \in \mathbb{R}^2 | x^2 + y^2 < 1,\ x \ge 0,\ y > 0\}$에 대하여 $i(A),\ e(A),\ b(A),\ A',\ \overline{A}$를 구하시오.
(2) $A = \{(x, y) \in \mathbb{R}^2 | x, y \in \mathbb{Q}\} \subset \mathbb{R}^2$에 대하여 $i(A),\ e(A),\ b(A),\ A',\ \overline{A}$를 구하시오.

## 2.4 기저(Basis)와 부분기저(Subbasis)

위상공간 $(X,\ \mathfrak{T})$에서 $X$의 열린집합은 $\mathfrak{T}$의 원소이다. $\mathfrak{T}$의 원소들의 임의의 합집합과 유한개의 교집합은 $\mathfrak{T}$의 원소이다. $\mathfrak{T}$보다 작은 집합족으로 위상을 만들어 보고자 한다.

**정의 2.4.1**

(1) $\mathfrak{T}$의 각 원소(열린집합)가 부분족 $\mathfrak{B} \subset \mathfrak{T}$의 원소들의 합집합으로 표시될 때 부분족 $\mathfrak{B}$를 $\mathfrak{T}$의 **기저**(basis)라 하고 $\mathfrak{B}$에 속하는 열린집합을 **기저열린집합**(basic open set)이라 한다.

(2) $\mathfrak{T}$의 임의의 원소가 부분족 $\mathfrak{S} \subset \mathfrak{T}$의 유한교집합의 합집합으로 표시될 때 $\mathfrak{S}$를 $\mathfrak{T}$의 **부분기저**(subbasis)라 한다. 다시 말하면 $\mathfrak{T}$의 부분족 $\mathfrak{S}$의 유한교집합들이 $\mathfrak{T}$의 기저가 될 때 $\mathfrak{S}$는 $\mathfrak{T}$의 부분기저가 된다. 부분기저 $\mathfrak{S}$에 속하는 열린집합을 **부분기저열린집합**(subbasic open set)이라고 부른다.

(3) 점 $x \in X$의 근방계 $\mathfrak{N}_x$의 부분족 $\mathfrak{B}_x \subset \mathfrak{N}_x$가 **국소기저**(local basis)란 임의의 $U \subset \mathfrak{N}_x$에 대하여 $V \in \mathfrak{B}_x$가 존재하여 $V \subset U$가 성립하는 것이다.

**주의** 정의에서 $\mathfrak{S} \subset \mathfrak{I}$, $\mathfrak{B} \subset \mathfrak{T}$의 포함관계에 있으며, 정의 2.1.1에서 $\mathfrak{B}$와 (2)를 합하면 $\mathfrak{T}$가 되고 $\mathfrak{S}$와 (2), (3)을 합하면 $\mathfrak{T}$가 된다. 특히 $\mathfrak{T}$ 자신은 기저와 부분기저가 된다.

**정리 2.4.1**

집합 $X$의 부분집합들의 집합족 $\mathfrak{B}$가 $X$상의 한 위상의 기저가 되기 위한 필요충분조건은 다음과 같다.

(1) $X = \cup \{B \mid B \in \mathfrak{B}\}$

(2) 만일 $B_1$, $B_2 \in \mathfrak{B}$이고 $x \in B_1 \cap B_2$이면 $\mathfrak{B}$의 원소 $B$가 존재하여 $x \in B \subset B_1 \cap B_2$가 성립하는 것이다.

**증명** 집합족 $\mathfrak{B}$가 한 위상 $\mathfrak{T}$의 기저라 하자.

$\mathfrak{B} \subset \mathfrak{T}$이고 $\mathfrak{B}$의 각 원소는 열린집합이며 $X \in \mathfrak{T}$이므로 (1)과 (2)는 성립한다.

역으로 $\mathfrak{B}$가 (1)과 (2)를 만족하는 $X$의 부분집합들의 집합족이라 하자. 집합족 $\mathfrak{T} = \{ \bigcup_{B \in \mathfrak{B}'} B \mid \mathfrak{B}' \subset \mathfrak{B} \}$가 $X$의 위상임을 보이자.

(1)에 의하여 $\mathfrak{B}' = \mathfrak{B}$로 잡으면 $X \in \mathfrak{T}$이고 $\mathfrak{B}' = \phi$으로 잡으면 $\bigcup_{B \in \mathfrak{B}'} B = \phi \in \mathfrak{T}$이다.

만일 $\mathfrak{B}'' = \{ \mathfrak{B}' \mid \mathfrak{B}' \subset \mathfrak{B} \}$라 하고,

$$\mathfrak{B}''' = \{ B \mid B \in \mathfrak{B}',\ \mathfrak{B}' \in \mathfrak{B}'' \} \subset \mathfrak{B}$$

로 놓자. 그러면 $\bigcup_{\mathfrak{B}' \in \mathfrak{B}''} \left( \bigcup_{B \in \mathfrak{B}'} B \right) = \bigcup_{B \in \mathfrak{B}'''} B \in \mathfrak{T}$이다.

끝으로 $U = \cup \{ B' \mid B' \in \mathfrak{B}_1' \}$, $V = \cup \{ B'' \mid B'' \in \mathfrak{B}_2' \} \in \mathfrak{T}$라 하자. $U \cap V = \cup \{ B' \cap B'' \mid B' \in \mathfrak{B}_1',\ B'' \in \mathfrak{B}_2' \}$이다.

(2)에 의하여 $B' \cap B'' \in \mathfrak{B}$ 이다. 또한 위 증명에서 $U \cap V \in \mathfrak{T}$이다.

■

**정리 2.4.2**

$\mathfrak{S}$를 $X$의 부분집합들의 임의의 집합족이고 $\bigcup_{S \in \mathfrak{S}} S = X$이라 하자. $X$상에 $\mathfrak{S}$를 부분기저로 하는 유일한 위상이 정해진다.

**증명** 집합족 $\mathfrak{B} = \{ \bigcap_{s \in \mathfrak{S}'} S \mid \mathfrak{S}' \subset \mathfrak{S},\ \mathfrak{S}'$은 유한집합$\}$이라 하자. $\mathfrak{B}$가 정리 2.4.1의 (1), (2)를 만족함을 보이자.

$\bigcup_{S \in \mathfrak{S}} S = X$이므로 (1)이 만족된다.

$B' = \bigcap_{s' \in \mathfrak{S}'} S'$, $B'' = \bigcap_{s'' \in \mathfrak{S}''} S'' \in \mathfrak{B}$라 하면 $\mathfrak{S}'$, $\mathfrak{S}'' \subset \mathfrak{S}$는 유한집합이므로 $\mathfrak{S}''' = \mathfrak{S}' \cup \mathfrak{S}''$도 유한집합이다.

따라서 $B' \cap B'' = \bigcap_{s''' \in \mathfrak{S}'''} S''' \in \mathfrak{B}$이고 (2)가 만족된다.

그러므로 $\mathfrak{B}$를 기저로 하는 $X$상의 위상이 유일하게 정해지고 $\mathfrak{S}$는 그 위상의 부분기저가 된다. ■

## 연습문제 2.4

**1.** 공간 $X$의 점 $x$가 $A \subset X$의 집적점이 되기 위한 필요충분조건은 $x$의 국소기저 $\mathfrak{B}_x$에 속하는 모든 $B$에 대하여

$$A \cap (B - \{x\}) \neq \phi$$

임을 보이시오.

**2.** $(X_1, \mathfrak{T}_1)$이 $(X, \mathfrak{T})$의 부분공간이고, $A \subset X_1$이라 하자. 이때 다음 (1) ~ (4)를 보이시오.

(1) $X_1$에서 $A$의 도집합은 $A' \cap X_1$이다.

(2) $A$가 $X_1$의 닫힌집합 $\Leftrightarrow$ 닫힌집합 $F \subset X$가 존재하여 $A = F \cap X_1$이다.

(3) $A$의 $X_1$에서 닫힌포는 $\overline{A} \cap X_1$이다.

(4) $\mathfrak{S}_X$가 $\mathfrak{T}$에 대한 부분기저이면 $\mathfrak{S}_{X_1} = \{X_1 \cap S \mid S \in \mathfrak{S}_X\}$가 $\mathfrak{T}_1$에 대한 부분기저이다.

**3.** 수직선 $\mathbb{R}$에 대하여 다음을 보이시오.

(1) $\mathfrak{B} = \{(r_1, r_2) | r_1, r_2 \in \mathbb{Q}\}$은 기저이다.

(2) $\mathfrak{S} = \{(\infty, r_1), (r_2, \infty) | r_1, r_2 \in \mathbb{Q}\}$은 부분기저이다.

(3) 임의의 점 $p \in \mathbb{R}'$에 대하여 $\mathfrak{B}_p = \{B(p, r) | 0 < r < 1, r$은 유리수$\}$는 $p$에서 국소기저이다.

**4.** 집합 $X$에 대하여 다음을 구하시오.

(1) $\mathfrak{S} = \{X\}$일 때 $\mathfrak{S}$을 부분기저로 하는 위상을 구하시오.

(2) $\mathfrak{S} = \{\{x\} | x \in X\}$를 부분기저로 하는 위상을 구하시오.

# 제3장

# 연속함수 (Continuous Function)

## 3.1 연속함수(Continuous Function)

실수상의 함수 $f : \mathbb{R} \to \mathbb{R}$이 $x = a$에서 연속을 $\lim_{x \to a} f(x) = f(a)$로 정의하였으며, 해석학에서는 임의의 양수 $\varepsilon > 0$에 대하여 양수 $\delta > 0$가 존재하여 만일 $|x - a| < \delta$이면 $|f(x) - f(a)| < \varepsilon$로 정의하였다. 연속함수의 정의를 위상공간 사이의 함수로 확장하자.

**정의 3.1.1**

(1) 두 위상공간 사이의 함수 $f : X \to Y$가 **연속**(continuous)이라 함은 $Y$에서 임의의 열린집합 $V$에 대하여 $f^{-1}(V)$가 $X$에서 열린집합일 때이다.

(2) 점 $x \in X$와 임의의 $f(x)$의 근방 $V \subset Y$에 대하여 $x$의 근방 $U$가 존재하여 $f(U) \subset V$이면 $f$는 **$x$에서 연속**(continuous at $x$)이라 한다.

**정리 3.1.1**

함수 $f : (X, \mathfrak{T}_1) \to (Y, \mathfrak{T}_2)$에 대하여 다음 조건은 동치이다.

(1) $f$가 연속이다.

(2) $B$가 $Y$에서 닫힌집합이면 $f^{-1}(B)$는 $X$에서 닫힌집합이다.

(3) $B$가 $Y$에서 기저열린집합이면 $f^{-1}(B)$는 $X$에서 열린집합이다.

(4) $S$가 $Y$에서 부분기저열린집합이면 $f^{-1}(S)$는 $X$에서 열린집합이다.

(5) $A \subset X$에 대하여 $f(\overline{A}) \subset \overline{f(A)}$이다.

(6) $f$가 $X$의 모든 점에서 연속이다.

(7) $B \subset Y$에 대하여 $f^{-1}(iB) \subset i f^{-1}(B)$이다.

**증명** (1) ~ (4)는 연속 정의로부터 자명하므로 이를 이용하여 (5)와 (6)을 증명하자.

(5) 임의의 부분집합 $A \subset X$에 대하여 $A \subset f^{-1}(f(A)) \subset f^{-1}(\overline{f(A)})$

이다. $f$가 연속이면 $f^{-1}(\overline{f(A)})$는 닫힌집합이므로 $\overline{A} \subset f^{-1}(\overline{f(A)})$ 이다. 또한

$$f(\overline{A}) \subset ff^{-1}(\overline{f(A)}) \subset \overline{f(A)}$$

이다.

역으로 $B$를 $Y$의 닫힌집합이고 $A = f^{-1}(B)$라 하자. 가정에서 $f(\overline{A}) \subset \overline{f(A)} = \overline{f(f^{-1}(B))} \subset \overline{B} = B$이다.

따라서 $\overline{A} \subset f^{-1}f(\overline{A}) \subset f^{-1}(B) = A$이므로

$$\overline{A} = A = f^{-1}(B)$$

는 닫힌집합이다.

(6) $f$가 연속이고, $x$는 $X$의 임의의 점이라 하자.

$V$가 $f(x)$의 $Y$에서 열린근방이라면 $f^{-1}(V)$는 $X$에서 열린집합이고, $x$의 근방이다.

역으로 $f$가 $X$의 모든 점 $x$에서 연속이라 하자.

$V$를 $Y$의 임의의 열린집합이고 $x \in f^{-1}(V)$라 하면 $f(x) \in V$이다.

$V$가 열린집합이므로 $f(x)$의 근방이다.

$f$가 $x$에서 연속이므로 $x$의 근방 $U$가 존재하여 $f(U) \subset V$이다. 이때 $U \subset f^{-1}f(U) \subset f^{-1}(V)$이므로 $f^{-1}(V)$는 열린집합이다. 따라서 $f$는 연속이다. ■

자연수의 집합을 $\mathbb{N}$이라 나타내자.

**정의 3.1.2**

(1) 함수 $f : \mathbb{N} \to X$를 $X$상의 **점렬**(sequence of point)이라 하고 상을 $f(n) = x_n$, 점렬을 $f = \langle x_n \rangle$으로 나타내자.

(2) 자연수 $n_1 < n_2 < \cdots$에 대하여 $\langle x_{n_i} \rangle = (x_{n_1}, x_{n_2}, \ldots)$를 점렬 $\langle x_n \rangle$의 **부분열**(subsequence)이라 한다.

(3) 점렬 $\langle x_n \rangle$이 $x$에 **수렴**(convergence)한다는 것은 $x$의 임의의 근방 $U$에

대하여 $n_0$가 존재하여 모든 $n > n_0$에 대하여 $x_n \in U$임을 의미한다. 기호로 $\lim_{n\to\infty} x_n = x$로 나타내고 $x$를 점렬 $\langle x_n \rangle$의 **극한**(limit)이라 한다.

(4) 함수 $f : X \to Y$가 점 $x \in X$에서 **점렬연속**(sequentially continuous)의 정의는 만일 $\lim_{n\to\infty} x_n = x$이면 $\lim_{n\to\infty} f(x_n) = f(x)$이다.

**정리 3.1.2**

함수 $f : X \to Y$가 $x \in X$에서 연속이면 $f$는 $x$에서 점렬연속이다.

**증명** 점렬 $\langle x_n \rangle$이 $x \in X$에 수렴하고, $V$를 $f(x)$의 근방이라 하자. $f$가 $x$에서 연속이므로 $f^{-1}(V)$는 $x$의 근방이고 자연수 $n_0$가 존재하여 $n > n_0$이면 $x_n \in f^{-1}(V)$이다.

따라서 $n > n_0$이면 $f(x_n) \in V$이므로 $\lim_{n\to\infty} f(x_n) = f(x)$이다. ■

연속함수 $f : (X, \mathfrak{T}_1) \to (Y, \mathfrak{T}_2)$와 $X$의 부분공간 $(A, \mathfrak{T}_A)$에 대하여 **축소함수**(restriction) $f_A : A \to Y$는 각 점 $a \in A$에 대하여 $f_A(a) = f(a)$로 정의된다.

만일 $V$가 $Y$에서 열린집합이면 $f^{-1}(V) \in \mathfrak{T}_1$이고 $f_A^{-1}(V) = f^{-1}(V) \cap A \in \mathfrak{T}_A$이므로 축소함수 $f_A$는 연속이다.

**주의** ① 정리 3.1.2에서 $X$가 거리공간이면 역도 성립한다.
② 정리 3.1.2의 역은 일반적으로 성립하지 않는다.

**예 3.1.1**

실수의 집합 $\mathbb{R}$상에 위상을 $\mathfrak{I} = \{\phi\} \cup \{\mathbb{R} - A \mid A$는 $\mathbb{R}$의 가산부분집합$\}$이라 하자. 위상공간 $(\mathbb{R}, \mathfrak{I})$에서 점렬 $\langle a_n \rangle$이 $a$에 수렴할 필요충분조건은 $n_0$가 존재하여 점렬이

$$\langle a_n \rangle = (a_1, \ldots, a_{n_0}, a, a, a, \ldots)$$

인 형태이다. 즉, 유한개의 항을 제외하고 모든 항이 $a$이다. 따라서 $(\mathbb{R}, \mathfrak{J})$에서 가는 모든 함수는 점렬연속이다.

특히, 함수 $f : (\mathbb{R}, \mathfrak{J}) \to (\mathbb{R}, d)$, $f(x) = x(^{\forall} x \in \mathbb{R})$는 점렬연속이나 연속은 아니다. 여기서 $(\mathbb{R}, d)$는 보통거리 실직선이다. ◘

**정리 3.1.3**

만일 $F_1, \ldots, F_n$이 $X$의 닫힌부분집합이며 합집합 $X = \bigcup_{i=1}^{n} F_i$라 하자. 함수 $f : X \to Y$가 연속일 필요충분조건은 각 $i$에 대하여 축소함수 $f_{F_i} : F_i \to Y$가 연속함수이다.

**증명** 만일 $G$가 $Y$의 닫힌부분집합이고 각 축소함수 $f_{F_i}$가 연속함수라 하자. $f_{F_i}^{-1}(G) = F_i \cap f^{-1}(G)$는 $F_i$에서 닫힌집합이다. $F_i$가 $X$에서 닫힌집합이므로 $f_{F_i}^{-1}(G)$는 $X$에서 닫힌집합이다. 따라서 닫힌집합의 유한합집합

$$\bigcup_{i=1}^{n} (f_{F_i}^{-1}(G)) = \bigcup_{i=1}^{n} [f^{-1}(G) \cap F_i] = f^{-1}(G) \cap \left( \bigcup_{i=1}^{n} F_i \right)$$
$$= f^{-1}(G) \cap X = f^{-1}(G)$$

는 닫힌집합이므로 $f$는 연속이다.

역으로 $f$가 연속이면 축소함수 $f_{F_i}$의 연속은 위에서 증명했다. ■

정리 3.1.3에서 닫힌집합족이 무한이면 정리가 성립하지 않는다.

**예 3.1.2**

실수상의 함수 $f : \mathbb{R} \to \mathbb{R}$가

$$f(x) = \begin{cases} 1, & x \geq 0 \\ -1, & x < 0 \end{cases}$$

로 정의되어 있다고 하자. $\mathbb{R}$의 닫힌부분집합을

$$F=[0,\ \infty),\ F_n=\left(-\infty,\ -\frac{1}{n}\right],\ n=1,\ 2,\ 3,\ \ldots$$

이라 하면 $\mathbb{R}=F\cup\left(\bigcup_{n=1}^{\infty}F_n\right)$이고 $f$의 축소함수 $f_F$, $f_{F_n}(n=1,\ 2,\ 3,\ \ldots)$은 각각 연속이나 $f$는 $x=0$에서 연속이 아니다. ◘

## 연습문제 3.1

[1-3] 다음 문제를 증명하시오.

**1.** 만일 함수 $f:X\to Y$와 $g:Y\to Z$가 연속이면 합성함수

$$g\circ f:X\to Z$$

도 연속이다.

**2.** 만일 $X=\cup\{U_\alpha \mid \alpha\in I,\ U_\alpha$는 열린집합$\}$이면 함수 $f:X\to Y$가 연속일 필요충분조건은 각 $\alpha\in I$에 대하여 축소함수 $f_{A_\alpha}:A_\alpha\to Y$가 연속이다.

**3.** 함수 $f:X\to Y$가 연속일 필요충분조건은 $Y$의 모든 부분집합 $A\subset Y$에 대하여 $f^{-1}(i(A))\subset i(f^{-1}(A))$이다.

**4.** 정리 3.1.2의 주의 ①을 증명하시오.
(도움말 : $f(\overline{A})\subset\overline{f(A)}$)

**5.** 위상공간 $(X,\ \mathfrak{T})$의 점렬 $\{x_1,\ x_2,\ \ldots\}$가 $x\in X$에 수렴할 필요충분조건은 $x$의 국소기저 $\mathfrak{B}_x$의 원소는 점렬의 유한개의 점만 제외하고 다 포함함을 보이시오.

## 3.2 위상적 성질(Topological Property)

위상공간 사이에 위상동형함수에 의하여 불변인 성질을 알아보자.

**정의 3.2.1**

위상공간 사이의 함수 $f : X \to Y$에 대하여

(1) $f$가 **열린함수**(open function)의 정의는 $X$의 임의의 열린집합 $U$의 상 $f(U)$가 $Y$에서 열린집합이다.

(2) $f$가 **닫힌함수**(closed function)의 정의는 $X$의 임의의 닫힌집합 $F$의 상 $f(F)$가 $Y$에서 닫힌집합이다.

(3) $f$가 **위상동형함수**(homeomorphism)의 정의는 $f$와 역함수 $f^{-1}$가 전단사 연속함수일 때이다. 이때 공간 $X$와 $Y$는 **위상동형**(homeomorphic)이라 한다.

(4) 위상동형함수에 의하여 불변하는 성질을 **위상적 성질**(topological property 혹은 topological invariant)이라 한다.

주의 $f : X \to Y$가 위상동형함수이면 역함수 $f^{-1} : Y \to X$도 위상동형함수이다.

**예 3.2.1**

(1) 함수 $f : (-1, 1) \to \mathbb{R}$, $f(x) = \tan\frac{\pi}{2}x$는 위상동형함수이다.

또한, $g : (-1, 1) \to \mathbb{R}$, $g(x) = \dfrac{x}{1-x^2}$도 위상동형함수이다.

(2) 예 3.1.1에서 함수 $f : (\mathbb{R}, \mathfrak{J}) \to (\mathbb{R}, d)$는 전사이나 위상동형함수는 아니다.

(3) 열린집합, 닫힌집합, 연결, 컴팩트는 위상적 성질이다.

(4) 거리공간에서 길이, 각, 완비성(completeness)은 위상적 성질이 아니다. □

**정리 3.2.1**

위상공간 사이의 함수 $f: X \to Y$에 대하여

(1) $f$가 열린함수일 필요충분조건은 임의의 부분집합 $A \subset X$에 대하여 $f(i(A)) \subset i(f(A))$이다.

(2) $f$가 닫힌함수일 필요충분조건은 임의의 부분집합 $A \subset X$에 대하여 $\overline{f(A)} \subset f(\overline{A})$이다.

(3) $f$가 전단사 연속함수이고 열린(혹은 닫힌)함수일 필요충분조건은 $f$는 위상동형함수이다.

(4) $f$가 위상동형함수이고 $f(A) = B$이면 축소함수 $f_A: A \to B$는 위상동형함수이다.

**증명** (1) $i(A) \subset A$이므로 $f(i(A)) \subset f(A)$이다.

$f$가 열린함수이므로 $f(i(A))$는 열린집합이며 $f(i(A)) \subset i(f(A))$이다. 역으로 $A$가 $X$의 열린부분집합이면 $A = i(A)$이고 $f(A) = f(i(A)) \subset i(f(A)) \subset f(A)$이므로 $f(A) = i(f(A))$가 되어 $f(A)$도 열린집합이다.

(2) (1)의 증명방법과 같다.

(3) $f$가 전단사 연속함수이고, 열린(혹은 닫힌)함수이면 $X$의 열린부분집합 $A$에 대하여 $(f^{-1})^{-1}(A) = f(A)$가 $Y$의 열린집합이므로 역함수 $f^{-1}$는 연속이다.

(4) $f: X \to Y$가 위상동형함수이면 축소함수 $f_A: A \to B = f(A)$는 전단사함수이다.

만일 $V$가 $Y$에서 열린집합이면 $V \cap B$는 $B$에서 열린집합이며

$$\begin{aligned} f^{-1}(V \cap B) &= f^{-1}(V) \cap f^{-1}(B) \\ &= f^{-1}(V) \cap A \\ &= f_A^{-1}(V) \end{aligned}$$

이고 $A$에서 열린집합이다. 축소함수 $f_A$의 역함수 $f_A^{-1}$는 전단사 연속함수이고, 따라서 $f_A$는 위상동형함수이다. 열린함수이므로 (3)

에 의하여 $f_A^{-1}$는 위상동형함수이다. ■

**정의 3.2.2**

(1) 집합 $X$와 위상공간 $(Y, \mathfrak{T})$ 사이의 함수

$$f : X \to Y$$

에 대하여 $X$의 부분집합족 $\mathfrak{T}_X = \{f^{-1}(V) \mid V \in \mathfrak{T}\}$를 $X$상의 $f$에 의하여 **유도된 위상**(induced topology)이라고 한다.

(2) 위상공간 $(X, \mathfrak{T})$와 집합 $Y$ 사이의 함수

$$f : X \to Y$$

에 대하여 $Y$의 부분집합족 $\mathfrak{T}_Y = \{V \in Y \mid f^{-1}(V) \in \mathfrak{T}\}$를 $Y$상의 $f$에 의한 **등화위상**(identification topology)이라고 한다.

주의 정의 3.2.2의 (1)에서 $\mathfrak{T}_X$는 $X$에서 위상이고 $f$가 연속이기 위한 $X$의 최소의 위상이다. (2)에서 $\mathfrak{T}_Y$는 $Y$에서 위상이고 $f$가 연속이기 위한 최대의 위상이다.

**정리 3.2.2**

(1) 위상공간 사이의 함수 $X \xrightarrow{f} Y \xrightarrow{g} Z$에서 $Y$의 위상이 $g$에 의하여 유도된 위상일 때, $f$가 연속일 필요충분조건은 $g \circ f$가 연속이다.

(2) 연속이고 전사인 함수 $f : X \to Y$가 열린함수이면 $Y$의 위상은 $f$에 의한 등화위상이다.

(3) 위상공간 사이의 함수 $X \xrightarrow{f} Y \xrightarrow{g} Z$에서 $Y$의 위상은 $f$에 의한 등화위상일 때, $g$가 연속일 필요충분조건은 $g \circ f$가 연속이다.

증명 (1) 만일 $Y$의 위상이 $g : Y \to Z$에 의하여 유도된 위상이면 $g$는 연속함수이다. 만일 $f : X \to Y$라 연속함수이면 합성함수 $g \circ f : X \to Z$도 연속이다.

역으로 $g \circ f : X \to Z$가 연속함수이면, $W$가 $Z$의 임의의 열린집합의 역상 $(g \circ f)^{-1}(W) = f^{-1}(g^{-1}(W))$는 $X$에서 열린집합이다. $Y$의 위상이 $g$에 의하여 유도된 위상을 갖고, $Y$의 열린집합은 $g^{-1}(W)$ 형태이므로, $f$는 연속이다.

(2) $f$가 연속이므로 $Y$의 위상은 등화위상에 속한다.

만일 $V$가 $Y$의 등화위상의 열린집합이면 $f^{-1}(V)$가 $X$에서 열린집합이다. $f$가 열린함수이므로 $f(f^{-1}(V))$는 $Y$에서 열린집합이고 $f$가 전사이므로 $V = f(f^{-1}(V))$이다.

(3) $Y$의 위상이 $f$에 의한 등화위상이므로 $f$가 연속이고 $g$가 연속이면 합성함수 $g \circ f$도 연속이다.

역으로 $g \circ f$가 연속함수이고 $W$가 $Z$에서 열린집합이면 $(g \circ f)^{-1}(W) = f^{-1}(g^{-1}(W))$는 $X$에서 열린집합이고 $Y$가 $f$에 의한 등화위상을 가지므로 $g^{-1}(W)$가 $Y$에서 열린집합이다.

따라서 $g$는 연속이다. ■

## 연습문제 3.2

1. 두 함수 $f : X \to Y$와 $g : Y \to Z$가 연속이고, 합성함수 $g \circ f : X \to Z$가 위상동형함수이며, $g$가 단사(혹은 $f$가 전사)이면 $f$와 $g$는 위상동형함수임을 보이시오.

2. 열린집합, 닫힌집합, 집적점, 내점, 경계, 근방이 위상적 성질임을 보이시오.

3. 거리공간 $X$에서 거리, 코시 수렴성은 위상적 성질이 아님을 보이시오. 여기서 $X$ 내의 점렬 $\langle x_n \rangle$이 **코시수열**(Cauchy sequence)이란 임의의 $\varepsilon > 0$에 대하여 정수 $n_0$가 존재하여 $n, m > n_0$이면 $d(x_n, x_m) < \varepsilon$을 만족하는 점렬을 의미한다.

4. 정의 3.2.2 아래 주의를 증명하시오.

**5.** 만일 $(X, d)$가 거리공간이고 $d_1(x, y) = \min\{1, d(x, y)\}$,

$d_2(x, y) = \dfrac{d(x, y)}{1 + d(x, y)}$, $\forall x, \forall y \in X$일 때 다음을 보이시오.

(1) $d_1$과 $d_2$는 $X$에서 메트릭임을 보이시오.

(2) $(X, d)$, $(X, d_1)$, $(X, d_2)$가 위상동형임을 보이시오.

# 제4장

# 적공간(Product Space)과 상공간(Quotient Space)

## 4.1 적공간(Product Space)

앞 장 3.2절에서 함수 $f : X \to Y$에서 $X$가 집합이고 $Y$가 위상공간일 때 $X$ 상에 유도된 위상을 $\mathfrak{I}_X = \{f^{-1}(V) \mid V$는 $Y$에서 열린집합$\}$으로 정의하였다.

위상공간 $X_1$과 $X_2$에 대하여 적집합 $X_1 \times X_2$와 그의 $X_1$으로 사영함수를 $p_1$, $X_2$로 사영함수를 $p_2$라 하자. 사영함수 $p_1$과 $p_2$에 의하여 $\mathfrak{S}_{X_1 \times X_2} = \{p_1^{-1}(U_1), p_2^{-1}(U_2) \mid U_1$은 $X_1$의 열린집합, $U_2$는 $X_2$의 열린집합$\}$을 부분기저로 하는 적집합 $X_1 \times X_2$상에 유도된 위상을 자연스럽게 줄 수 있다. 보다 일반적으로 위상공간족의 적집합에 유도된 위상을 정의하자.

집합족 $\{X_i \mid i \in I\}$에 대한 **적집합**(product set)

$$\prod_{i \in I} X_i = \{x : I \to \bigcup_{i \in I} X_i \mid x(i) \in X_i,\ \text{각 } i \in I\}$$

는 함수들의 집합이다. 이때 각 $i \in I$에 대하여 자연스런 **사영함수**(projective function)

$$p_i : \prod_{i \in I} X_i \to X_i \text{는 } p_i(x) = x(i)$$

로 정의된다.

**정의 4.1.1**

위상공간 $X_i$들의 집합족 $\{X_i \mid i \in I\}$의 **적공간**(product space)은 사영함수 $p_i$, $i \in I$들에 의하여 유도된 위상을 갖는 적집합 $\prod_{i \in I} X_i$로 정의된다.

즉, $\mathfrak{S} = \{p_i^{-1}(U_i) \mid$ 각 $i \in I$에 대하여 $U_i$는 $X_i$의 열린집합$\}$이 적공간의 **부분기저**이다.

여기서 각 $i \in I$에 대하여

$$p_i^{-1}(U_i) = \prod_{j \in I} V_j \text{이고, } V_j = \begin{cases} U_i, & j = i \\ X_j, & j \neq i \end{cases}$$

이다.

위상공간족 $\{X_i \mid i \in I\}$의 적공간 $\prod_{i \in I} X_i$의 부분기저는

$$\mathfrak{S} = \{p_i^{-1}(U_i) \mid \text{각 } i \in I\text{에 대하여 } U_i\text{는 } X_i\text{의 열린집합}\}$$

이고 기저는

$$\mathfrak{B} = \{\bigcap_{i \in I_1} p_i^{-1}(U_i) \mid I_1\text{은 } I\text{의 유한부분집합, } U_i\text{는 } X_i\text{의 열린집합}\}$$

이다. 여기서 기저열린집합 $\bigcap_{i \in I} p_i^{-1}(U_i) = \prod_{i \in I} V_i$로 나타나며

$$V_i = \begin{cases} U_i, & i \in I_1 \\ X_i, & i \in I - I_1 \end{cases}$$

이다.

특히 $I$가 유한집합이면 기저는 $\{\prod_{i \in I} U_i \mid$ 각 $i \in I$에 대하여 $U_i$는 $X_i$의 열린집합$\}$이 된다.

**예 4.1.1**

(1) 실수 $\mathbb{R}$상의 거리공간으로서 위상 $\mathfrak{U}$의 기저는 $B = \{(a, b) \mid a, b \in \mathbb{R}\}$이고 부분기저는 $S = \{(a, \infty), (-\infty, b) \mid a, b \in \mathbb{R}\}$이다.

(2) 거리공간으로서 평면 $\mathbb{R}^2$의 부분기저는

$$\mathfrak{S} = \{(a, b) \times \mathbb{R}, \mathbb{R} \times (c, d) \mid a, b, c, d \in \mathbb{R}\},$$

기저는

$$\mathfrak{B} = \{(a, b) \times (c, d) \mid a, b, c, d \in \mathbb{R}\}$$

로 잡을 수 있다.

(3) $I = [0, 1]$이라 하고 각 $i \in I$에 대하여 $X_i = \mathbb{R}$이라고 하면, 적공간

$$\prod_{i \in I} X_i = \{x : I \to \mathbb{R} \mid x\text{는 함수}\}$$

이고, 위상은

$$\mathfrak{S} = \{p_i^{-1}(a, b) \mid i \in I, (a, b)\text{는 } \mathbb{R}\text{의 열린구간}\},$$

$$p_i^{-1}(a,\ b) = \{f : I \to \mathbb{R} \mid a < f(i) < b\}$$

같은 것을 부분기저로 하는 유도된 위상이다. ◘

**주의** (3)에서 $a_i,\ b_i \in \mathbb{R},\ i \in I$ 열린구간 $(a_i,\ b_i)$의 적집합 $\prod_{i \in I}(a_i,\ b_i)$는 열린집합이 아니다. 그러나 닫힌구간 $[a_i,\ b_i]$의 적집합 $\prod_{i \in I}[a_i,\ b_i]$는 닫힌집합이다.

**정리 4.1.1**

위상공간족 $\{(X_i,\ \mathfrak{T}_i) \mid i \in I\}$의 적공간 $\prod_{i \in I} X_i$에 대하여

(1) 사영함수 $p_i : \prod_{i \in I} X_i \to X_i$는 연속이고 전사이며 열린함수이다.

(2) 함수 $f : Y \to \prod_{i \in I} X_i$가 연속일 필요충분조건은 각 $i \in I$에 대하여 $p_i \circ f$가 연속이다.

**증명** (1) 각 사영함수 $p_i : \prod_{i \in I} X_i \to X_i$는 전사이고 각 $X_j$의 열린집합 $U_j$에 대하여 $p_j^{-1}(U_j)$는 적공간의 부분기저의 원소이다.

$$p_i(p_j^{-1}(U_j)) = \begin{cases} U_i, & i = j \\ X_i, & i \neq j \end{cases}$$

이므로 $p_i$는 열린함수이다.

(2) $f$와 $p_i$가 연속이므로 합성함수 $p_i \circ f$는 연속이다.

역으로 만일 $U$가 $X_i$의 열린집합이면 $(p_i \circ f)^{-1}(U) = f^{-1}(p_i^{-1}(U))$는 $Y$에서 열린집합이고 $p_i^{-1}(U)$는 열린부분기저집합이므로 $f$는 연속이다. ■

**정리 4.1.2**

위상공간 사이의 함수족 $\{f_i : X_i \to Y_i \mid i \in I\}$에 대하여, 적공간 사이의 적함수(product of functions) $f = \prod_{i \in I} f_i$ ,

$$
\begin{array}{ccc}
f : \prod_{i \in I} X_i & \longrightarrow & \prod_{i \in I} Y_i \\
\downarrow p_i & & \downarrow q_i \\
X_i & \xrightarrow{\ f_i\ } & Y_i
\end{array}
$$

가 연속일 필요충분조건은 각 $i \in I$에 대하여 $f_i$가 연속이다.

여기서 $p_i$와 $q_i$는 사영함수이고, 적함수 $f$는 각 $x \in \prod_{i \in I} X_i$와 각 $i \in I$에 대하여 $[f(x)](i) = f_i(x(i))$로 정의된다.

---

**증명** 각 $i \in I$에 대하여 $f_i \circ p_i = q_i \circ f$이다.

정리 4.1.1에 의하여 $f$가 연속일 필요충분조건은 각 $i \in I$에 대하여 $q_i \circ f$가 연속이다. 따라서 $f$가 연속일 필요충분조건은 각 $i \in I$에 대하여 $f_i \circ p_i$가 연속이다.

한편 정리 3.2.2의 (2)에 의하여 $X_i$의 위상은 $p_i$에 의한 능화위상이므로 $f_i \circ p_i$가 연속일 필요충분조건은 $f_i$가 연속이다. ■

## 연습문제 4.1

**1.** 공간족 $\{X_i : i \in I\}$의 적공간 $X = \prod_{i \in I} X_i$와 사영함수 $p_i : X \to X_i$에 대하여 $p_i$가 연속이지만 닫힌함수(closed function)가 아닌 예를 구하시오.

**2.** 문제 1에서 $X$의 점렬 $\langle x_i \rangle$가 $x \in X$에 수렴할 필요충분조건은 각 $j \in I$에 대하여 점렬 $\langle p_j(x_i) \rangle$가 $X_j$에서 $p_j(x)$에 수렴하는 것임을 보이시오.

**3.** 공간족 $\{X_\alpha \mid \alpha \in I\}$, 각 $\alpha \in I$, $A_\alpha \subset X_\alpha$에 대하여

(1) 만일 $A_\alpha$가 $X_\alpha$의 닫힌집합이면 $\prod_{\alpha \in I} A_\alpha$는 $\prod_{\alpha \in I} X_\alpha$의 닫힌부분집합이다.

(2) 닫힌포 $\overline{\prod_{\alpha \in I} A_\alpha} = \prod_{\alpha \in I} \overline{A_\alpha}$임을 보이시오.

## 4.2 상공간(Quotient Space)

위상공간 $X$상에 동치관계가 주어지면 동치인 점을 동일시하는 동치류들의 집합에 위상을 정의하자.

**정의 4.2.1**

위상공간 $X$상에 동치관계 $\sim$가 정의되어 있다면 동치류의 집합 $X/\sim$은 $X$의 부분집합으로 이루어진 **분할**(partition)이다.
**상함수**(quotient function) $q : X \to X/\sim$에 의하여 만들어진 $X/\sim$상의 등화위상을 **상위상**(quotient topology)이라 하고, 이때 $X/\sim$을 **상공간**(quotient space)이라 한다.

주의 $X$상의 동치류 $[x] = \{y \in X \mid x \sim y\}$는 $X$에서는 부분집합이며 상공간 $X/\sim$에서는 한 점이다. 즉 $[x] \subset X$이고 $[x] \in X/\sim$이다.

**예 4.2.1**

실수공간 $\mathbb{R}$상에 $x \sim y$를 $x - y \in \mathbb{Z}$는 정수로 정의하면 $\sim$은 $\mathbb{R}$상에 동치관계이며 상공간 $\mathbb{R}/\sim$은 원 $S^1 = \{e^{i\theta} \mid 0 \le \theta < 2\pi\}$와 위상동형(homeomorphic)이며 상함수는

$$q : \mathbb{R} \to S^1,\ q(t) = e^{2\pi i t}$$

이다. ◘

**예 4.2.2**

2-차원 구 $S^2 = \{x \in \mathbb{R}^3 \mid |x| = 1\}$에서 동치관계 $\sim$를 $x \sim y \Leftrightarrow x = \pm y$로 정의하면 동치류는 $[x] = \{x, -x\}$이고 상공간 $S^2/\sim$은 **실사영평면**(real projective plane)이며 상함수 $q : S^2 \to \mathbb{RP}^2$는 이중함수이다. 즉 $q^{-1}([x]) = \{x, -x\}$이다. ◘

**정리 4.2.1**

함수 $q : X \to X/\sim$ 을 상공간으로 가는 상함수라 하자. 다음은 서로 동치다.

(1) $q$는 열린함수이다.

(2) $A$가 $X$의 열린집합이면 $\{x \in X \mid x \sim y,\ y \in A\}$는 열린집합이다.

(3) $A$가 $X$의 닫힌집합이면 $X - \{x \in X \mid x \sim y,\ y \in X - A\}$는 닫힌집합이다.

증명 임의의 부분집합 $A \subset X$에 대하여

$$q^{-1}(q(A)) = \{x \in X \mid x \sim y,\ y \in A\}$$

이다.

(1) $\Rightarrow$ (2) 만일 $A$가 열린집합이면 $q(A)$는 $X/\sim$에서 열린집합이다. $q$가 연속함수이므로 $q^{-1}(q(A))$는 열린집합이다.

(2) $\Rightarrow$ (1) $A$가 $X$의 열린부분집합이면 $q^{-1}(q(A))$는 열린집합이다. $X/\sim$의 위상이 등화위상이므로 $q(A)$가 $X/\sim$에서 열린집합이다.

(2) $\Rightarrow$ (3) $X - \{x \in X \mid x \sim y,\ y \in X - A\} = X - q^{-1}(q(X - A))$이므로 만일 $A$가 닫힌집합이면 $X - A$는 열린집합이고 $q^{-1}(q(X - A))$는 열린집합이므로 $X - q^{-1}(q(X - A))$는 닫힌집합이다.

(3) $\Rightarrow$ (2) $A$가 열린집합이면 $X - A$는 닫힌집합이고 가정에서 $X - q^{-1}(q(A))$는 닫힌집합이므로 $q^{-1}(q(A))$는 열린집합이다. ■

주의 일반적으로 상함수 $q : X \to X/\sim$는 열린함수가 아니다.

**정리 4.2.2**

다음 다이어그램이 교환이고, $q$가 상함수이면

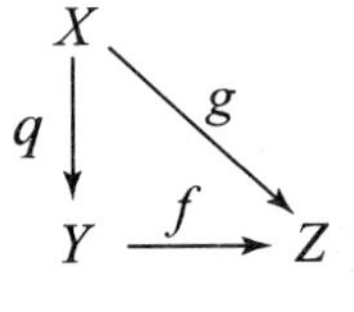

함수 $f : Y \to Z$가 연속일 필요충분조건은 $g$가 연속이다.

**증명** 함수 $q$가 상함수이고 $f \circ q = g$이므로 만일 $f$가 연속이면 연속함수의 합성함수 $g = f \circ q$는 연속이다. 역으로 $U$가 $Z$의 열린부분집합이라 하면, $g$가 연속이므로 $g^{-1}(U) = (f \circ q)^{-1}(U) = q^{-1}(f^{-1}(U))$는 $X$의 열린부분집합이다. $q$가 상함수이므로 $f^{-1}(U)$가 $Y$의 열린부분집합이다. 따라서 $f$는 연속이다. ■

## 연습문제 4.2

1. 만일 $f : X \to Y$가 전사이고 연속이며, 집합 $X^* = \{f^{-1}(y) \mid y \in Y\}$에 상위상을 주고 $q : X \to X^*$를 상함수라 하자.
   (1) 함수 $f$가 전단사 연속함수 $f^* : X^* \to Y$를 유도함을 보이시오.
   (2) $f^*$가 위상동형함수일 필요충분조건은 $f$가 상함수임을 보이시오.

2. 함수 $f : \mathbb{R}^2 \to \{x \in \mathbb{R} \mid x \geq 0\}$이 $f(x, y) = x^2 + y^2$으로 정의되면 $f$가 상함수임을 보이시오.

3. 위상공간족 $\{X_\alpha \mid \alpha \in I\}$와 집합 $Y$, 함수족 $\{p_\alpha : X_\alpha \to Y \mid \alpha \in I\}$가 주어져 있다.
   (1) $Y$상에 모든 $p_\alpha$가 연속이 되도록 가장 큰 위상 $\mathfrak{T}$를 구하시오.
   (2) 함수 $g : Y \to Z$가 연속일 필요충분조건은 각 $\alpha \in I$에 대하여 $g \circ p_\alpha$가 연속임을 보이시오. 여기서 $Y$의 위상은 (1)에 의하여 주어진 위상이다.

4. 평면 $\mathbb{R}^2 = \{(x, y) \mid x, y \in \mathbb{R}\}$에 관계 $\sim$를 $(x_1, y_1) \sim (x_2, y_2) \Leftrightarrow x_1 - x_2 \in \mathbb{Z},\ y_1 - y_2 \in \mathbb{Z}$로 정의할 때, 다음을 보이시오.
   (1) 관계 $\sim$가 동치관계임을 보이시오.

(2) 상공간 $\mathbb{R}^2/\sim$이 토러스 $T^2 = S^1 \times S^1$과 위상동형임을 보이시오.

(3) 상공간 $\mathbb{R}^2/\sim$의 위상과 예 4.2.1로부터 유도된 적공간으로서 위상이 같음을 보이시오.

**5.** $n$-차원 단위 구 $S^n$에서 $x \sim y \Leftrightarrow x = y$ 혹은 $x = -y$라 하면 관계 $\sim$가 동치관계임을 보이시오. 그 상공간을 $S^*n/\sim := \mathbb{RP}^n$라고 하면 상함수 $q: S^n \to \mathbb{RP}^n$는 이중 국소미분동형(double local diffeomorphism)임을 보이시오.

이때 $\mathbb{RP}^n$을 $n$-차원 실사영공간($n$-dimensional real projective space)라 한다.

**6.** $n$-차원 단위디스크 $D^n = \left\{(x_1, \cdots, x_n) \in \mathbb{R}^n \mid {x_1}^2 + \cdots + {x_n}^2 \leq 1\right\}$에서 경계 $\partial D^n = S^{n-1}$의 모든 전이 관계가 있으면, 즉 $x \sim y$, $\forall x, y \in S^{n-1}$이면, 상공간 $D^*n/\sim$과 $S^n$이 위상동형임을 보이시오.

# 제 5 장

# 연결공간(Connected Space)과 컴팩트공간(Compact Space)

## 5.1 연결공간(Connected Space)

**정의 5.1.1**

위상공간 $X$의 **연결**(connected)의 정의는 $X$ 내에 열린집합이면서 닫힌집합은 $X$와 $\phi$뿐임을 의미한다.

**정리 5.1.1**

공간 $X$가 연결일 필요충분조건은 $X$가 공집합이 아닌 서로소인 두 열린(닫힌)집합의 합집합이 아니다.

**증명** $X$가 연결이고 $X = U_1 \cup U_2$가 서로소인 두 열린집합 $U_1$과 $U_2$의 합집합이라 하자. $U_1 = X - U_2$이므로 $U_1$은 열린집합이면서 닫힌집합이다. 따라서 $U_1 = \phi$ 혹은 $U_1 = X$이다.

만일 $U_1 = X$이면 $U_2 = \phi$이고, 만일 $U_1 = \phi$이면 $U_2 = X$이다.

따라서 $U_1$이나 $U_2$ 둘 중 하나는 공집합이다.

역으로 $X$가 서로소인 공집합이 아닌 두 열린집합의 합집합이 아니라고 가정하자. 만일 $U$가 $X$의 열린부분집합이며 동시에 닫힌부분집합이면 $X - U$도 $X$의 열린부분집합이며 동시에 닫힌부분집합이고 서로소이다. 따라서 $U = \phi$이거나 $X - U = \phi$이다. 다시 말하면 $U = \phi$이거나 $X$이다. ■

**주의** 부분공간 $A \subset X$가 연결이란 $X$로부터 유도된 $A$상의 위상공간으로서 연결임을 의미한다.

**정리 5.1.2**

위상공간 $X$의 부분공간 $A_0$와 $\{A_i \mid i \in I\}$가 연결집합족이라 하자. 만일 각 $i \in I$에 대하여 $A_0 \cap A_i \neq \phi$이면 합집합 $A_0 \cup \bigcup_{i \in I} A_i$는 연결이다.

**증명** $A = A_0 \cup \bigcup_{i \in I} A_i$라 하고, $A = U_1 \cup U_2$를 $A$의 서로소인 열린집합의 합집합이라 하자.

각 $i \in I$에 대하여 $U_1 \cap A_i$와 $U_2 \cap A_i$는 서로소인 $A_i$의 열린부분집합이다. $A_i$가 연결이므로, $U_1 \cap A_i = \phi$ 혹은 $U_2 \cap A_i = \phi$이다.

같은 방법으로, $U_1 \cap A_0 = \phi$ 혹은 $U_2 \cap A_0 = \phi$이다.

만일 $U_2 \cap A_0 = \phi$이면 $U_1 \cap A_0 = A_0$이고 $A_0 \subset U_1$이다. 각 $i \in I$에 대하여 $A_0 \cap A_i \neq \phi$이므로 $U_1 \cap A_i \neq \phi$이다.

또한 각 $i \in I$에 대하여 $U_2 \cap A_i = \phi$이고, $U_1 \cap A_i = A_i$이므로, $A_i \subset U_1$이다. 따라서 $U_1 = A_0 \cup \left( \bigcup_{i \in I} A_i \right)$이고 $U_2 = \phi$이다. ■

**예 5.1.1**

(1) $\mathbb{R}^1$은 연결이다.

(2) $\mathbb{R}^n$은 연결이다.

(3) $\mathbb{R}^n - \{0\}$, $n > 1$, 연결이다.

(4) $\mathbb{R}^1 - \{0\}$은 연결이 아니다. ◘

**정리 5.1.3**

함수 $f : X \rightarrow Y$가 연속이고 전사일 때, 만일 $X$가 연결이면 $Y$도 연결이다.

**증명** 만일 $Y = V_1 \cup V_2$가 서로소인 열린부분집합 $V_1$과 $V_2$의 합집합이라 하자. 공간 $X = f^{-1}(V_1) \cup f^{-1}(V_2)$는 서로소인 열린집합의 합집합이다. $X$가 연결이므로 $f^{-1}(V_1) = \phi$ 혹은 $f^{-1}(V_2) = \phi$이다.

$f$가 전사이므로 $f(f^{-1}(V_i)) = V_i (i = 1, 2)$이고, $V_1 = \phi$ 혹은 $V_2 = \phi$이다. 따라서 $Y$는 연결이다. ■

**계 5.1.4**

함수 $f : X \rightarrow Y$가 연속이고 $X$가 연결이면 $f(X)$도 연결이다.

**예 5.1.2**

$n>1$일 때 함수 $f : \mathbb{R}^n-\{0\} \to S^{n-1}$가 $f(x)=\dfrac{x}{|x|}$로 주어지면 $\mathbb{R}^n-\{0\}$은 연결이고 $f(\mathbb{R}^n-\{0\})=S^{n-1}$이므로 $S^{n-1}$은 연결이다.
$n=1$일 때 $\mathbb{R}^1-\{0\}$은 연결이 아니므로 위 정리를 사용할 수 없고, $f(\mathbb{R}^1-\{0\})=S^0=\{-1, 1\}$은 연결이 아니다. □

## 연습문제 5.1

1. 공간 $X$의 연결부분집합 $A \subset X$에 대하여 만일 $A \subset B \subset \overline{A}$이면 $B$는 연결임을 보이시오.

2. 만일 $\{X_\alpha \mid \alpha \in I\}$가 연결공간족이면 적공간 $\prod_{\alpha \in I} X_\alpha$는 연결임을 보이시오.

3. 연속인 함수 $f : [0, 1] \to [0, 1]$은 고정점을 가짐을 보이시오. 즉, $f(x)=x$인 $x \in [0, 1]$이 존재한다.

4. 만일 $n>1$이면 $\mathbb{R}^n$과 $\mathbb{R}$은 위상동형이 아님을 보이시오.

5. 연결은 위상적 성질임을 보이시오.

## 5.2 컴팩트공간(Compact Space)

**정의 5.2.1**

(1) 공간 $X$의 부분집합족 $\{U_\alpha \mid \alpha \in I\}$가 **피복**(covering)이란 $X = \bigcup_{\alpha \in I} U_\alpha$를 의미한다.

(2) 열린집합들의 피복 $\{U_\alpha \mid \alpha \in I,\ U_\alpha$는 열린집합$\}$을 $X$의 **열린피복**(open covering)이라 한다.

(3) 위상공간 $X$가 **컴팩트**(compact)란 $X$의 모든 열린피복이 유한부분피복(finite subcovering)을 가짐을 의미한다.

즉, $X = \bigcup_{\alpha \in I} U_\alpha$가 열린피복이라면 유한부분집합 $I_1 \subset I$가 존재하여

$$X = \bigcup_{\alpha \in I_1} U_\alpha$$

이다.

**예 5.2.1**

(1) **하이네-보렐정리**(Heine-Borel theorem) $\mathbb{R}^n$의 부분집합 $X$가 컴팩트일 필요충분조건은 $X$가 유계이고 닫힌집합이다.

(2) $\mathbb{R}^n$과 $\mathbb{R}^n$의 열린부분집합은 컴팩트가 아니다. □

**정의 5.2.2**

"공간 $X$가 **유한교집합성질**(finite intersection property: F.I.P.)을 갖는다."의 정의는 모든 닫힌집합족 $\{F_\alpha \mid \alpha \in I,\ F_\alpha$는 $X$의 닫힌집합$\}$이 "(1)이면 (2)이다."를 만족한다. 여기서

(1) 모든 유한부분집합 $I_1 \subset I$에 대하여 $\bigcap_{\alpha \in I_1} F_\alpha \neq \phi$이다.

(2) $\bigcap_{\alpha \in I} F_\alpha \neq \phi$이다.

**주의** 일반 책에서는 (1)을 만족하는 집합족을 유한교집합성질을 갖는다고 한다.

**정리 5.2.1**

공간 $X$가 컴팩트일 필요충분조건은 $X$가 유한교집합성질을 갖는다.

**증명** $X$의 열린집합족 $\mathfrak{U}=\{U \mid U:$ 열린집합$\}$과 닫힌집합족 $\mathfrak{F}=\{F \mid F:$ 닫힌집합$\}$은 일대응 대응 관계에 있다. 즉 $U$와 $X-U=F$ 사이의 관계이다.

또한,

$$\bigcup_{U\in\mathfrak{U}} U = X \Leftrightarrow \bigcap_{U\in\mathfrak{U}} (X-U)=\phi$$

이다. 대우를 생각하면 $X$의 열린피복 $\mathfrak{U}$가 유한부분피복을 갖지 못할 필요충분조건은 닫힌집합족 $\{X-U \mid U\in\mathfrak{U}\}$가 유한교집합성질의 정의 5.2.2의 (1)은 만족하지만 (2)를 만족하지 못한다. ■

**정리 5.2.2**

컴팩트공간 $X$의 닫힌부분공간 $A\subset X$는 컴팩트이다.

**증명** $\mathfrak{F}$가 $A$의 닫힌집합족으로 유한교집합성질의 (1)를 만족한다고 하자. $A$가 닫힌집합이고 각 $F\in\mathfrak{F}$는 $A$에서 닫힌부분집합이므로, 각 $F\in\mathfrak{F}$는 $X$에서 닫힌부분집합이다.

$\mathfrak{F}$가 $X$의 닫힌부분집합족으로서 (1)을 만족하고, $X$가 컴팩트이므로

$$\bigcap_{F\in\mathfrak{F}} F\neq\phi$$

이다. 또한 $A$에서 $\bigcap_{F\in\mathfrak{F}} F\neq\phi$이므로 $A$가 유한교집합성질을 갖는다.

■

**정리 5.2.3**

컴팩트공간 $X$의 무한부분집합 $A\subset X$는 집적점을 갖는다.

증명 무한집합 $A$가 집적점을 갖지 않는다고 하자.

각 점 $a \in A$는 $A$의 집적점이 아니므로 $X$의 열린부분집합 $U_a$가 존재하여 $(U_a - \{a\}) \cap A = \phi$이고 $A \cap U_a = \{a\}$이다.

각 점 $a \in A$에 대하여 $\{a\}$는 $A$의 열린부분집합이므로 $A$의 위상은 이산위상이다. $A$의 집적점 집합 $A' = \phi$이므로 $A = A \cup A' = \overline{A}$는 닫힌집합이고 정리 5.2.2에 의하여 $A$는 컴팩트이다.

각 점 $a \in A$에 대하여 $A$에서 열린집합 $U_a \cap A = \{a\}$의 열린피복 $\{U_a \cap A \mid a \in A\}$는 유한부분피복 $\{U_{a_1} \cap A, \ldots, U_{a_k} \cap A\}$가 존재한다. 따라서

$$A = \bigcup_{i=1}^{k} (U_{a_i} \cap A) = \{a_1, \ldots, a_k\}$$

는 유한집합이므로 모순이다. ■

**정리 5.2.4**

함수 $f : X \to Y$가 연속이고 전사일 때, 만일 $X$가 컴팩트이면 $Y$도 컴팩트이다.

증명 만일 $\{V_\alpha \mid \alpha \in I,\ V_\alpha$는 $Y$의 열린부분집합$\}$이 $Y$의 열린피복이면 $\{f^{-1}(V_\alpha) \mid \alpha \in I,\ V_\alpha$는 $Y$의 열린부분집합$\}$은 $X$의 열린피복이다.

$X$가 컴팩트이므로 $X$의 유한부분피복 $\{f^{-1}(V_1), \ldots, f^{-1}(V_k)\}$가 존재한다. $f$가 전사이므로 $f(f^{-1}(V_i)) = V_i (i = 1, \ldots, k)$이다.

따라서

$$Y = f(X) = f\left(\bigcup_{i=1}^{k} f^{-1}(V_i)\right) = \bigcup_{i=1}^{k} f(f^{-1}(V_i)) = \bigcup_{i=1}^{k} V_i$$

이므로 $Y$는 컴팩트이다. ■

**계 5.2.5**

(1) 함수 $f : X \to Y$가 연속이고, $X$가 컴팩트이면 $f(X)$도 컴팩트이다.

(2) 함수 $f : X \to \mathbb{R}$가 연속이고, $X$가 컴팩트이면 $f$가 최대값과 최소값

을 갖는다. 즉 $x_1,\ x_2 \in X$가 존재하여 모든 $x \in X$에 대하여 $f(x_1) \le f(x) \le f(x_2)$를 만족한다.

증명 (2) $f$가 연속이고 $X$가 컴팩트이므로 $f(X) \subset \mathbb{R}^1$은 컴팩트이다.
$f(X)$는 $\mathbb{R}^1$의 닫힌부분집합이고 유계이다.
$f(X)$가 닫힌집합이므로 상한 $\mathrm{lub} f(X)$와 하한 $\mathrm{glb} f(X)$가 $f(X)$ 내에 존재한다. 그 값이 $f(X)$의 최대값, 최소값이다. 따라서 최대값의 원상 $x_2$와 최소값의 원상 $x_1$이 $X$ 내에 존재한다. ■

**정리 5.2.6 티호노프정리(Tychonoff theorem)**

컴팩트공간족의 적공간은 컴팩트이다.

증명 정리 5.2.1을 이용하여 증명하자.
컴팩트공간족 $\{X_\alpha \mid \alpha \in I,\ X_\alpha$는 컴팩트$\}$의 적공간을 $X = \prod_{\alpha \in I} X_\alpha$라고 하자. 집합족 $\mathfrak{F} = \{F_\beta \mid \beta \in J,\ F_\beta$는 $X$의 닫힌집합$\}$이 유한교집합성질(F.I.P.)의 (1)을 만족한다고 하자. $\tilde{\mathfrak{F}}$는 $\mathfrak{F}$를 포함하고 유한교집합성질의 (1)을 만족하는 최대(maximal) 집합족이라 하자. 각 $\alpha \in I$에 대하여 사영함수 $p_\alpha : X \to X_\alpha$에 의한 집합족 $\tilde{\mathfrak{F}}_\alpha = \{\overline{p_\alpha(F)} \mid F \in \tilde{\mathfrak{F}}\}$은 유한교집합성질의 (1)을 만족한다. 각 $X_\alpha$가 컴팩트이므로 각 $\alpha \in I$에 대하여 점 $x_\alpha \in \cap \overline{p_\alpha(F)} \subset X_\alpha$가 존재한다. 이때 점 $x = (x_\alpha)_{\alpha \in I} \in X$이고, 각 $F_\beta \in \tilde{\mathfrak{F}}$에 대하여 $x \in \overline{F}_\beta = F_\beta$의 원소다. 따라서 $x \in \bigcap_{F \in \tilde{\mathfrak{F}}} F \subset \bigcap_{F \in \mathfrak{F}} F$이다. 즉, $X$가 유한교집합성질 (2)를 만족한다. ■

**정의 5.2.3**

거리공간상의 함수 $f : (X,\ d_X) \to (Y,\ d_Y)$가 **일양연속**(uniformly continuous)이란 임의의 $\varepsilon > 0$에 대하여 $\delta > 0$이 존재하여 만일 $d_X(x_1,\ x_2) < \delta$이면 $d_Y(f(x_1),\ f(x_2)) < \varepsilon$이 성립함을 의미한다.

**보조정리 5.2.7**

컴팩트 거리공간 $(X, d)$의 임의의 열린피복 $\{U_\alpha \mid \alpha \in I\}$에 대하여 양수 $\delta > 0$가 존재하여 $X$의 임의의 $\delta$ 열린볼 $B(x, \delta)$은 $U_\alpha$ 중의 하나에 속한다. 이때 $\delta$를 열린피복 $\{U_\alpha \mid \alpha \in I\}$의 **르베그수**(Lebesgue number)라 한다.

증명 정리 7.1.1의 주의를 참조하시오.

**정리 5.2.8 일양연속정리(uniform continuity theorem)**

거리공간상의 연속함수 $f : (X, d_X) \to (Y, d_Y)$에 대하여 $(X, d_X)$가 컴팩트이면 $f$는 일양연속이다.

증명 임의의 $\varepsilon > 0$에 대하여 $Y$의 열린피복 $\left\{B_y\left(\frac{\varepsilon}{2}\right) \,\middle|\, y \in Y\right\}$로 잡으면 $\left\{f^{-1}\left(B_y\left(\frac{\varepsilon}{2}\right)\right) \,\middle|\, y \in Y\right\}$는 $X$의 열린피복이다. $X$가 컴팩트 거리공간이므로 정리 7.1.1의 주의에 의하여 르베그수 $\delta > 0$이 존재하여 임의의 두 점 $x_1$과 $x_2$가 $d_X(x_1, x_2) < \delta$이면 $x_1, x_2$는 $f^{-1}\left(B_y\left(\frac{\varepsilon}{2}\right)\right)$ 중 하나에 들어간다.

따라서 $f(x_1), f(x_2) \in B_y\left(\frac{\varepsilon}{2}\right)$이므로

$$d_Y(f(x_1), f(x_2)) \le d_Y(f(x_1), y) + d_Y(y, f(x_2)) < \varepsilon$$

이다. ■

## 연습문제 5.2

1. 거리공간의 컴팩트 부분집합은 닫힌집합이고 유계임을 보이시오.

2. 연속함수들의 열 $\{f_n : X \to Y \mid n = 1, 2, 3, \dots\}$이 함수 $g : X \to Y$

에 일양수렴(uniform convergence)하면, $g$는 연속임을 보이시오. 여기서 $Y$는 거리공간이고, **일양수렴**의 정의는 임의의 $\varepsilon > 0$에 대하여 $n_0$가 존재하여 $n > n_0$이면, 모든 $x \in X$에 $d(f_n(x),\ g(x)) < \varepsilon$이다.

3. 만일 $Y$가 컴팩트이면 사영함수 $p : X \times Y \to X$는 닫힌함수임을 보이시오.

4. 닫힌구간 $[a,\ b] \subset \mathbb{R}^1$이 컴팩트임을 보이시오.

5. 위상공간 $(X,\ \mathfrak{T}_X)$의 부분공간 $(A,\ \mathfrak{T}_A)$에 대하여 $A$가 $\mathfrak{T}_X$에 대하여 컴팩트일 필요충분조건은 $A$가 $\mathfrak{T}_A$에 대하여 컴팩트임을 보이시오.

6. 공간 $X$가 **국소컴팩트**(locally compact)란 $X$의 모든 점이 근방의 닫힌포가 컴팩트인 근방을 가짐을 의미한다.
(1) $X$가 컴팩트이면 국소컴팩트임을 보이시오.
(2) 모든 (비)이산공간은 국소컴팩트임을 보이시오.
(3) 유리수 집합 $\mathbb{Q}$는 국소컴팩트가 아님을 보이시오.

7. 컴팩트는 위상적 성질임을 보이시오.

8. 정리 5.2.1을 자세히 증명하시오.

# 제6장

# 위상공간의 분류 (Classification of Topological Space)

## 6.1 분리공리(Separation Axioms)

위상공간의 점 혹은 닫힌집합의 분리에 관하여 생각해보자.

**정의 6.1.1**

$X$를 위상공간이라 하자.

(1) $X$가 **$T_0$-공간**($T_0$-space)이란 서로 다른 두 점 $x_1 \neq x_2 \in X$에 대하여 열린집합 $U \subset X$가 존재하여 $U$가 두 점 중 하나만 포함할 때이다.

(2) $X$가 **$T_1$-공간**($T_1$-space)이란 서로 다른 두 점 $x_1 \neq x_2 \in X$에 대하여 열린집합 $U_1$, $U_2$가 존재하여 $x_1 \in U_1$, $x_2 \notin U_1$이고 $x_2 \in U_2$, $x_1 \notin U_2$를 만족할 때이다.

(3) $X$가 **$T_2$-공간**($T_2$-space) 혹은 **하우스도르프공간**(Housdorff space)이란 다른 두 점 $x_1 \neq x_2 \in X$에 대하여 열린집합 $U_1$, $U_2$가 존재하여 $x_1 \in U_1$, $x_2 \in U_2$이고 $U_1 \cap U_2 = \phi$을 만족할 때이다.

주의 ① $T_2$-공간은 $T_1$-공간이고, $T_1$-공간은 $T_0$-공간이다.

② $X = \{x_1, x_2\}$의 위상을 비이산위상 $\{X, \phi\}$이라 하면 $X$는 $T_0$-공간이 아니다.

③ $X = \{x_1, x_2\}$의 위상을 $\{\phi, X, \{x_1\}\}$이라고 하면 $X$는 $T_0$-공간이지만 $T_1$-공간은 아니다.

④ 무한집합 $X$의 위상을 $\mathfrak{I} = \{X - F \mid F\text{는 유한집합}\} \cup \{\phi\}$라고 하면 $(X, \mathfrak{I})$는 $T_1$-공간이지만 $T_2$-공간은 아니다.

⑤ 거리공간 $(X, d)$는 $T_2$-공간이다.

⑥ 연습문제 2.1의 문제 5에서 $(\mathbb{R}, d)$는 $T_2$-공간이고, $(\mathbb{R}, \mathfrak{I})$는 $T_0$-공간이지만 $T_1$-공간은 아니다. ■

**정리 6.1.1**

공간 $X$가 $T_1$일 필요충분조건은 $X$의 각 점이 닫힌부분집합이다.

증명 $X$가 $T_1$-공간이라 하자.

임의의 점 $x_1 \in X$에 대하여 각 점 $x \in X - \{x_1\}$는 근방 $U(x)$가 존재하여 $x_1 \notin U(x)$이고 $x \in U(x)$이다. 따라서

$$X - \{x_1\} = \bigcup_{x \in X - \{x_1\}} U(x)$$

는 열린집합이므로, $\{x_1\}$은 닫힌집합이다.

역으로 $X$의 각 점이 닫힌집합이라 하자.

서로 다른 두 점 $x_1 \neq x_2 \in X$에 대하여

$$U_1 = X - \{x_2\}, \; U_2 = X - \{x_1\}$$

은 각각 $x_1 \in U_1$, $x_2 \notin U_1$이고 $x_2 \in U_2$, $x_1 \notin U_2$인 열린집합이다. ■

**정리 6.1.2**

$T_2$-공간 $X$의 모든 컴팩트 부분공간 $K \subset X$는 닫힌집합이다.

증명 $X - K$가 열린집합임을 보이자.

각 점 $x \in X - K$와 $y \in K$에 대하여 $x$의 근방 $U(y)$와 $y$의 근방 $V(y)$가 존재하고 $U(y) \cap V(y) = \phi$이다.

$\{ V(y) \cap K \mid y \in K \}$는 $K$의 열린피복이다.

$K$가 컴팩트이므로 $K$의 유한부분피복 $\{ V(y_1) \cap K, \ldots, V(y_n) \cap K \}$가 존재한다.

이때

$$K = \bigcup_{i=1}^{n} ( V(y_i) \cap K) \subset \bigcup_{i=1}^{n} V(y_i)$$

이고, $U(x) = \bigcap_{i=1}^{n} U(y_i)$이라 두면

$$U(x) \cap K \subset U(x) \cap (\bigcup_{i=1}^{n} V(y_i)) = \phi$$

이다.

따라서 $U(x) \subset (X-K)$는 $x$의 근방이고, $X-K$는 열린집합이다. ■

**정리 6.1.3**

$T_2$-공간 $X$의 서로소인 컴팩트 부분공간 $F_1$과 $F_2$는 서로소인 근방을 갖는다.

증명 정리 6.1.2의 증명에서 각 점 $x \in F_1$에 대하여 서로소인 $x$의 근방 $U_x$와 컴팩트 $F_2$의 근방 $V_x$가 존재한다.

이런 근방족에 대하여 $\{F_1 \cap U_x \mid x \in F_1\}$은 $F_1$의 열린피복이다. $F_1$이 컴팩트이므로 유한부분피복

$$\{F_1 \cap U_{x_i} \mid i = 1, \ ..., \ n\}$$

이 존재한다.

이때 $\bigcup_{i=1}^{n} U_{x_i} = U$는 $F_1$의 근방이고, $V = \bigcap_{i=1}^{n} V_{x_i}$는 $F_2$의 근방이 되며, $U \cap V = \phi$이다. 따라서 $U$와 $V$가 구하는 근방이다. ■

**정리 6.1.4**

만일 $X$가 컴팩트이고 $Y$가 $T_2$이면 연속이고 전단사함수 $f : X \to Y$는 위상동형함수이다.

증명 역함수 $f^{-1} : Y \to X$가 연속임을 보이자.

$F$가 $X$의 닫힌집합이면 $F$는 컴팩트이고 $f(F)$도 컴팩트이다. $Y$가 $T_2$이고 $f(F) = (f^{-1})^{-1}(F)$는 컴팩트이므로 $f(F)$는 $Y$에서 닫힌집합이다.

따라서 $f^{-1}$는 연속이다. ■

**예 6.1.1**

정리 6.1.4에서 $X$는 컴팩트이고 $Y$는 $T_2$라는 가정이 필요하다.

(1) $X=\mathbb{R}^1$이고 이산위상을 가지며 $Y=\mathbb{R}^1$이고 보통위상, 즉 거리위상을 가졌다고 가정하자.

항등함수 $I_X : X \to Y$는 연속이고 전단사함수이지만 위상동형함수는 아니다.

(2) $X=\{x_1, x_2\}$이고 이산위상을 가졌다 하고 $Y=\{y_1, y_2\}$의 위상을 $\{Y, \phi, \{y_2\}\}$라고 하면, 함수

$$f : X \to Y,\ f(x_1)=y_1,\ f(x_2)=y_2$$

는 연속이고 전단사이지만 위상동형은 아니다. ◘

**정의 6.1.2**

위상공간 $X$ 내의 점열 $\langle x_n \rangle$이 $X$의 점 $x$에 **수렴**(convergence)한다는 것은 $x$의 임의의 근방 $U$에 대하여 $n_0$가 존재하여 모든 $n \geq n_0$에 대하여 $x_n \in U$임을 의미한다.

**정리 6.1.5**

위상공간 $X$가 $T_2$이면 수렴하는 $X$ 내의 점열 $\langle x_n \rangle$은 유일한 점에 수렴한다.

**증명** 만일 점열 $\langle x_n \rangle$이 $X$ 내의 다른 두 점 $x$와 $y$에 수렴한다면, $X$가 $T_2$-공간이므로 서로소인 $x$의 근방 $U$와 $y$의 근방 $V$가 존재한다. 점열 $\langle x_n \rangle$이 $x$에 수렴하므로 $n_1$이 존재하여 모든 $n > n_0$에 대하여 $x_n \in U$이다.

또한 $\langle x_n \rangle$이 $y$에 수렴하므로 $n_2$가 존재하여 모든 $n > n_2$에 대하여 $x_n \in V$이다.

만일 $n > \max\{n_1, n_2\}$이면 $x_n \in U \cap V$이다. 따라서 모순이므로 $x=y$

이다. ■

**예 6.1.2**

집합 $X=\{x_1,\ x_2\}$가 비이산위상을 가지면, $X$는 $T_2$가 아니고, $X$ 내의 모든 점열 $\langle x_n \rangle$은 $x_1$과 $x_2$에 수렴한다.

반면에 $X$가 이산위상이면 수렴하는 수열은 어느 항 이상은 모두 같다. ◘

**정의 6.1.3**

(1) 위상공간 $X$가 다음 (i)과 (ii)를 만족할 때 ***$T_3$*-공간**($T_3$-space)이라 한다.

(i) $X$가 $T_1$이고

(ii) $X$가 **정칙공간**(regular space)이다. 즉, 닫힌부분집합 $F \subset X$와 점 $x \in X-F$에 대하여 서로소인 근방 $F \subset U_1$과 $x \in U_2$가 존재한다.

(2) 공간 $X$가 다음 (i)과 (ii)를 만족할 때 ***$T_4$*-공간**($T_4$-space)이라 한다.

(i) $X$가 $T_1$이고

(ii) $X$가 **정규공간**(normal space)이다. 즉, 서로소인 닫힌집합 $F_1,\ F_2 \subset X$에 대하여 서로소인 근방 $F_1 \subset U_1,\ F_2 \subset U_2$가 존재한다.

**주의** 위상공간이 $T_1$이면 $T_3$-공간과 정칙공간, $T_4$-공간과 정규공간은 같다.

**예 6.1.3**

(1) $T_4$-공간 $\Rightarrow$ $T_3$-공간 $\Rightarrow$ $T_2$-공간 $\Rightarrow$ $T_1$-공간 $\Rightarrow$ $T_0$-공간의 포함 관계가 성립한다.

(2) $T_2$이지만 $T_3$가 아닌 공간을 구성하자.

$\mathbb{R}^2_{\geq 0}=\{x=(x_1,\ x_2)\in\mathbb{R}^2 \mid x_2 \geq 0\}$은 닫힌상반평면이다.

$\mathbb{R}^2_+=\{x=(x_1,\ x_2)\in\mathbb{R}^2 \mid x_2 > 0\}$은 열린상반평면이다.

$\mathbb{R}^1=\{x=(x_1,\ 0)\in\mathbb{R}^2\}$이면 $\mathbb{R}^2_{\geq 0}=\mathbb{R}^2_+ \cup \mathbb{R}^1$이다.

$\mathbb{R}^2_{\geq 0}$에 다음과 같은 위상을 정의하자.

$B_x(r) = \{y \in \mathbb{R}^2 \mid |x-y| < r\}$은 중심이 $x$이고

반지름이 $r > 0$인 열린디스크이다.

$$\mathfrak{B}_1 = \{B_x(r) \mid x = (x_1, x_2) \in \mathbb{R}^2_+, 0 < r < x_2\},$$
$$\mathfrak{B}_2 = \{(B_x(r) \cap \mathbb{R}^2_+) \cup \{x\} \mid x \in \mathbb{R}^1\}$$

이라 놓고 $\mathfrak{B} = \mathfrak{B}_1 \cup \mathfrak{B}_2$라 하면 $\mathfrak{B}$는 $\mathbb{R}^2_{\geq 0}$의 위상 $\mathfrak{T}_{\mathfrak{B}}$를 정의하기 위한 기저가 된다.

공간 $(\mathbb{R}^2_{\geq 0}, \mathfrak{T}_{\mathfrak{B}})$는 $T_2$이다. 그러나 $T_3$는 아니다. 부분집합 $\mathbb{R}^1 - \{0\}$과 $\{0\} \subset \mathbb{R}^2_{\geq 0}$에 대하여 $\mathbb{R}^2_+ \cup \{0\}$은 열린집합이므로 $\mathbb{R}^1 - \{0\}$은 닫힌집합이다.

$U$를 0의 임의의 근방이라 하자.

$\mathfrak{B}_2$의 열린기저집합 $(B_0(r) \cap \mathbb{R}^2_+) \cup \{0\}$이 존재하여 $U$에 포함된다. 그러나 $\dfrac{r}{2} \in \mathbb{R}^1 - \{0\}$의 어떤 근방도 $U$의 점을 포함한다. 따라서 $\mathbb{R}^1 - \{0\}$과 $\{0\}$을 분리할 수 없다. 즉, $(\mathbb{R}^2_{\geq 0}, \mathfrak{T}_{\mathfrak{B}})$는 $T_3$가 아니다.

(3) 모든 컴팩트 $T_2$-공간은 정규($T_4$)이다.

이것은 컴팩트공간의 닫힌부분집합은 컴팩트이고 정리 6.1.3에 의하여 $T_2$ 공간에서 서로소인 컴팩트집합은 서로소인 근방을 갖기 때문이다.

(4) 집합 $\mathbb{R}$에서 위상 $\mathfrak{J}$의 기저를 $\mathfrak{B} = \{(a, \infty) | a \in \mathbb{R}\}$라 하면, $(\mathbb{R}, \mathfrak{J})$는 정규이지만 정칙은 아니다. ◻

---

**정리 6.1.6**

정칙공간 $X$의 닫힌부분집합 $F \subset X$와 점 $x \in X - F$는 근방 $F \subset U_1$, $x \in U_2$, $\overline{U_1} \cap \overline{U_2} = \phi$을 갖는다.

---

**증명** 정칙의 정의로부터 서로소인 근방 $F \subset V_1$, $x \in V_2$가 있다.

여집합 $X - V_2$는 닫힌집합이고, $x \notin X - V_2$이다.

다시 정칙의 정의로부터 서로소인 근방 $X - V_2 \subset W_1$, $x \in W_2$가 있다.

여기서 $U_1 = V_1$, $U_2 = W_2$라 두면 $F \subset U_1$이고 $x \in U_2$이며 $\overline{U_1} \cap \overline{U_2} = \phi$이다. 왜냐하면

$$\overline{U_2} = \overline{W_2} \subset \overline{X - W_1} = X - W_1 \subset V_2 \text{이고,}$$
$$\overline{U_1} = \overline{V_1} \subset \overline{X - V_2} = X - V_2 \text{이다.}$$

따라서 $\overline{U_1} \cap \overline{U_2} \subset (X - V_2) \cap V_2 = \phi$이다. ■

---

**정리 6.1.7**

공간 $X$가 정규이고, $F_1$과 $F_2$가 $X$의 서로소인 닫힌집합이면, 근방의 닫힌포가 서로소인 근방 $F_1 \subset U_1$, $F_2 \subset U_2$, $\overline{U_1} \cap \overline{U_2} = \phi$이 존재한다.

---

**증명** 정리 6.1.6과 같은 방법으로 증명된다. ■

---

**정리 6.1.8**

거리공간 $(X, d)$는 정규$(T_4)$이다.

---

**증명** (i) 점 $x_1 \neq x_2 \in X$에 대하여 $r = d(x_1, x_2) > 0$이라 하면 $B_{x_1}\left(\frac{r}{2}\right)$과 $B_{x_2}\left(\frac{r}{2}\right)$은 $x_1$과 $x_2$의 근방이고 서로소이다.

따라서 $X$는 $T_2$이다.

(ii) 서로소인 닫힌집합 $F_1$, $F_2 \subset X$에 대하여 함수

$$d_1 : X \to \mathbb{R},\ d_1(x) = \text{glb}\{d(x, y_1) \mid y_1 \in F_1\},$$
$$d_2 : X \to \mathbb{R},\ d_2(x) = \text{glb}\{d(x, y_2) \mid y_2 \in F_2\}$$

라 정의하자. 여기서 glb는 하한(greatest lower bound)을 나타낸다.

$$U_1 = \{x \in X \mid d_1(x) < d_2(x)\},$$
$$U_2 = \{x \in X \mid d_1(x) > d_2(x)\}$$

라 두면 $U_1 \cap U_2 = \phi$이다.

다음은 $F_1 \subset U_1$, $F_2 \subset U_2$이고, $U_1$과 $U_2$는 열린집합임을 보이자.
임의의 $x \in F_1$에 대하여 $d_1(x) = 0$이다.
만일 $d_2(x) = 0$이면 임의의 $\varepsilon > 0$에 대하여 $y_2 \in F_2$가 존재하여 $y_2 \in B_x(\varepsilon) = \{y \mid d(x, y) < \varepsilon\}$이다. 따라서 $x \in \overline{F_2} = F_2$가 되어 $F_1 \cap F_2 = \phi$에 모순이 된다. $d_2(x) > 0$이므로 $x \in U_1$이고 $F_1 \subset U_1$이다. 같은 방법으로 $F_2 \subset U_2$가 증명된다.
다음은 $U_1$이 열린집합임을 증명하자.
임의의 점 $x_1 \in U_1$에 대하여 $a \equiv d_2(x_1) - d_1(x_1) > 0$이다.
$B_{x_1}\left(\frac{a}{3}\right) \subset U_1$이다. 왜냐하면 각 $x \in B_{x_1}\left(\frac{a}{3}\right)$에 대하여

$$\begin{aligned} d_1(x) - d_2(x) &= [d_1(x) - d_1(x_1)] + [d_1(x_1) - d_2(x_1)] \\ &\quad + [d_2(x_1) - d_2(x)] \\ &= [d_1(x) - d_1(x_1)] - a + [d_2(x_1) - d_2(x)] \end{aligned}$$

이다.
각 $y_1 \in F_1$에 대하여

$$d(x, y_1) \leq d(x, x_1) + d(x_1, y_1) < \frac{a}{3} + d(x_1, y_1).$$

양변에 glb를 취하면

$$\begin{aligned} d_1(x) &= \operatorname*{glb}_{y_1 \in F_1} \{d(x, y_1)\} \leq \frac{a}{3} + \operatorname*{glb}_{y_1 \in F_1} d(x_1, y_1) \\ &= \frac{a}{3} + d_1(x_1), \\ d_1(x) - d_1(x_1) &\leq \frac{a}{3} \end{aligned}$$

이다.
같은 방법으로, 각 $y_2 \in F_2$에 대하여

$$d(x_1, y_2) \leq d(x_1, x) + d(x, y_2) < \frac{a}{3} + d(x, y_2)$$

이므로

$$d_2(x_1) \leq \frac{a}{3} + d_2(x),$$

$$d_2(x_1) - d_2(x) \leq \frac{a}{3}$$

이다.

따라서 $d_1(x) - d_2(x) \leq \frac{a}{3} - a + \frac{a}{3} = -\frac{a}{3} < 0$이므로 $x \in U_1$이다.

즉, $B_{x_1}\left(\frac{a}{3}\right) \subset U_1$이므로 $U_1$은 열린집합이다. ■

## 연습문제 6.1

**1.** 함수 $f : X \to Y$와 $Y$가 컴팩트 $T_2$-공간이라 하자. $f$가 연속일 필요충분조건은 $f$의 그래프 $G(f) = \{(x, f(x)) \mid x \in X\}$가 적공간 $X \times Y$에서 닫힌부분집합임을 보이시오.

**2.** 만일 함수 $f : X \to Y$가 연속이고, $X$는 컴팩트, $Y$는 $T_2$이면, $f$가 닫힌집합을 닫힌집합으로 보냄을 보이시오. 즉, $f$는 닫힌함수이다.

**3.** 다음을 증명하시오.

(1) $T_2$-공간의 부분공간은 $T_2$이다. $T_2$-공간족의 적공간은 $T_2$이다.

(2) 정칙($T_3$-)공간의 부분공간은 $T_3$이다. $T_3$-공간족의 적공간은 $T_3$이다.

(3) 정규($T_4$-)공간의 부분공간은 $T_4$라 할 수 없다. $T_4$-공간족의 적공간은 $T_4$라 할 수 없다(참고문헌 [12], 201쪽, 예시 2 참조).

**4.** $X$가 정규($T_4$-)공간이고, $A \subset X$는 닫힌부분집합이면, $A$는 정규 $T_1$-공간임을 보이시오.

**5.** 함수 $f, g : X \to Y$가 연속이고 $Y$가 $T_2$이면, $\{x \in X \mid f(x) = g(x)\}$

는 $X$의 닫힌부분집합임을 보이시오.

6. 공간 $X$가 $T_2$일 필요충분조건은 대각집합(diagonal set)

$$\Delta = \{(x, x) | x \in X\}$$

가 $X \times X$에서 닫힌집합임을 보이시오.

7. 공간 $X$가 거리공간일 필요충분조건은 $X$가 정칙이고 가산국소유한기저(countable locally finite base)를 가짐을 보이시오.

## 6.2 연속함수의 확장(Extension of Continuous Function)

실수 $\mathbb{R}$은 특별한 언급이 없으면 보통 거리위상을 갖는다.

공간 $X$의 위상이 $\{X, \phi\}$이면 $X$에서 실수 $\mathbb{R}$로 가는 연속함수는 상수함수뿐이다. 반면에 $X$의 위상이 이산(discrete)이면 $X$에서 가는 모든 함수는 연속이다.

또한 공간 $X$의 서로 다른 두 점 $x_1 \neq x_2$에 대하여 실수로 가는 연속함수가 존재하여

$$f : X \to \mathbb{R}$$

$f(x_1) \neq f(x_2)$이면 $X$는 $T_2$ 하우스도르프공간이다.

따라서 공간 $X$에서 실수 $\mathbb{R}$로 가는 연속함수의 존재성은 공간 $X$의 위상과 밀접한 관계가 있다.

다음 정리에서 부분집합 $A \subset X$의 **여집합**(complement)을 $X - A := A^C$로 나타내자. 단위구간 $[0, 1]$에서 분모가 $2^n$인 **이분수**(dyadic number)가 조밀함을 사용하자.

**정리 6.2.1 유리존보조정리(Urysohn's lemma)**

공간 $X$의 서로소인 닫힌부분집합 $A_0$와 $A_1$에 대하여 연속함수 $f : X \to [0, 1]$로 $f(A_0)=0$, $f(A_1)=1$을 만족하는 함수가 존재할 필요충분조건은 $X$가 정규이다.

증명 공간 $X$의 서로소인 닫힌부분집합 $A_0$와 $A_1$에 대하여

$$f : X \to [0, 1],\ f(A_0)=0,\ f(A_1)=1$$

인 연속함수가 존재할 때

$$U_0 = f^{-1}\left(\left[0, \frac{1}{3}\right)\right),\ U_1 = f^{-1}\left(\left(\frac{2}{3}, 1\right]\right)$$

이라 두면

$U_0$와 $U_1$은 $X$의 열린부분집합이고,
$A_0 \subset U_0$, $A_1 \subset U_1$이며 $U_0 \cap U_1 = \phi$이다.

역으로 공간 $X$가 정규라 하자.
서로소인 열린부분집합 $U_{1/2}$과 $V_{1/2}$이 존재하여 $A_0 \subset U_{1/2}$이고 $A_1 \subset V_{1/2}$이다. 그러면

$$A_0 \subset U_{1/2} \subset X - V_{1/2} \subset X - A_1.$$

다음으로 서로소인 닫힌집합 $A_0$와 $X - U_{1/2}$에 대하여 서로소인 열린집합 $U_{1/4}$과 $V_{1/4}$이 존재하여 $A_0 \subset U_{1/4}$이고 $X - U_{1/2} \subset V_{1/4}$이다.
또한 $X - V_{1/2}$과 $A_1$은 서로소인 닫힌집합이므로 서로소인 열린집합 $U_{3/4}$과 $V_{3/4}$이 존재하여 $X - V_{1/2} \subset U_{3/4}$이고 $A_1 \subset V_{3/4}$이 된다. 이때

$$\begin{aligned} A_0 &\subset U_{1/4} \subset X - V_{1/4} \subset U_{1/2} \subset X - V_{1/2} \\ &\subset U_{3/4} \subset X - V_{3/4} \subset X - A_1. \end{aligned}$$

귀납법으로 계속하면 서로소인 열린집합

$$U_r,\ V_r,\ r = \frac{k}{2^n}\ (k = 1,\ 2,\ \ldots,\ 2^n - 1,\ \ n = 1,\ 2,\ \ldots)$$

가 존재하고

$$A_0 \subset U_{1/2^n} \subset V^c_{1/2^n} \subset U_{2/2^n} \subset V^c_{2/2^n} \subset \cdots$$
$$\subset U_{(2^n-1)/2^n} \subset V^c_{(2^n-1)/2^n} \subset A^c_1.$$

특히 각 쌍 $r_1 < r_2$에 대하여

$$U_{r_1} \subset V^c_{r_1} \subset U_{r_2} \subset V^c_{r_2}.$$

함수 $f : X \to [0,\ 1]$

$$f(x) = \begin{cases} \text{glb}\{r \mid x \in U_r\}, & \text{만일 } x \in \bigcup_r U_r \\ 1, & \text{만일 } x \notin \bigcup_r U_r \end{cases}$$

로 정의하자.

모든 $r$에 대하여 $A_0 \subset U_r$이므로 $f(A_0) = 0$이다.

모든 $r$에 대하여 $U_r \subset A^c_1$, $U_r \cap A_1 = \phi$이므로 $f(A_1) = 1$이다.

다음은 $f$가 연속임을 증명하자.

$\mathfrak{B} = \{[0,\ a),\ (c,\ d),\ (b,\ 1] \mid a,\ b,\ c,\ d$는 무리수$\}$는 $[0,\ 1]$에서 기저가 된다.

$(c,\ d) = [0,\ d) \cap (c,\ 1]$이므로

$$f^{-1}(c,\ d) = f^{-1}[0,\ d) \cap f^{-1}(c,\ 1]$$

이다.

따라서 $f^{-1}[0,\ d)$와 $f^{-1}(c,\ 1]$가 모든 무리수 $c,\ d$에 대하여 열린집합임을 보이자.

$f^{-1}[0,\ d) = \bigcup_{r<d} U_r$이다.

왜냐하면 만일 $x \in U_{r_0}$, $r_0 < d$이면 $f(x) < r_0 < d$이므로 $x \in f^{-1}[0,\ d)$이다. 만일 $x \in f^{-1}[0,\ d)$이면 $f(x) < d$이다. 이분수(dyadic number)

$r_0 : f(x) < r_0 < d$가 존재하여 $x \in U_{r_0} \subset \bigcup_{r<d} U_r$이다.

같은 방법으로 $f^{-1}(c, 1] = \bigcup_{r>c} V_r$이다. 왜냐하면 만일 $x \in f^{-1}(c, 1]$이면 $r_0 > c$에 대하여 $x \not\in U_{r_0}$이기 때문이다.

이분수는 $[0, 1]$에서 조밀하므로 $c < r_1 < r_0$인 이분수 $r_1$이 존재한다.

한편 $x \not\in U_{r_0}$이므로 $x \not\in V_{r_1}^c \subset U_{r_0}$이고

$$x \in V_{r_1} \subset \bigcup_{r>c} V_r$$

이다. ■

---

**계 6.2.2**

정규공간 $X$의 서로소인 닫힌집합 $A_0$와 $A_1$에 대하여 함수 $g : X \to [a, b]$가 $g(A_0) = a$, $g(A_1) = b$인 연속인 함수가 존재한다.

---

**증명** 정리 6.2.1에 의하여 연속함수 $f : X \to [0, 1]$, $f(A_0) = 0$, $f(A_1) = 1$이 존재한다.

함수 $h : [0, 1] \to [a, b]$를 $h(x) = a + (b-a)x$로 정의하면 $h$는 연속이 되고, 합성함수 $g = h \circ f : X \to [a, b]$는 연속이고 $g(A_0) = a$, $g(A_1) = b$이다. ■

**주의** ① 일반적으로, 부분집합 $X_1 \subset X$와 연속함수 $f : X_1 \to Y$를 $X$상의 연속함수로 확장하지 못할 수 있다.

예 : $S^1 = \{(x, y) \in \mathbb{R}^2 \mid x^2 + y^2 = 1\}$

$\subset D^2 = \{(x, y) \in \mathbb{R}^2 \mid x^2 + y^2 \leq 1\}$

항등함수 $id : S^1 \to S^1$은 정의역 $S^1$을 $D^2$상의 연속함수로 확장할 수 없다.

② 위상공간의 부분집합에서 정의된 연속함수를 전 공간의 연속함수로 확장할 수 있을까?

**정리 6.2.3 티츠확장정리(Tietze extension theorem)**

정규공간 $X$의 닫힌부분집합 $X_1 \subset X$에서 정의된 연속함수 $f : X_1 \to [-1, 1]$은 전 공간 $X$에서 연속함수 $g : X \to [-1, 1]$로 확장할 수 있다.

**증명** $A_1 = f^{-1}\left[\frac{1}{3}, 1\right]$, $A_{-1} = f^{-1}\left[-1, -\frac{1}{3}\right]$이라 두자.

$A_1$과 $A_{-1}$은 $X_1$의 서로소인 닫힌부분집합이다.

$X_1$이 닫힌집합이므로 $A_1$과 $A_{-1}$은 $X$에서 닫힌집합이다.

정리 6.2.1에 의하여 연속함수

$$f_1 : X \to \left[-\frac{1}{3}, \frac{1}{3}\right],\ f_1(A_{\pm 1}) = \pm\frac{1}{3}$$

이 존재한다. 모든 $x \in X_1$에 대하여

$$|f(x) - f_1(x)| \le \frac{2}{3}.$$

함수 $f - f_1 : X_1 \to \left[-\frac{2}{3}, \frac{2}{3}\right]$는 잘 정의된다.

$A_2 = (f - f_1)^{-1}\left[\frac{2}{9}, \frac{2}{3}\right]$, $A_{-2} = (f - f_1)^{-1}\left[-\frac{2}{3}, -\frac{2}{9}\right]$라 두자.

그러면 $A_2$, $A_{-2}$는 $X$의 서로소인 닫힌집합이다.

정리 6.2.1에 의하여 $f_2(A_2) = \frac{2}{9}$, $f_2(A_{-2}) = -\frac{2}{9}$인 연속함수

$$f_2 : X \to \left[-\frac{2}{9}, \frac{2}{9}\right]$$

가 존재한다.

모든 $x \in X_1$에 대하여

$$|f(x) - f_1(x) - f_2(x)| \le \frac{4}{9}.$$

수학적 귀납법을 계속 사용하면, 모든 양의 정수 $n$에 대하여

$$f_n : X \to \left[\frac{-2^{n-1}}{3^n}, \frac{2^{n-1}}{3^n}\right]$$

인 연속함수가 존재한다.

다음은 연속인 함수의 합 $\sum_{n=1}^{\infty} f_n$의 일양수렴을 증명하자.

모든 $x \in X_1$에 대하여

$$\left| f(x) - \sum_{j=1}^{n} f_j(x) \right| \le \left( \frac{2}{3} \right)^n.$$

공역을 확장하면 $f_n : X \to [-1, 1]$로서 $|f_n(x)| \le \dfrac{2^{n-1}}{3^n}$을 생각할 수 있다. 임의의 $x \in X$에 대하여

$$\left| \sum_{n=1}^{\infty} f_n(x) \right| \le \sum_{n=1}^{\infty} |f_n(x)| \le \sum_{n=1}^{\infty} \frac{2^{n-1}}{3^n} = 1$$

이므로, 바이어슈트라스 M-판정법(Weierstrass M-test)에 의하여 급수 $\sum_{n=1}^{\infty} f_n$은 일양(uniformly)으로 연속함수 $g : X \to [-1, 1]$에 수렴한다.

또한, 모든 $x \in X_1$에 대하여

$$|f(x) - g(x)| = \lim_{n \to \infty} \left| f(x) - \sum_{j=1}^{n} f_j(x) \right| \le \lim_{n \to \infty} \left( \frac{2}{3} \right)^n = 0$$

이므로 $X_1$상에서 $f = g$이다. ■

## 연습문제 6.2

1. 정리 6.2.3 티츠확장정리가 성립하면 정리 6.2.1 유리존보조정리가 성립함을 보이시오.

2. $X$가 가산기저를 갖는 정칙공간이고 $U$는 $X$의 열린부분집합이라 하자.
   (1) $U$가 $X$의 가산 개의 닫힌집합의 합집합임을 보이시오.
   (2) 연속함수 $f : X \to [0, 1]$로서 $f(x) > 0 \ {}^{\forall} x \in U$이고, $f(x) = 0$

$^\forall x \in X - U$인 함수가 존재함을 보이시오.

3. 거리공간 $X$에서 다음이 동치임을 보이시오.

(1) $X$와 같은 위상을 갖는 모든 메트릭에 대하여 $X$가 유계(bounded)이다.

(2) $X$가 컴팩트이다.

(3) 모든 연속함수 $f : X \to \mathbb{R}$은 유계이다.

4. 위상공간 $X$의 부분공간 $A$가 $X$의 **수축**(retract)이란 연속함수 $r : X \to A$가 존재하고 $r(a) = a,\ ^\forall a \in A$일 때이다.

(1) $X$가 $T_2$이고 $A$가 $X$의 수축이면 $A$가 닫힌집합임을 보이시오.

(2) $A$가 $\mathbb{R}^2$의 한 점이면 수축이고 서로 다른 두 점이면 수축이 아님을 보이시오.

(3) 단위원 $S^1$은 $\mathbb{R}^2 - \{0\}$의 수축이나 $\mathbb{R}^2$의 수축이 아님을 보이시오.

5. 이분수(dyadic number)의 집합이 $[0.1]$에서 조밀함을 보이시오.

6. 정규공간의 부분공간과 정규공간의 적이 정규공간이 아닌 예를 각각 구하시오.

## 6.3 한점컴팩트화(One Point Compactification)

위상공간 중에 컴팩트공간이 다루기 용이하므로 컴팩트화에 대하여 알아보자.

**정의 6.3.1**

공간 $X$가 **국소컴팩트**(locally compact)란 $X$의 각 점은 닫힌포가 컴팩트인 근방을 가짐이다.

주의 ① 국소컴팩트의 유한적(finite product)은 국소컴팩트이다.
왜냐하면 각 점 $x = (x_1, \ldots, x_n) \in X_1 \times \cdots \times X_n$에 대하여 $x_i$의 근

방 $U_i \subset X_i$가 존재하여 $\overline{U}_i$는 컴팩트이다.

$x = (x_1, \ldots, x_n) \in X_1 \times \cdots \times X_n$이 근방 $U_1 \times \cdots \times U_n$을 갖고

$\overline{U_1 \times \cdots \times U_n} = \overline{U_1} \times \cdots \times \overline{U_n}$이 컴팩트이다.

② 국소컴팩트의 무한적은 국소컴팩트라 할 수 없다.

왜냐하면 무한적 $\prod_{\alpha \in I} U_\alpha$는 만일 무한개 $\alpha \in I$에 대하여 $U_\alpha \neq X_\alpha$이면 $\prod_{\alpha \in I} X_\alpha$의 열린집합이 아니다.

③ 유리수공간 $\mathbb{Q}$는 국소컴팩트가 아니다.

**정의 6.3.2**

공간 $X$가 $T_1$이라 하자. 한 점 $\infty \notin X$에 대하여 $\widetilde{X} = X \cup \{\infty\}$가 **한점 컴팩트화**(one point compactification)란 $\widetilde{X}$의 기저로 $\mathfrak{B}_{\widetilde{X}} = \mathfrak{T}_X \cup \mathfrak{V}_\infty$ 의 위상을 갖는 $\widetilde{X}$이다. 여기서 $\mathfrak{T}_X$는 $X$의 위상이고

$$\begin{aligned}\mathfrak{V}_\infty &= \{V \subset \widetilde{X} \mid \widetilde{X} - V\text{가 } X\text{의 컴팩트 닫힌집합}\} \\ &= \{\widetilde{X} - F \mid F\text{는 } X\text{의 컴팩트 닫힌집합}\}\end{aligned}$$

이다.

주의 ① $\mathfrak{B}_{\widetilde{X}}$는 $\widetilde{X}$의 위상을 위한 기저이다.

② $\widetilde{X}$는 컴팩트이다.

③ 부분공간 $X \subset \widetilde{X}$는 $\mathfrak{T}_X$를 위상으로 갖는다.

④ $X$가 $T_1$이고 컴팩트이면 $\widetilde{X}$는 $X \cup \{\infty\}$는 서로소인 열린집합의 합집합이고 연결이 아니다.

**예 6.3.1**

(1) $\widetilde{X} = \mathbb{R}^1 \cup \{\infty\}$라 하고 $\infty$의 근방은 $\widetilde{X} - F$형이다.

여기서 $F$는 $\mathbb{R}^1$의 컴팩트 부분집합이다. 이때 $\widetilde{X}$는 원 $S^1$과 위상동형이다.

(2) $X = \mathbb{R}^2$에 대하여 $\widetilde{X} = \mathbb{R}^2 \cup \{\infty\}$의 $\infty$를 포함한 열린집합의 여집합은 $\mathbb{R}^2$에서 컴팩트이다.

$\widetilde{X}$는 $S^2$과 위상동형이다.

즉 함수 $f : S^2 \to \widetilde{X} = \mathbb{R}^2 \cup \{\infty\}$를 **극사영**(stereographic projection)이라 하면 $f$는 위상동형함수이다.

(3) (1), (2)와 같은 방법으로 $\widetilde{\mathbb{R}}^n = \mathbb{R}^n \cup \{\infty\} \simeq S^n$은 $n$-차원 구와 위상동형이다.

(4) 만일 $X$가 컴팩트이면 $\widetilde{X} = X \cup \{\infty\}$의 위상에서 $\{\infty\}$가 $\widetilde{X}$에서 열린집합이다. ◘

---

**정리 6.3.1 알렉산드로프정리(Alexandroff theorem)**

(1) $X$가 $T_1$이면 한점컴팩트화 $\widetilde{X}$도 $T_1$이고 컴팩트이다.

(2) $T_1$-공간 $X$에 대하여 $X$가 국소컴팩트이고 $T_2$일 필요충분조건은 $\widetilde{X}$가 $T_2$이다.

---

**증명** (1) 만일 $x_1 \in X$, $x_2 = \infty$이면 $U_1 = X$, $U_2 = \widetilde{X} - \{x_1\}$이라 하자. $U_1$은 $\widetilde{X}$에서 열린부분집합이다. 또한 $U_2$도 $\widetilde{X}$에서 열린집합이다.

그런데 $x_1 \in U_1$, $x_1 \notin U_2$이고 $x_2 \in U_2$, $x_2 \notin U_1$이므로 $\widetilde{X}$는 $T_1$이다.

$\widetilde{X}$가 컴팩트임을 증명하자.

$\{U_\alpha\}_{\alpha \in I}$가 $\widetilde{X}$의 열린피복이라 하자. $\infty \in U_{\alpha_0}$인 $\alpha_0 \in I$가 있다.

$\widetilde{X} - U_{\alpha_0}$는 $X$에서 컴팩트이다.

따라서 유한개 $\{U_{\alpha_1}, \dots, U_{\alpha_n}\}$이 $\widetilde{X} - U_{\alpha_0}$를 피복한다.

그러므로 $\{U_{\alpha_1}, \dots, U_{\alpha_n}, U_{\alpha_0}\} \subset \{U_\alpha\}_{\alpha \in I}$이며 $\widetilde{X}$를 피복하므로 $\widetilde{X}$는 컴팩트이다.

(2) $\widetilde{X}$가 $T_2$라 하자.

$T_2$-공간의 부분공간은 $T_2$이므로 $X$는 $T_2$이다.

임의의 점 $x \in X$에 대하여 $x \in U_1$, $\infty \in U_2$인 서로소인 근방이 존재한다. 그런데 $\widetilde{X} - U_2$는 $X$의 닫힌부분집합이고 컴팩트이다.

$U_1 \subset \widetilde{X} - U_2$이고 $\overline{U_1} \subset \overline{\widetilde{X} - U_2} = \widetilde{X} - U_2$이며 컴팩트공간의 닫힌부분집합은 컴팩트이므로 $\overline{U_1}$은 컴팩트이다.

따라서 $X$는 $T_2$이고 국소컴팩트이다.

역으로 $X$가 $T_2$이고 국소컴팩트라고 가정하자.

만일 $x_1 \in X$, $x_2 = \infty$이면 $X$가 국소컴팩트이므로 $X$ 내에 $x_1$의 근방 $U$가 존재하고 $\overline{U}$는 컴팩트이며, 닫힌 $X$의 부분집합이다.

$V = \widetilde{X} - \overline{U}$는 $\widetilde{X}$에서 열린집합이다.

따라서 $x_1 \in U$, $x_2 = \infty \in V$이고 $U \cap V = \phi$이다.

만일 $x_1 \neq x_2 \in X$이면 $X$가 $T_2$이므로 명백히 $x_1$과 $x_2$는 서로소인 근방을 갖는다.

그러므로 $\widetilde{X}$는 $T_2$이다. ■

## 연습문제 6.3

1. 예 6.3.1을 증명하시오.

2. 양의 정수 $\mathbb{Z}_+ = \{1, 2, 3, \ldots\}$의 한점컴팩트화는 $\{0\} \cup \left\{ \frac{1}{n} \,\middle|\, n \in \mathbb{Z}_+ \right\}$와 위상동형임을 보이시오.

3. 만일 $q : X \to Y$가 상함수이고 $Z$가 국소컴팩트 $T_2$-공간이면

$$q \times I_Z : X \times Z \to Y \times Z$$

도 상함수임을 보이시오.

4. 만일 $q_1 : X_1 \to Y_1$, $q_2 : X_2 \to Y_2$가 상함수이고 $Y_1$과 $X_2$가 국소컴팩트 $T_2$-공간이면

$$q_1 \times q_2 : X_1 \times X_2 \to Y_1 \times Y_2$$

도 상함수임을 보이시오.

# 6.4 파라컴팩트공간(Paracompact Space)

파라컴팩트공간(paracompact space)은 컴팩트공간을 일반화한 개념으로 미분위상수학과 미분기하학에 아주 유용하게 사용된다. 예를 들면, 컴팩트 하우스도르프공간, 거리공간, 유클리드공간, 미분다양체 등은 파라컴팩트이다.

특히 파라컴팩트공간은 단위분할(partition of unity)의 성질을 가져서 국소적인 성질을 짜맞추어 전체적인 성질을 정의할 수 있다. 예를 들면 미분다양체에서 리만자(Riemannian metric), 미분형식의 적분, 유클리드공간에 매장 등에 유용하게 사용된다. 파라컴팩트공간에 대한 성질의 증명은 길고 다양하므로 여기서는 주요 내용을 소개하고 자세한 증명은 참고문헌을 참고하기 바란다.

**정의 6.4.1**

위상공간 $X$가 열린부분집합족 $\{U_\alpha\}$에 대하여

(1) $\{U_\alpha\}$가 $X$의 **열린피복**(open cover) $\Leftrightarrow \bigcup_\alpha U_\alpha = X$이다.

(2) 열린피복 $\{V_\beta\}$가 열린피복 $\{U_\alpha\}$의 **세분**(refinement) $\Leftrightarrow$ 각 $\beta$에 대하여 $\alpha$가 존재하여 $V_\beta \subset U_\alpha$이다.

(3) $\{U_\alpha\}$가 **국소유한**(locally finite) $\Leftrightarrow$ 각 점 $x \in X$의 근방 $W_x$가 존재하여 유한개 $\alpha$에 대해서만 $W_x \cap U_\alpha \neq \phi$이다.

(4) $T_2$공간 $X$가 **파라컴팩트**(paracompact) $\Leftrightarrow$ 모든 열린피복은 **국소유한 세분열린피복**(locally finite refinement open cover)을 갖는다.

**정의 6.4.2**

(1) 위상공간 $X$가 가산기저(countable base)를 가질 때 **제2가산**(second countable)이라 하고, 각 점에서 국소가산기저(locally countable base)를 가질 때 **제1가산**(first countable)이라 한다.

(2) 위상공간 $X$가 제2가산, $T_2$, 국소적으로 유클리드 $n$-차원 공간의 위상을 갖고 미분구조를 가지면, $X$를 **$n$-차원 다양체**($n$-dimensional manifold)라 한다.

주의 (1) 정의 6.4.2에서 공간 $X$가 제1가산이란 각 점 $x \in X$에 대하여 가산족 $\{U_n(x) \mid n = 1, 2, 3, \ldots, U_n(x)$는 $x$의 근방$\}$이 존재하여 $x$의 어떤 근방 $U(x)$도 $U_n(x) \subset U(x)$인 $n$이 존재함이다.

**정리 6.4.1**

위상공간 $X$가 국소컴팩트, $T_2$, 제2가산이면 $X$는 파라컴팩트이다.

**예 6.4.1**

(1) 컴팩트 $T_2$-공간은 파라컴팩트이다.

(2) 유클리드공간($\mathbb{R}^n$)과 다양체는 파라컴팩트이다. □

**정리 6.4.2**

모든 파라컴팩트공간은 정규($T_4$)이다.

**정의 6.4.3**

(1) 위상공간 $X$가 **거리화가능**(metrizable)이란 $X$상에 자(metric)가 존재하여 $X$의 위상을 유도할 때이다.

(2) 공간 $X$가 **국소거리화가능**(locally metrizable)이란 $X$의 각 점이 부분공간으로서 거리화가능 근방을 가질 때이다.

**정리 6.4.3 스톤정리(Stone theorem)**

모든 거리화가능 공간(metrizable space)은 파라컴팩트이다.

**정리 6.4.4 스미르노프정리(Smirnov theorem)**

위상공간이 거리화가능 공간일 필요충분조건은 그 공간이 파라컴팩트이고 국소거리화가능이다.

**정리 6.4.5**

(1) 파라컴팩트공간의 닫힌부분공간은 파라컴팩트이다.
(2) 파라컴팩트공간의 임의의 부분공간은 파라컴팩트라 할 수 없다.
(3) 파라컴팩트공간의 적공간은 파라컴팩트라 할 수 없다.

**증명** (1) 만일 $F$가 파라컴팩트공간 $X$의 닫힌부분공간이고 $\{U_\alpha\}$가 $F$의 열린피복이라 하면, 각 $\alpha$에 대하여 $X$의 열린부분집합 $U_\alpha{}'$이 존재하여 $U_\alpha = U_\alpha{}' \cap F$이다.

그런데 $\{U_\alpha{}'\} \cup \{X - F\}$는 $X$의 열린피복이다. $X$가 파라컴팩트이므로, 국소적 유한 세분열린피복 $\{V_\beta{}'\}$이 존재한다. 따라서 $\{V_\beta = V_\beta{}' \cap F\}$가 구하는 국소적 유한 세분열린피복이다.

(2), (3)의 반례는 참고문헌 [5], [12]를 참고하시오. ■

**정의 6.4.4**

(1) 함수 $f : X \to \mathbb{R}$의 **받침**(support)은 닫힌포 $\overline{f^{-1}(\mathbb{R} - \{0\})}$이다. 기호로 $\mathrm{supp}(f)$로 나타낸다.

(2) 공간 $X$의 **단위분할**(partition of unity)은 $X$상의 함수족 $\{\phi_i \mid i \in I\}$로서 다음을 만족한다.

① $\{\mathrm{supp}(\phi_i) \mid i \in I\}$가 국소유한(locally finite)이다.

② 각 점 $x \in X$와 $i \in I$에 대하여 $\phi_i(x) \geq 0$이고 $\sum_{i \in I} \phi_i(x) = 1$이다.

(3) 단위분할 $\{\phi_i \mid i \in I\}$가 $X$의 피복 $\{U_\alpha \mid \alpha \in A\}$에 **종속**(subordinate)됨이란 각 $i \in I$에 대하여 $\alpha \in A$가 존재하여 $\mathrm{supp}(\phi_i) \subset U_\alpha$임을 의미한다.

**정리 6.4.6 단위분할의 존재성(existence of partition of unity)**

$X$가 미분다양체이고 $\{U_\alpha \mid \alpha \in A\}$가 $X$의 열린피복이라 하자. $X$의 가산 단위분할 $\{\phi_i \mid i = 1, 2, \ldots\}$가 존재하고 이는 피복 $\{U_\alpha \mid \alpha \in A\}$에 종속

되며, 각 $i$에 대하여 $\mathrm{supp}(\phi_i)$는 컴팩트이다.
만일 $\mathrm{supp}(\phi_i)$를 컴팩트로 요구하지 않으면 피복 $\{U_\alpha \mid \alpha \in I\}$에 종속된 단위분할 $\{\phi_\alpha \mid \alpha \in I\}$가 존재하고 가산개 $\phi_\alpha$만 제외하고 모두 0으로 할 수 있다.

---

**주의** ① 미분다양체 $X$ 대신에 파라컴팩트공간을 사용해도 단위분할은 존재한다. 그러나 각 $\phi_\alpha$는 연속함수이고 열린피복 $\{U_\alpha \mid \alpha \in I\}$에 종속된 단위분할이 존재한다.

② $X$의 열린피복 $\{U_\alpha \mid \alpha \in I\}$에 대하여 국소적 유한 세분열린피복 $\{V_\beta \mid \beta \in J\}$가 존재한다.

각 $\alpha \in I$에 대하여 $W_\alpha = \cup\{V_\beta \mid f(\beta) = \alpha\}$라고 하면, $\{W_\alpha \mid \alpha \in I\}$는 국소적 유한 세분열린피복이 된다.

$X$가 정규공간이므로 각 $\alpha \in I$에 대하여 $W_\alpha \subset U_\alpha \subset X$에 유리존 정리를 사용하면 $\varphi_\alpha : X \to \mathbb{R}$, $\mathrm{supp}(\varphi_\alpha) \subset U_\alpha$인 연속함수가 존재한다.

각 $\alpha \in I$에 대하여 연속함수

$$\phi_\alpha = \frac{\varphi_\alpha}{\sum_{\alpha \in I} \varphi_\alpha} : X \to [0, 1]$$

이 존재한다.

---

**계 6.4.7**

다양체 $X$의 열린부분집합 $U \subset X$와 $A = \overline{A} \subset U$에 대하여 연속함수 $\phi : X \to \mathbb{R}$이 존재하여

(1) $0 \le \phi(x) \le 1,\ x \in X$
(2) $\phi(x) = 1,\ x \in A$
(3) $\mathrm{supp}(\phi) \subset U$

를 만족한다.

---

**증명** 피복 $\{U, X-A\}$에 대하여 단위분할 $\{\phi, \psi\}$가 존재하여 $\mathrm{supp}(\phi) \subset U$, $\mathrm{supp}(\psi) \subset X-A$이다. 이때 $\phi : X \to \mathbb{R}$이 구하는 함수이다. ■

---

**계 6.4.8**

다양체 $X$에 대하여 **진함수**(proper function) $\phi : X \to \mathbb{R}$이 존재한다.
여기서 진함수의 정의는 컴팩트집합의 역상이 컴팩트임을 의미한다.

---

**증명** 열린피복 $\{U_\alpha \mid \overline{U}_\alpha$는 컴팩트$\}$를 생각하자.

이 피복에 종속된 단위분할 $\{\phi_i \mid i = 1, 2, \ldots\}$가 존재한다.

$$\phi = \sum_{n=1}^{\infty} n\phi_n : X \to \mathbb{R}$$

은 잘 정의된 함수이다.

만일 $\phi(x) \in [-k, k]$이면 $1 < i \leq k$가 존재하여 $\phi_i(x) \neq 0$이다. 따라서 $x \in \bigcup_{i=1}^{k} \mathrm{supp}(\phi_i)$이다. 그런데 $\overline{\bigcup_{i=1}^{k} \mathrm{supp}(\phi_i)}$는 컴팩트이고 $\mathbb{R}$의 컴팩트 부분집합은 적당한 $k$가 있어서 $[-k, k]$ 속에 포함된다. ■

다음 휘트니 정리는 유용하지만 준비 단계가 필요하므로 증명없이 소개한다.

---

**정리 6.4.9 휘트니정리(Whitney theorem)**

모든 $n$-차원 다양체는 $\mathbb{R}^{2n+1}$에 매장(embedded)된다.

---

## 연습문제 6.4

[1-4] 파라컴팩트는 중요한 개념이며 본 장의 정리 역시 중요하므로 참고문헌을 이용하여 증명하시오.

1. 정리 6.4.2를 증명하시오. (도움말 : 정리 6.1.3과 같이 증명하시오.)

2. 정리 6.4.3을 증명하시오.

(참고문헌 [12], 256쪽, 정리 4.3)

3. 정리 6.4.4를 증명하시오.

(도움말: 정리 6.4.3에 의하여 거리화가능 공간은 국소거리화가능이며 파라컴팩트이다. 역으로 주어진 공간이 정칙이고 국소유한이 되도록 가산기저를 구성하면 된다.)

4. 정리 6.4.6을 증명하시오.

(참고문헌 [14], 10쪽, 정리 1.11)

## 6.5 공간의 분류(Classification of Topological Spaces)

6.1절의 공간 분리공리에 이어서 위상공간을 분류해보자.

**정의 6.5.1**

공간 $X$가 **완전정칙**(completely regular)이란

(1) $X$가 $T_1$이고,

(2) 임의의 점 $x \in X$와 서로소인 임의의 닫힌부분집합 $F \subset X$에 대하여 연속함수 $f : X \to [0, 1]$이 $f(x) = 0$, $f(F) = 1$을 만족하는 함수가 존재함을 의미한다.

**주의** ① 정리 6.2.1에 의하여 모든 $T_4$-공간은 완전정칙이다.

② 모든 완전정칙공간은 정칙이다.

왜냐하면 정의의 (2)에서 $U_1 = f^{-1}\left[0, \frac{1}{3}\right)$, $U_2 = f^{-1}\left(\frac{2}{3}, 1\right]$이라 두면 $x \in U_1$, $F \subset U_2$인 서로소인 근방이다.

③ 완전정칙공간을 정의에서 (2)로 정의하고, (1)과 (2)를 만족한 공간을 티호노프공간(Tychonoff space)이라 하기도 한다.

**정리 6.5.1**

완전정칙공간 $X$의 부분공간 $A$는 완전정칙이다.

증명 $T_1$-공간의 모든 부분공간은 $T_1$이므로 $A$도 $T_1$이다.

$F \subset A$의 닫힌집합이고 $x \in A - F$라 하자.

$X$의 닫힌부분집합 $F_1 \subset X$가 존재하여 $F = F_1 \cap A$이다. 이때 $x \not\in F_1$이므로 정의 (2)에 의하여 연속함수 $f : X \to [0,\ 1]$이 존재하여 $f(x) = 0$이고 $f(F_1) = 1$이다.

축소함수 $f_A : A \to [0,\ 1]$은 연속이고

$$f_A(x) = f(x) = 0,\ f_A(F) = f(F) = 1$$

이다. ■

**정리 6.5.2**

모든 국소컴팩트 $T_2$-공간은 완전정칙이다.

증명 만일 $X$가 국소컴팩트 $T_2$-공간이라면 정리 6.3.1의 (2)에 의하여 한 점 컴팩트화 $\widetilde{X}$는 컴팩트 $T_2$-공간이다.

정리 6.1.3에 의하여 $\widetilde{X}$는 정규이다.

따라서 $\widetilde{X}$는 완전정칙이며 정리 6.5.1에 의하여 $X$는 완전정칙이다. ■

주의 완전정칙공간의 부분공간은 완전정칙공간이다.

티호노프정리에 의하여 컴팩트공간의 적은 컴팩트이다.

$T_2$-공간의 적도 $T_2$이다.

따라서 닫힌단위구간 $I = [0,\ 1]$의 곱 $\prod_{\alpha \in A} I_\alpha$는 컴팩트 $T_2$-공간이며, 완전정칙공간이다. 여기서 $I_\alpha = I$이다.

**정리 6.5.3**

모든 완전정칙공간 $X$는 닫힌단위공간의 적 $\prod_{\alpha \in A} I_\alpha$의 부분공간과 위상동형

이다. 여기서 모든 $\alpha \in A$에 대하여 $I_\alpha = [0, 1]$은 단위구간이다.

**증명** $A = \{\alpha : X \to I : \text{연속}\}$이라 하자. 각 $\alpha \in A$에 대하여 $I_\alpha = I = [0, 1]$이라 고정하고, $P = \prod_{\alpha \in A} I_\alpha$, 함수 $\varphi : X \to P$를 각 $x \in X$, $\alpha \in A$에 대하여 $\varphi(x)(\alpha) = \alpha(x)$로 정의하자.

함수 $\varphi : X \to \varphi(X) \subset P$가 위상동형함수임을 증명하자.

(i) 각 $\alpha \in A$, $x \in X$에 대하여

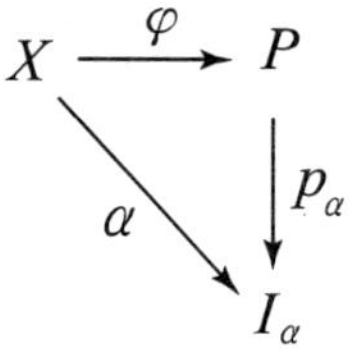


$$\begin{aligned}(p_\alpha \circ \varphi)(x) &= p_\alpha(\varphi(x)) \\ &= \varphi(x)(\alpha) \\ &= \alpha(x).\end{aligned}$$

따라서 $p_\alpha \circ \varphi = \alpha$는 연속이므로 $\varphi$는 연속이다.

(ii) 두 점 $x_1 \neq x_2 \in X$에 대하여 점은 닫힌집합이므로 완전정칙에 의하여 연속함수 $\alpha : X \to [0, 1]$이 존재하여 $\alpha(x_1) = 0$, $\alpha(x_2) = 1$이다. $\varphi(x_1)(\alpha) = \alpha(x_1) \neq \alpha(x_2) = \varphi(x_2)(\alpha)$이므로 $\varphi(x_1) \neq \varphi(x_2)$이고 $\varphi$는 단사이다.

(iii) 역함수 $\varphi^{-1} : \varphi(X) \to X$가 연속임을 보이자.

$U$를 $X$에서 열린부분집합이라 하자.

각 점 $x \in U$와 닫힌집합 $X - U$에 대하여 완전정칙 정의에 의해 $\alpha \in A$가 존재하여 $\alpha(x) = 0$, $\alpha(X - U) = 1$이다.

$V = (p_\alpha^{-1}[0, 1)) \cap \varphi(X)$는 $\varphi(X)$의 열린부분집합이다.

$p_\alpha(\varphi(x)) = \varphi(x)(\alpha) = \alpha(x) = 0$이므로 $\varphi(x) \in V$이다.

만일 $\beta \in V$이면 $y \in X$가 존재하여 $\varphi(y) = \beta$이고 $p_\alpha(\beta) \in [0, 1)$이다. 따라서

$$1 > p_\alpha(\beta) = p_\alpha(\varphi(y)) = \varphi(y)\alpha = \alpha(y)$$

이므로 $y \in \alpha^{-1}[0, 1) \subset U$이고 $\beta = \varphi(y) \in \varphi(U) \subset \varphi(X)$이다.

다시 말하면 $U$는 $X$의 열린집합이고, 각 점 $x \in U$에 대하여 $\varphi(x) \in \varphi(U) \subset \varphi(X)$의 근방 $\varphi(x) \in V \subset \varphi(U)$가 존재한다.

따라서 $\varphi : X \to \varphi(X)$는 열린함수이므로 $\varphi^{-1} : \varphi(X) \to X$는 연속함수이다. ■

위상공간 $X$가 거리화가능이란 $X$상에 자 $d$가 존재하여 $d$에 의한 거리위상이 $X$의 위상과 같음을 의미한다.

**정리 6.5.4**

각 실수 $r \in \mathbb{R}$에 대하여 $I_r = [0, 1]$이라 하자.

(1) $P = \prod_{r \in \mathbb{R}} I_r$은 제1가산이 아니다.

(2) $P$상의 적위상과 같게 하는 $P$상의 거리위상은 없다.

**증명** (1) $p \in P$가 모든 $r \in \mathbb{R}$에 대하여 $p(r) = 0$이고, 가산족 $\{ V_n \mid V_n$은 $p$의 근방$\}$이 존재하여 $p$의 각 근빙 $U$는 $n$이 존새하므로 $V_n \subset U$를 만족한다고 가정하자.

각 $V_n$은 $P$에서 열린집합이므로 열린기저 $\widetilde{V}_n$이 존재하여 $p \in \widetilde{V}_n \subset V_n$이다.

특히 각 $p$의 근방 $U$도 열린기저 $\widetilde{V}_n$이 존재하여 $\widetilde{V}_n \subset U$이다. 각 $n$에 대하여 $\mathbb{R}$의 유한집합 $F_n$이 존재하여

$$\widetilde{V}_n = \prod_{r \in \mathbb{R}} T_{n,r}, \text{ 여기서 } T_{n,r} = \begin{cases} I_r, & r \notin F_n \\ U_{n,r}, & r \in F_n \end{cases}.$$

여기서 $U_{n,r}(r \in F_n)$은 $I_r$에서 열린집합이다. 따라서 $C = \bigcup_{n=1}^{\infty} F_n$은 가산집합이다.

특히 $C \neq \mathbb{R}$이고 $r_0 \in \mathbb{R} - C$라 하면 $T_{n,r_0} = I_{r_0}$이다.

만일 $0 \in U_{r_0} \subsetneq I_{r_0}$이고,

$$U = \prod_{r \in \mathbb{R}^1} S_r, \text{ 여기서 } S_r = \begin{cases} I_r, & r \neq r_0 \\ U_{r_0}, & r = r_0 \end{cases},$$

라 두면 $U$는 $p$를 포함한 열린집합이지만, 어떤 $\widetilde{V}_n(V_n)$도 포함하

지 못한다. 따라서 모순이다.

(2) 거리공간은 제1가산공간이므로 적공간 $P$는 거리화가능이 아니다. ■

주의 지금까지 배운 **위상공간의 포함관계**를 도표로 나타내면 다음과 같다.

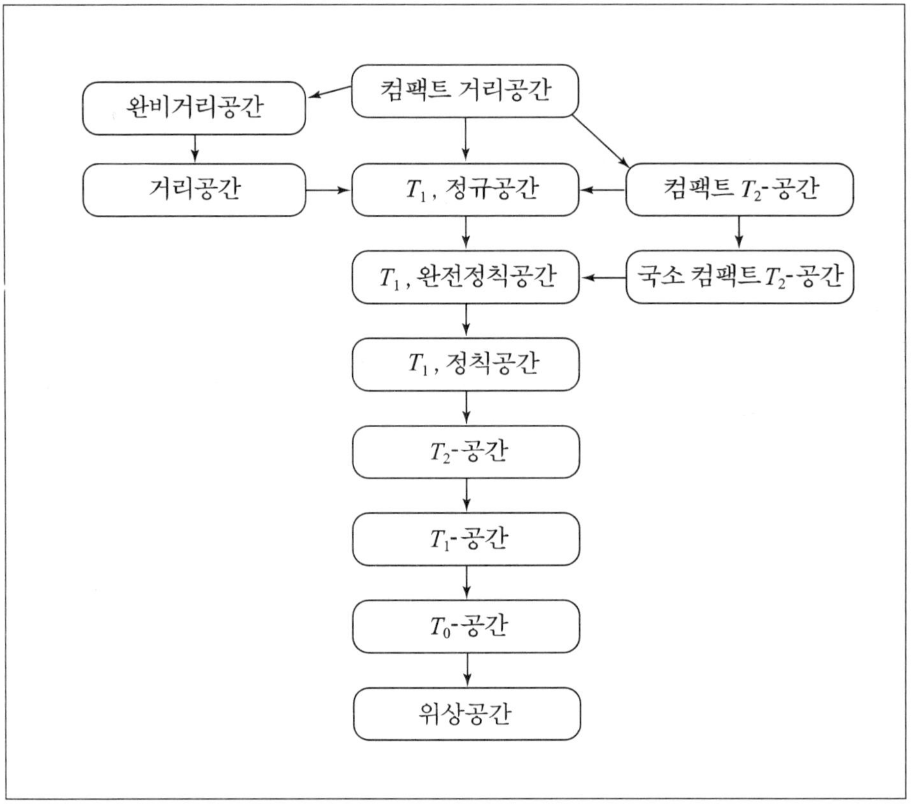


책에 따라서 정규공간, 완전정칙공간, 정칙공간의 정의에 $T_1$ 조건을 넣기도 하고 분리하기도 한다. 본 책에서는 분리하였다.

## 연습문제 6.5

**1.** 공간 $X$의 임의의 서로소인 두 닫힌부분집합 $F_1$과 $F_2$에 대하여

$$F: X \to [0, 1], \; f(F_1) = 0, \; f(F_2) = 1$$

을 만족하는 연속함수가 존재하면 $X$는 정규임을 보이시오.

**2.** 주의의 위상공간 사이의 포함 관계를 증명하고 역은 성립하지 않는 예를 찾으시오.

**3.** 위상공간 $X$가 **린델로프공간**(Lindelöf space)이란 $X$의 어떤 열린피복도 가산부분피복을 가짐을 의미한다.

(1) 제2가산공간은 린델로프공간임을 보이시오.

(2) 공간 $X$가 $T_3$ 린델로프공간이면 $X$는 $T_4$임을 증명하시오.

**4.** 주의에 있는 모든 공간은 위상적 성질임을 보이시오.

**5.** $T_2$-공간 $X$가 무한개 점을 가지면 $X$는 무한개의 서로소인 열린집합이 있음을 보이시오.

**6.** 정규공간 $X$에 대하여 $X$가 정칙일 필요충분조건은 $X$가 완전정칙임을 증명하시오.

# 제 7 장

# 함수공간(Function Space)

## 7.1 완비거리공간(Complete Metric Space)

제1장에서 집합상에 거리가 주어지면 자연스럽게 거리위상이 유도된다.

**정의 7.1.1**

(1) 거리공간 $(X, d)$상의 점렬 $\langle x_n \rangle$이 $x \in X$에 **수렴한다**(converge)는 것은 $\lim_{n \to \infty} d(x_n, x) = 0$을 의미한다.

(2) 점렬 $\langle x_n \rangle$이 **코시**(Cauchy)란 $\lim_{n, m \to \infty} d(x_n, x_m) = 0$을 의미한다.

(3) $X$가 **완비거리공간**(complete metric space)의 정의는 $X$의 모든 코시 점렬은 수렴함이다.

(4) 거리공간상의 함수 $f : (X_1, d_1) \to (X_2, d_2)$가 **등거리매장**(isometric embedding)이란 각 점 $x, y \in X_1$에 대하여 $d_1(x, y) = d_2(f(x), f(y))$를 의미한다.

(5) 등거리매장 함수 $f : (X_1, d_1) \to (X_2, d_2)$의 상이 $X_2$에 **조밀**(dense)할 때(즉, $\overline{f(X_1)} = X_2$), 완비거리공간 $(X_2, d_2)$를 $(X_1, d_1)$의 **완비화**(completion)라 한다.

주의 ① 만일 함수 $f : (X_1, d_1) \to (X_2, d_2)$가 등거리매장이면

$$f : (X_1, d_1) \to (f(X_1), d_2)$$

는 위상동형함수이다.

② 완비성은 위상동형함수의 불변성이 아니다.
예를 들면, 함수

$$f : \left(-\frac{\pi}{2}, \frac{\pi}{2}\right) \to \mathbb{R}, \ f(t) = \tan t$$

는 위상동형이나 $\left(-\frac{\pi}{2}, \frac{\pi}{2}\right)$는 완비가 아니고 $\mathbb{R}$은 완비이다.

**정리 7.1.1**

거리공간 $(X, d)$에 대하여 다음 네 조건은 동치이다.

(1) $X$는 컴팩트이다.

(2) $X$는 가산컴팩트이다. 즉 $X$의 무한부분집합은 극한점을 갖는다.

(3) $X$는 점렬컴팩트이다. 즉 $X$의 점렬은 수렴하는 부분점렬을 갖는다.

(4) $X$는 완비이며 **완전유계**(totally bounded)이다.

여기서 완전유계란 임의의 $\varepsilon > 0$에 대하여 유한개의 $\varepsilon$-볼 $B_{x_1}(\varepsilon)$, ..., $B_{x_n}(\varepsilon)$이 존재하여 $X$를 피복한다. 즉 $X = \bigcup_{i=1}^{n} B_{x_i}(c)$를 의미한다.

증명 (1) ⇒ (2) $A \subset X$를 $X$의 부분집합이지만 극한점을 갖지 않는다고 가정하자. $A = \overline{A}$이므로 $A$는 $X$의 닫힌부분집합이며 컴팩트이다. $A$는 극한점을 갖지 않으므로 $A$는 이산위상을 갖는다. 각 점이 $A$의 열린부분집합이고 $A$는 $A$의 컴팩트이므로, 따라서 $A$는 유한집합이다.

(2) ⇒ (3) $\langle x_n \rangle$을 $X$상의 점렬이라 하자.

만일 $\langle x_n \rangle$ 중 무한개가 같다면, 그 자체가 부분점렬로서 그 점에 수렴한다. 만일 $\langle x_n \rangle$ 중 무한개의 서로 다른 점이 존재한다면 (2)에 의하여 $\langle x_n \rangle$의 극한점 $x_0 \in X$가 존재한다. 점 $x_0$가 $\langle x_n \rangle$의 극한점이므로 $n_1$이 존재하여 $x_{n_1} \in B_{x_0}(1)$이고 $n_2$가 존재하여 $x_{n_2} \in B_{x_0}\left(\frac{1}{2}\right)$, $n_2 > n_1$이며, 귀납법에 의하여 $n_j$가 존재하여

$$x_{n_j} \in B_{x_0}\left(\frac{1}{2^{j-1}}\right),\ n_j > n_{j-1} > \cdots > n_2 > n_1.$$

이때

$$\lim_{j\to\infty} d(x_{n_j}, x_0) \le \lim_{j\to\infty} \frac{1}{2^{j-1}} = 0$$

이므로 $\lim_{j\to\infty} x_{n_j} = x_0$이다.

(3) $\Rightarrow$ (4) 만일 $\langle x_n \rangle$이 코시 점렬이라면 (3)에 의하여 수렴하는 부분 점렬 $\langle x_{n_k} \rangle$가 있다. 즉 $\lim_{k\to\infty} x_{n_k} = x_0 \in X$이다. 더욱이

$$d(x_n,\ x_0)\ \le d(x_n,\ x_{n_k}) + d(x_{n_k},\ x_0)$$

이므로, $n$과 $n_k \to \infty$에 따라 $\lim_{n\to\infty} d(x_n,\ x_0) = 0$이다. 따라서 $X$는 완비이다.

다음은 $X$가 완전유계임을 증명하자.

만일 $X$가 완전유계가 아니라 하면 $\varepsilon > 0$이 존재하여 어떤 유한개의 $\varepsilon$-볼로도 $X$를 피복할 수 없다.

임의의 점 $x_1 \in X$에 대하여 $B_{x_1}(\varepsilon) \ne X$이므로 $x_2 \in X - B_{x_1}(\varepsilon)$이 존재하고 $d(x_1,\ x_2) \ge \varepsilon$이다. $B_{x_1}(\varepsilon) \cup B_{x_2}(\varepsilon) \ne X$이므로 $x_3 \notin B_{x_1}(\varepsilon) \cup B_{x_2}(\varepsilon)$이 존재한다. 이때 $d(x_i,\ x_j) \ge \varepsilon,\ 1 \le i \ne j \le 3$이다. 귀납법으로 점렬 $\langle x_n \rangle$을 구성하면 $d(x_i,\ x_j) \ge \varepsilon,\ i \ne j$이다. (3)에 의하여 수렴하는 부분점렬 $\langle x_{n_k} \rangle$가 존재하여 $\lim_{k\to\infty} x_{n_k} = x_0 \in X$이다.

이때 $j_0$가 존재하여 $j > j_0$이면 $x_{n_j} \in B_{x_0}\left(\frac{\varepsilon}{2}\right)$이다.

$j_1,\ j_2 > j_0$에 대하여

$$d(x_{n_{j_1}},\ x_{n_{j_2}}) \le d(x_{n_{j_1}},\ x_0) + d(x_0,\ x_{n_{j_2}}) < \frac{\varepsilon}{2} + \frac{\varepsilon}{2} = \varepsilon.$$

그러나 $n_{j_1} \ne n_{j_2}$이면 $d(x_{n_{j_1}},\ x_{n_{j_2}}) \ge \varepsilon$이므로 모순이다.

(4) $\Rightarrow$ (1) 증명을 (i) (4) $\Rightarrow$ (3), (ii) (3), (4) $\Rightarrow$ (1)과 같이 하자.

(i) $\langle x_n \rangle$을 $X$상의 점렬이라 하자.

(4)에 의하여 유한개의 볼 $B_1(1),\ \dots,\ B_{k_1}(1)$이 $X$를 피복한다. $1 \le j_1 \le k_1$과 무한집합 $J_1 \subset \mathbb{N}$이 존재하여 $n \in J_1$이면 $x_n \in B_{j_1}(1)$이다. $n_1$을 처음 $x_{n_1} \in B_{j_1}(1)$이라 하자.

다시 (4)에 의하여 유한개의 볼 $B_1\left(\frac{1}{2}\right),\ \dots,\ B_{k_2}\left(\frac{1}{2}\right)$이

$X$를 피복한다. $1 \le j_2 \le k_2$와 무한집합 $J_2 \subset J_1$이 존재하여 $n \in J_2$이면 $x_n \in B_{j_2}\left(\frac{1}{2}\right)$이다. $n_2$를 처음 $x_{n_2} \in B_{j_2}\left(\frac{1}{2}\right)$, $n_2 > n_1$인 정수라 하자.

수학적 귀납법으로 점렬 $\langle x_{n_k} \rangle$를 구성하자. 이때 $l \ge k$에 대하여 $x_{n_l} \in B_{j_k}\left(\frac{1}{k}\right)$이다.

따라서 $l,\ m \ge k$에 대하여 $d\left(x_{n_l},\ x_{n_m}\right) < \frac{2}{k}$이므로 $\langle x_{n_k} \rangle$는 코시점열이다.

공간 $X$가 완비이므로 $\langle x_{n_k} \rangle$는 수렴한다.

(ii) $\mathfrak{U}$를 $X$의 열린피복이라 하자. 완전유계에 의하여 다음을 증명하자. 양의 정수 $n$이 존재하여 모든 $\frac{1}{n}$-볼은 $\mathfrak{U}$의 원소에 속함을 보이자. 각 양의 정수 $n$에 대하여 만일 볼 $B_{x_n}\left(\frac{1}{n}\right)$이 존재하여 어떤 $U \in \mathfrak{U}$에도 포함되지 않는다고 하자.

(3)에 의하여 $\langle x_n \rangle$은 수렴하는 부분점렬 $\langle x_{n_k} \rangle$가 존재한다. $\lim_{k \to \infty} x_{n_k} = x_0 \in U_0 \in \mathfrak{U}$라 하자.

$U_0$가 열린집합이므로 $r > 0$이 존재하여 $B_{x_0}(r) \subset U_0$이다. 또한 $k_0$가 존재하여 $k \ge k_0$이면 $x_{n_k} \in B_{x_0}\left(\frac{r}{2}\right)$이다.

만일 $\frac{1}{n_l} < \frac{r}{2}$인 $l \ge k_0$이면 $B_{x_{n_l}}\left(\frac{1}{n_l}\right) \subset B_{x_0}(r) \subset U_0$이므로 모순이다. ■

**주의** 만일 $X$가 컴팩트 거리공간이면 임의의 열린피복에 대하여 $\varepsilon > 0$이 존재하여 각 점의 $\varepsilon$-볼은 열린피복의 한 열린집합에 들어간다.
이 내용을 르베그수정리(Lebesgue number theorem)라 부르고 존재한 $\varepsilon > 0$을 르베그수라 한다.

## 연습문제 7.1

[1-4] 다음 문제를 증명 혹은 풀이하시오.

1. $X$가 거리공간이다. 만일 양수 $\varepsilon > 0$이 존재하여 $X$의 모든 $\varepsilon$-볼이 컴팩트 닫힌포를 가지면 $X$는 완비임을 보이시오.

2. 거리공간 $(X, d)$가 완비일 필요충분조건은 임의의 공집합이 아닌 닫힌부분집합들이 $F_1 \supset F_2 \supset F_3 \supset \cdots$이고 지름이 $\mathrm{diam}(F_n) \to 0$이면

$$\bigcap_{n=1}^{\infty} F_n \neq \phi$$

이다. 여기서 $\mathrm{diam}(f_n) = \sup\{d(x, y) \mid x, y \in F_n\}$이다.

3. $(X, d)$는 완비거리공간이다. 연속함수 $f : X \to X$가 축약(contraction)이란 $\lambda < 1$가 존재하여 모든 $x, y \in X$에 대하여 $d(f(x), f(y)) \le \lambda d(x, y)$를 만족함을 의미한다. 만일 $f$가 축약이면 유일한 점 $x \in X$가 존재하여 $f(x) = x$이다.

4. $(X_1, d_1)$은 컴팩트 거리공간일 때 연속함수 $f : (X_1, d_1) \to (X_2, d_2)$는 일양연속이다.

# 7.2 범주정리(Category Theorem)

**정의 7.2.1**

위상공간 $X$의 부분집합 $A$에 대하여

(1) 부분집합 $A \subset X$가 **조밀한 곳이 없음**(nowhere dense)이란 닫힌포 $\overline{A}$

가 $X$의 어떤 열린집합도 포함하지 않음을 의미한다. 즉 $X-\overline{A}$가 조밀함이다.

(2) $A$가 **제1범주**(first category)란 $A$가 가산개의 조밀한 곳이 없는 집합의 합집합을 의미한다.

(3) $A$가 제1범주가 아닐 때 $A$를 **제2범주**(second category)라 한다.

**정리 7.2.1**

공간 $(X, d)$가 완비거리공간이라 하자. 가산족 $\{U_n \mid U_n$은 $X$의 열린부분집합이며 조밀하다$\}$의 교집합은 $\bigcap_{n=1}^{\infty} U_n \neq \phi$이다.

증명 점 $x_1 \in U_1$의 작은 볼 $B_{x_1}(r_1) \subset U_1 \subset \overline{U_1} = X$이다. $B_{x_1}(r_1) \cap U_2 \neq \phi$이므로 $x_2 \in B_{x_1}(r_1) \cap U_2$라 하자. 다시 $0 < r_2 < \min\left\{\frac{r_1}{2},\ d(x_1, x_2)\right\}$이고 $B_{x_2}(r_2) \subset B_{x_1}(r_1) \cap U_2$가 되게 $r_2$를 택하자.

만일 $x \in \overline{B_{x_2}(r_2)}$이면

$$d(x, x_1) \leq d(x, x_2) + d(x_2, x_1) \leq r_2 + d(x_1, x_2) < r_1$$

이므로 $x \in B_{x_1}(r_1)$이고 $\overline{B_{x_2}(r_2)} \subset B_{x_1}(r_1)$이다.

귀납법으로 $X$상에 점렬 $\langle x_n \rangle$을 얻고, 각 점 $x_n \in B_{x_n}(r_n)$에 대하여

$$r_n < \frac{r_1}{2^{n-1}},\quad \overline{B_{x_{n+1}}(r_{r+1})} \subset B_{x_n}(r_n) \subset U_n.$$

점렬 $\langle x_n \rangle$은 코시다. 왜냐하면 임의의 $\varepsilon > 0$에 대하여 $r_{n_0} < \frac{\varepsilon}{2}$이라 하자. $n > n_0$에 대하여 $x_n \in B_{x_n}(r_n) \subset B_{x_{n_0}}(r_{n_0})$이고, $m, n \geq n_0$에 대하여

$$d(x_m, x_n) \leq d(x_m, x_{n_0}) + d(x_{n_0}, x_n) < r_{n_0} + r_{n_0} < \varepsilon$$

이다.

$X$가 완비이므로 점렬 $\langle x_n \rangle$은 한 점 $x_0$에 수렴한다. 이때 모든 $n$에 대

하여 $x_0 \in U_n$이다. 왜냐하면

$$x_0 = \lim_{k \to \infty} x_{n+k},\ x_0 \in \overline{B_{x_{n+1}}(r_{n+1})} \subset B_{x_n}(r_n) \subset U_n$$

이기 때문이다. ■

---

**정리 7.2.2 베어범주정리(Baire category theorem)**

완비거리공간 $(X, d)$는 제2범주이다.

---

**증명** 만일 $X = \bigcup_{n=1}^{\infty} N_n$이고, 각 $N_n$은 조밀한 곳이 없는 집합이라 가정하자.

$$X = \bigcup_{n=1}^{\infty} \overline{N_n} \text{이고 } \phi = X - \bigcup_{n=1}^{\infty} \overline{N_n} = \bigcap_{n=1}^{\infty} (X - \overline{N}_n)$$

이다. 그러나 각 $n$에 대하여 $X - \overline{N_n}$은 열린집합이고 조밀하다. 정리 7.2.1에 의하여 $\bigcap_{n=1}^{\infty} (X - \overline{N_n}) \neq \phi$이므로 모순이다. ■

## 연습문제 7.2

[1-3] 다음 문제를 증명하시오.

1. 공간 $X$가 **베어공간**(Baire space)이란 $X$의 임의의 가산부분집합족 $\{A_n \subset X \mid A_n : \text{닫힌집합}, i(A_n) = \phi\}$의 합집합 $\bigcup_{n=1}^{\infty} A_n$도 내점이 공집합일 때이다.
   (1) 유리수 집합 $\mathbb{Q}$는 베어공간이 아니다.
   (2) 정수 집합 $\mathbb{Z}$는 베어공간이다.

2. 공간 $X$가 베어공간이기 위한 필요충분조건은 $X$의 공집합이 아닌 모든 열린부분집합은 제2범주이다.

**3.** 만일 $X$가 완비거리공간이면 $X$는 베어공간이다.

## 7.3 함수공간(Function Space)

함수공간의 위상을 생각해보자.

**정의 7.3.1**

**노름선형공간**(normed linear space) $(N, \|\cdot\|)$의 선형공간 $N$과 함수 $\|\cdot\| : N \to \mathbb{R}$은 다음 조건을 만족한다.

임의의 벡터 $a,\ b \in N$과 스칼라 $\lambda$에 대하여

(1) $\|a\| \geq 0,\ \|a\| = 0 \Leftrightarrow a = 0$

(2) $\|\lambda a\| = |\lambda|\,\|a\|$

(3) $\|a+b\| \leq \|a\| + \|b\|$

함수 $\|\cdot\|$를 **노름**(norm)이라 한다.

주의 노름선형공간 $(N, \|\cdot\|)$은 거리공간이다. 자 $d : N \times N \to \mathbb{R}$을 $d(a,\ b) = \|a-b\|$로 정의하자.

(1) $d(a,\ b) = \|a-b\| \geq 0$

(2) $d(a,\ b) = 0 \Leftrightarrow \|a-b\| = 0 \Leftrightarrow a = b$

(3) $d(a,\ b) = \|a-b\| = \|(-1)(b-a)\| = |-1|\,\|b-a\| = d(b,\ a)$

(4) $d(a,\ c) = \|a-c\| = \|(a-b)+(b-c)\| \leq \|a-b\| + \|b-c\|$
$= d(a,\ b) + d(b,\ c)$

따라서 $(N,\ d)$는 거리공간이다.

**정의 7.3.2**

노름선형공간 $(N, \|\cdot\|)$이 **바나크공간**(Banach space)이란 $(N,\ d)$가 완비

거리공간임을 의미한다.

**예 7.3.1**

집합 $N = C([0, 1]) = \{f : [0, 1] \to \mathbb{R} : \text{연속함수}\}$에 대하여 임의의 $f \in N$,

$\|f\| = \max_{x \in [0, 1]} |f(x)|$로 정의하자.

그러면 $\|\cdot\| : N \to \mathbb{R}$은 노름이 된다.

**정리 7.3.1**

연속함수들의 일양수렴하는 열은 연속함수로 수렴한다. 이 정리에 의하여 예 7.3.1의 함수공간 $(N, d)$는 완비거리공간이 된다. 따라서 $(N, \|\cdot\|)$은 바나크공간이다.

**정리 7.3.2 연속이지만 모든 곳에서 미분불가능 함수(nowhere-differentiable function)**

모든 $[0, 1]$의 점에서 미분불가능한 함수 $f \in C([0, 1])$이 존재한다.

**증명** 양의 정수 $n$에 대하여

$$C_n = \{f \in C([0, 1]) \mid \left|\frac{f(t+h) - f(t)}{h}\right| \le n,$$
$$t\text{가 존재하여 } t+h \in [0, 1]\}.$$

㊟ 모든 $n$에 대하여 $C_n$은 모든 곳에서 조밀하지 않은 집합임을 증명할 것이다.

만일 ㊟가 사실이면 $C([0, 1])$이 완비거리공간이므로 제2범주이다. 따라서 $\bigcup_{n=1}^{\infty} C_u \neq C([0, 1])$이고, $f \in C([0, 1]) - \bigcup_{n=1}^{\infty} C_n$이 존재한다. 모든 $n$에 대하여 $f \notin C_n$이므로 모든 $t \in [0, 1]$에 대하여 $h$가 존재하여

$$\left|\frac{f(t+h) - f(t)}{h}\right| > n$$

이 된다. 각 고정된 $t$에 대하여 만일 $n \to \infty$이면 $h \to 0$이다. 왜냐하면 $h > \varepsilon > 0$이면 $\left| \dfrac{f(t+h)-f(t)}{h} \right|$는 유계이기 때문이다. 따라서

$$\lim_{h \to 0} \sup \left| \frac{f(t+h)-f(t)}{h} \right| = \infty$$

이므로 $f$는 모든 $t \in [0, 1]$에 대하여 미분가능이 아니다.

㊉을 증명하자.

각 $n$에 대하여 $C_n$이 조밀한 곳이 없는 집합이란 닫힌포 $\overline{C_n}$이 열린집합을 포함하지 않는다는 의미이다.

$C_n$이 $C([0, 1])$의 닫힌부분집합임을 증명하자.

$C([0, 1])$은 거리공간이므로 제1가산이다. 한 부분집합 $A \subset C([0, 1])$의 극한점은 $A$의 가산부분집합의 극한점이다. 따라서 $C_n$이 닫힌집합임을 보이기 위하여 점렬 $\langle f_k \rangle \subset C_n$이 $f \in C([0, 1])$에 수렴하면 $f \in C_n$임을 보이면 된다. 각 $f_k \in C_n$에 대하여 $t_k \in [0, 1]$이 존재하여

$$\left| \frac{f_k(t_k+h)-f_k(t_k)}{h} \right| \le n, \quad \forall\, t_k + h \in [0, 1].$$

$[0, 1]$은 컴팩트이므로 $\langle t_k \rangle$는 수렴하는 부분점렬 $\langle t_k \rangle$가 존재하여 $\lim_{k \to \infty} t_k = t_0$이다.

$$\begin{aligned}
&\left| \frac{f(t_0+h)-f(t_0)}{h} \right| \\
&= \left| \frac{1}{h} \left[ (f(t_0+h) - (f(t_k+h)) + f(t_k+h) - f_k(t_k+h)) \right. \right. \\
&\quad \left. \left. + (f_k(t_k+h) - f_k(t_k)) + (f_k(t_k) - f(t_k)) + (f(t_k) - f(t_0)) \right] \right| \\
&\le \underset{①}{\left| \frac{f(t_0+h)-f(t_k+h)}{h} \right|} + \underset{②}{\left| \frac{f(t_k+h)-f_k(t_k+h)}{h} \right|} \\
&\quad + \underset{③}{\left| \frac{f_k(t_k+h)-f_k(t_k)}{h} \right|} + \underset{④}{\left| \frac{f_k(t_k)-f(t_k)}{h} \right|} + \underset{⑤}{\left| \frac{f_k(t_k)-f(t_0)}{h} \right|}
\end{aligned}$$

$h$를 고정하고 임의의 $\varepsilon > 0$, 만일 $k \gg 0$이 충분히 크면 ①과 ⑤는 $t_k \to t_0$이므로 $\varepsilon$보다 작게 되고, ②와 ④는 $f_k \to f$이므로 $\varepsilon$보다 작게 되며, ③ $\le n$이 된다. 따라서

$$\left| \frac{f(t_0+h)-f(t_0)}{h} \right| \le n+4\varepsilon, \quad {}^{\forall}\varepsilon > 0$$

이고 $\left| \dfrac{f(t_0+h)-f(t_0)}{h} \right| \le n$이며 $f \in C_n$이다.

따라서 각 $C_n$은 닫힌집합이다.

다음은 $C_n$이 조밀한 곳이 없는 집합임을 증명하자. 즉 각 점 $g \in C_n = \overline{C_n}$, 임의의 $\varepsilon > 0$에 대하여 $f \in C([0,\ 1]) - C_n$이 존재하여 $\|f-g\| < \varepsilon$임을 보이자.

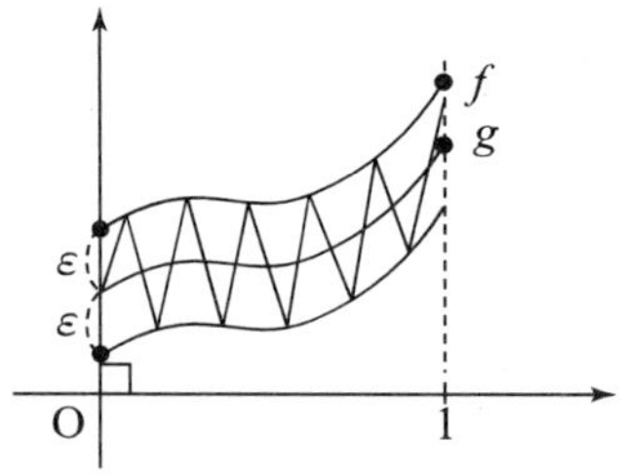


함수 $g$의 $\varepsilon$ 근방 내에 톱니함수(sawtooth function) $f$를 구성해야 한다. $[0,\ 1]$이 컴팩트이므로 $g$는 일양연속이다.

양수 $\delta > 0$이 존재하여 $|t_1 - t_2| < \delta$이면 $|g(t_1) - g(t_2)| < \dfrac{\varepsilon}{2}$이다. 단위구간 $[0,\ 1]$을 $0 < \dfrac{1}{n} < \cdots < \dfrac{n-1}{n} < 1$의 $n$개의 작은 구간으로 자르자. 단, $0 < \dfrac{1}{n} < \delta$이다.

여기서 $f : [0,\ 1] \to \mathbb{R}$이 $\|f-g\| < \varepsilon$이며

$$\left| \frac{f\left(x+\dfrac{1}{n}\right)-f(x)}{\dfrac{1}{n}} \right| > \varepsilon$$

인 톱니함수가 되도록 구성하면 된다. ■

**예 7.3.2**

$X=\{(x,\ y)\in\mathbb{R}^2 \mid y\geq 0\}\supset\mathbb{R}^1=\{x=(x,\ 0)\mid x\in\mathbb{R}\}$이라 하고 $\mathfrak{B}_1$을 $X-\mathbb{R}^1$의 열린부분집합들이라 하며, $\mathfrak{B}_2=\{B_{(x,\ \varepsilon)}(\varepsilon)\cup\{x\}\mid x\in\mathbb{R}^1,\ \varepsilon>0\}$이라 하자. $\mathfrak{B}_1\cup\mathfrak{B}_2$는 $X$상에 위상을 위한 기저가 된다. 이때 부분공간 $\mathbb{R}^1\subset X$는 이산위상을 갖는다.

(1) $X$는 정칙이다.

(2) $X$는 정규가 아니다.

**증명** (1) 닫힌부분집합 $F\subset X$와 $P\in X-F$에 대하여 만일 $P\not\in\mathbb{R}^1$이면 $\varepsilon>0$인 볼 $B_P(\varepsilon)\in X-F$가 존재한다. 이때 $B_P\left(\frac{\varepsilon}{2}\right)$과 $X-\overline{B_P\left(\frac{\varepsilon}{2}\right)}$은 서로소인 $P$와 $F$의 근방이 된다. 만일 $P\in\mathbb{R}^1$이면 $P$의 근방 $P\in V$가 존재하고 이는 $V\subset X-F$이다. $P\in V_1\subset\overline{V_1}\subset V$가 되는 $P$의 기저열린근방 $V_1$이 존재한다.

$U=X-\overline{V_1}$이라 하면 $U$는 열린집합이고 $U=X-\overline{V_1}\supset X-V_1\supset X-V\supset F$이므로 $V_1$과 $U$는 서로소인 $P$와 $F$의 근방이다.

(2) $F_1\subset\mathbb{R}^1$은 유리수의 집합, $F_2\subset\mathbb{R}^1$은 무리수의 집합이라 하자. $F_1$과 $F_2$는 $X$에서 서로소인 닫힌부분집합이다.

$X$ 내에 열린집합 $U_1$과 $U_2$가 $F_1\subset U_1$, $F_2\subset U_2$, $U_1\cap U_2=\phi$을 만족한다고 가정하자.

각 점 $P\in F_1\cup F_2$는 기저열린집합 $U_P\subset U_1$ 혹은 $U_P\subset U_2$가 존재한다. $F_1\subset\bigcup_{P\in F_1}U_P\subset U_1$이고 $F_2\subset\bigcup_{P\in F_2}U_p\subset U_2$이다.

함수 $f:\mathbb{R}^1\to\mathbb{R}^1$을 $f(P)=U_P$의 반지름으로 정의하자.

각 양의 정수 $n$에 대하여

$$T_n=\left\{P\in F_2\ \middle|\ f(P)\geq\frac{1}{n}\right\}$$

이라고 두면 $\bigcup_{n=1}^{\infty} T_n = F_2$이고

$$\mathbb{R}^1 = \left(\bigcup_{n=1}^{\infty} T_n\right) \cup \left(\bigcup_{q \in F_1} \{q\}\right)$$

는 가산합집합이 된다.

지금 $\mathbb{R}^1$을 보통위상(usual topology) 실직선이라 하자.

$\mathbb{R}^1$은 완비거리공간이므로 제2범주이고 $T_n$ 중 하나 $\overline{T_n}$는 $\mathbb{R}^1$의 열린집합을 포함한다. 즉 $\overline{T_n}$는 열린구간 I을 포함하고 I는 유리수 $q$를 포함한다.

$q \in \overline{T_n}$는 점렬 $\langle q_k \rangle \subset T_n$이 존재하여 $q$에 수렴한다.

한편 $\left(\bigcup_{k=1}^{\infty} U_{q_k}\right) \cap U_q \subset U_1 \cap U_2 = \phi$이다.

각 $U_{q_k}$의 반지름 $\geq \dfrac{1}{n}$이므로 $f(q_k) \not\to 0$, $k \to \infty$일 때 이것은 모순이다. 왜냐하면 $q$에서 어떤 기저열린근방을 잡아도 가까운 $q_k$의 기저열린근방과 교집합이 생기기 때문이다. ■

**정리 7.3.3 일양유계성원리(uniform boundedness principle)**

$X$는 완비거리공간이다.

함수족 $F = \{f : X \to \mathbb{R} \mid f$ : 연속, 각 $x \in X$에 대하여 상수 $M_x$가 존재하여 $|f(x)| < M_x\}$라 하면 열린부분집합 $U$와 상수 $M$이 존재하여 모든 $f \in F$와 $x \in U$에 대하여 $|f(x)| \leq M$이다.

**증명** 각 함수 $f \in F$와 각 양의 정수 $n$에 대하여 $T_{n,f} = \{x \in X \mid |f(x)| \leq n\}$이라 하자. $T_{n,f} = f^{-1}([-n, n])$이므로 $T_{n,f}$는 닫힌집합이다.

$$T_n = \bigcap_{f \in F} T_{n,f} = \{x \in X \mid |f(x)| \leq n, \ ^{\forall} f \in F\}.$$

$T_n$은 닫힌집합이다.

각 $x \in X$에 대하여 상수 $M_x > 0$이 존재하여 $|f(x)| \leq M_x$이므로 양의

정수 $n > M_x$에 대하여 $x \in T_n$이다.

따라서 $\bigcup_{n=1}^{\infty} T_n = X$이다.

베어범주정리에 의하여 $n$이 존재하여 $\overline{T_n} = T_n$은 공집합이 아닌 열린집합 $U$를 포함한다.

모든 $x \in U$와 모든 $f \in \mathfrak{F}$에 대하여 $|F(x)| \le n$이므로 상수 $M = n$으로 잡으면 된다. ■

## 연습문제 7.3

**1.** 함수족 $C([0, 1], \mathbb{R}) = \{f : [0, 1] \to \mathbb{R} :$ 연속함수$\}$상에 노름을 $\|f\| = \int_0^1 |f(x)|dx$로 정의하자.

(1) 함수열 $f_n(x) = x^n (n = 1, \ldots, n, \ldots)$의 노름 $\|\cdot\|$하에서 극한을 구하시오.

(2) 함수열 $\langle f_n \rangle$의 점마다 수렴하는 함수를 구하시오.

**2.** 예 7.3.1에서 정의된 함수공간 $(C[0, 1]), \|\cdot\|)$에 대하여 다음을 증명하시오.

(1) 모든 함수 $f \in C([0, 1])$은 일양연속이다.

(2) 함수열 $\langle f_n \rangle$이 $f$에 일양수렴하면 $f$도 연속함수이다.

(3) $(C([0, 1], \|\cdot\|)$는 바나크공간이다.

**3.** 함수족 $F \subset C([0, 1])$이 **동등연속함수족**(equicontinuous family)이란 임의의 $\varepsilon > 0$에 대하여 $\delta > 0$가 존재하여 $d(x_1, x_2) < \delta$이면 $|f(x_1) - f(x_2)| < \varepsilon$, $^\forall f \in F$가 됨을 의미한다. 만일 $F$가 닫힌부분집합이면 $F$가 컴팩트일 필요충분조건은 $F$가 일양유계이고 동등연속함수족임을 증명하시오.

# 제8장

# 기본군(Fundamental Group)

# 8.1 패스연결성(Path Connectedness)

**정의 8.1.1**

위상공간 $X$에 대하여

(1) $X$가 **비연결**(disconnected) 혹은 **분리**(separated)란 $X$의 서로소인 공집합이 아닌 두 열린 부분집합 $U$와 $V$가 존재하여 그의 합집합은 $X = U \cup V$이다.

(2) $X$가 **연결**(connected)이란 $X$가 분리가 아닐 때이다.

(3) $X$가 **점** $x \in X$**에서 국소연결**(locally connected at $x$)이란 $x$의 모든 근방 $U$에 대하여 $U$에 포함되는 $x$의 연결근방 $V$가 존재할 때이다.

$X$의 모든 점에서 국소연결일 때 $X$를 **국소연결**(locally connected)이라 한다.

(4) $X$가 **패스연결**(path-connected)이란 $X$ 내의 임의의 두 점을 패스로서 연결할 수 있을 때이다. 여기서 패스는 단위구간 $[0, 1]$에서 $X$로 가는 연속함수이다.

(5) $X$가 **점** $x \in X$**에서 국소패스연결**(locally path-connected at $x$)이란 $x$의 임의의 근방 $U$에 대하여 $U$에 포함되는 $x$의 패스연결근방 $V$가 존재함이다.

$X$의 모든 점에서 국소패스연결이면 $X$를 **국소패스연결**(locally path-connected)이라 한다.

**예 8.1.1**

(1) $X = [0, 1) \cup (1, 2]$는 국소패스연결이고 국소연결이지만 연결도 아니고 패스연결도 아니다.

(2) $K = \left\{ \dfrac{1}{n} \mid n \in \mathbb{N} \right\}$, $C = \{[0, 1] \times \{0\}\} \cup \{\{0\} \times [0, 1]\} \subset \mathbb{R}^2$를 빗공간(comb space)이라 한다.

$C$는 패스연결이고 연결이다.

$D = C - (0 \times (0, 1))$를 빠진 빗공간(deleted comb space)이라 한다. $D$는

연결이지만 패스연결, 국소패스연결, 국소연결은 아니다.

(3) $S=\left\{(x, \sin\frac{1}{x}) | 0 < x \leq 1\right\}$은 패스연결이고 연결이다.

$\overline{S} = S \cup \{(0, y) | -1 \leq y \leq 1\}$은 연결이지만 패스연결은 아니다.

$C$를 그림과 같이 $\overline{S}$ 밖의 곡선이라 하고 $\overline{\overline{S}} = \overline{S} \cup C$라 하면 $\overline{\overline{S}}$는 패스연결이고 연결이지만 국소연결도, 국소패스연결도 아니다.

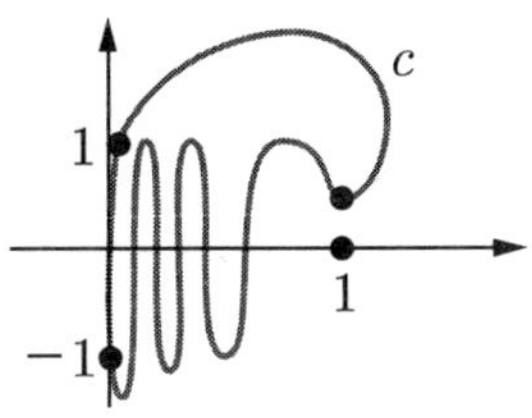


**정리 8.1.1**

만일 $X$가 패스연결이면 $X$는 연결이다.

증명 만일 $X = U \cup V$로 분리된다면, $x \in U$, $y \subset V$를 잡자. $X$가 패스연결이므로 패스 $\alpha : I \to X$, $\alpha(0) = x$, $\alpha(1) = y$가 존재한다. 한편 $I$가 연결이고 $\alpha$가 연속이므로 $\alpha(I)$는 연결이다. 그러나 $\alpha(I) = \alpha(I) \cap X = (\alpha(I) \cap U) \cup (\alpha(I) \cap V)$로 분리된다. 이것은 모순이다. 따라서 $X$는 분리될 수 없다. ■

**정리 8.1.2**

위상공간 $X = X_1 \cup X_2$, $X_1$과 $X_2$는 닫힌부분집합, $f_i : X_i \to Y$, $i = 1, 2$는 연속이고 $f_1(x) = f_2(x)$, $x \in X_1 \cap X_2$이면, 함수 $f : X \to Y$,

$$f(x) = \begin{cases} f_1(x), & x \in X_1 \\ f_2(x), & x \in X_2 \end{cases}$$

는 연속함수이다.

**증명** $Y$의 닫힌부분집합 $F$에 대하여, $f^{-1}(F) = f_1^{-1}(F) \cup f_2^{-1}(F)$는 $X$의 닫힌부분집합이다. ■

## 8.2 패스(Path)의 호모토피(Homotopy)

모든 공간 $X$는 위상구조를 가지고 있으며, 공간상의 모든 함수는 연속임을 말없이 사용하자. 단위구간을 $I = [0, 1]$로 나타내자.

**정의 8.2.1**

(1) **패스**(path)는 연속함수 $\alpha : I \to X$를 의미한다.

(2) 두 패스 $\alpha, \beta : I \to X$가 **끝점을 고정한 호모토픽**(homotopic with end points held fixed)이란 함수 $H : I \times I \to X$가 존재하여 다음을 만족한다.

① $H(s, 0) = \alpha(s),\ s \in I$

② $H(s, 1) = \beta(s),\ s \in I$

③ $H(0, t) = \alpha(0) = \beta(0),\ t \in I$

④ $H(1, t) = \alpha(1) = \beta(1),\ t \in I$

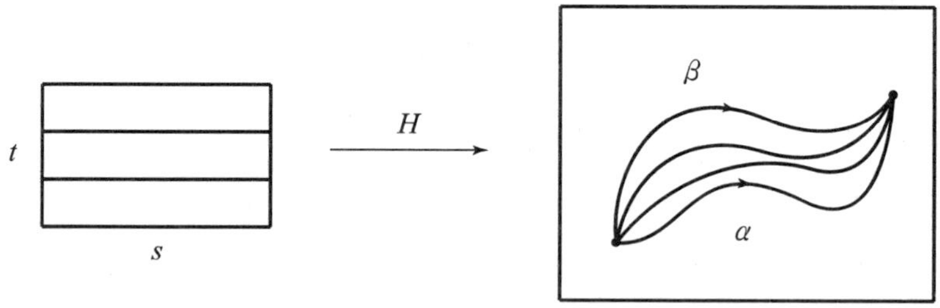


이때 $H$를 $\alpha$에서 $\beta$로 호모토피(homotopy)라 하고, 기호로 $H : \alpha \simeq \beta$ rel $(0, 1)$로 나타낸다.

**정리 8.2.1**

관계 $\simeq$ rel(0, 1)은 동치관계(equivalence relation)이다. 즉 다음과 같다.

(1) $\alpha \simeq \alpha \text{ rel}(0,\ 1)$

(2) $\alpha \simeq \beta \text{ rel}(0,\ 1) \Rightarrow \beta \simeq \alpha \text{ rel}(0,\ 1)$

(3) $\alpha \simeq \beta \text{ rel}(0,\ 1)$이고 $\beta \simeq \gamma \text{ rel}(0,\ 1) \Rightarrow \alpha \simeq \gamma \text{ rel}(0,\ 1)$

**증명** (1) $H: I \times I \to X$를 $H(s,t) = \alpha(s), {}^\forall s \in I,\ {}^\forall t \in I$로 정의하면

$$H: \alpha \simeq \alpha \text{ rel}(0,1)$$

이다.

(2) 만일 $H: \alpha \simeq \beta \text{ rel}(0,1)$이고 $H'(s,t) = H(s, 1-t)$라 하면

$$H': \beta \simeq \alpha \text{ rel}(0,1)$$

이다.

(3) 만일 $H_1: \alpha \simeq \beta \text{ rel}(0,1)$이고 $H_2: \beta \simeq \gamma \text{ rel}(0,1)$이면

$$H = H_1 \cdot H_2 : I \times I \to X\text{를 } H(s,t) = \begin{cases} H_1(s, 2t) & 0 \le t \le \frac{1}{2} \\ H_2(s, 2t-1) & \frac{1}{2} \le t \le 1 \end{cases}$$

로 정의하면 $H: \alpha \simeq \gamma \text{ rel}(0,1)$이다. ■

**정의 8.2.2**

만일 두 패스 $\alpha,\ \beta : I \to X$가 $\alpha(1) = \beta(0)$이면 **패스곱**(path product) $\alpha\beta : I \to X$를

$$\alpha\beta(s) = \begin{cases} \alpha(2s), & s \in \left[0,\ \frac{1}{2}\right] \\ \beta(2s-1), & s \in \left[\frac{1}{2},\ 1\right] \end{cases}$$

인 패스로 정의한다.

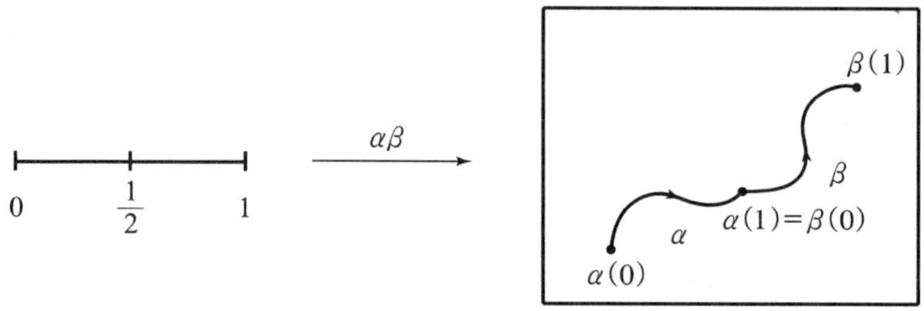


**정리 8.2.2**

만일 $\alpha \simeq \alpha'$ rel(0, 1), $\beta \simeq \beta'$ rel(0, 1)이고 $\alpha(1) = \beta(0)$이면 $\alpha\beta \simeq \alpha'\beta'$ rel(0, 1)이다.

**증명** 만일 $H : \alpha \simeq \alpha'$ rel(0, 1), $H' : \beta \simeq \beta'$ rel(0, 1)이면 $HH' : \alpha\beta \simeq \alpha'\beta'$ rel(0, 1)이 된다.

여기서 $$HH'(s,t) = \begin{cases} H(2s,t) & 0 \le s \le \frac{1}{2},\ t \in I \\ H'(2s-1,t) & \frac{1}{2} \le s \le 1,\ t \in I \end{cases}$$

이다. ■

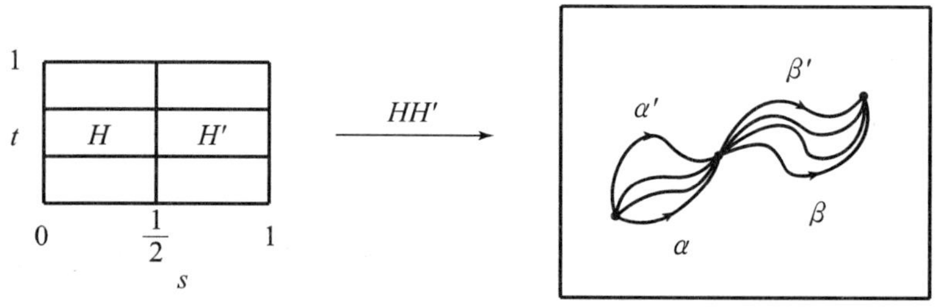


**주의** 패스 $\alpha : I \to X$에 대하여 $\alpha$의 호모토피류(homotopy class) $[\alpha] = \{\beta | \alpha \simeq \beta \text{ rel}(0, 1)\}$를 나타내자.

정리 8.2.1에 의하여 두 점을 고정한 패스들은 호모토피류에 의하여 분할(partition)되고 정리 8.2.2에 의하여 호모토피류의 곱을 $[\alpha][\beta] = [\alpha\beta]$

로 정의하면 잘 정의된다. 여기서 $\alpha(1)=\beta(0)$이다.

## 연습문제 8.2

1. 공간 $X$의 패스연결이란 $X$의 임의의 두 점 $x_0, x_1 \in X$에 대하여 연결하는 패스가 존재함을 의미한다. 즉 $\alpha : [0, 1] \to X$, $\alpha(0)=x_0$, $\alpha(1)=x_1$인 패스가 존재한다. $X$가 패스연결이면 연결임을 보이시오.

2. 함수족 $F=\{f : [0, 1] \to \mathbb{R}^2 - \{(0, 0)\} \mid f(0)=(-1, 0), f(1)=(1, 0)\}$에서 동치관계 $\simeq \text{rel}(0, 1)$의 동치류 $[f]=\{g \in F \mid f \simeq g \text{ rel}(0, 1)\}$을 모두 구하시오.

# 8.3 기본군(Fundamental Group)

패스 $\alpha : I \to X$가 $\alpha(0)=\alpha(1)=x_0$이면 $\alpha$를 $x_0$에서 **루프**(loop)라 한다.

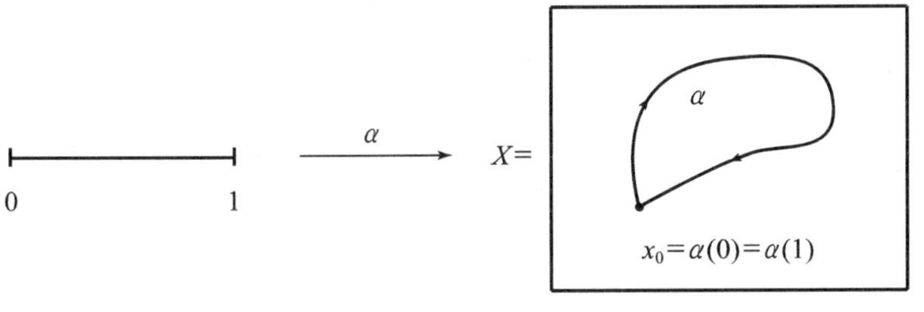


**정의 및 정리 8.3.1**

집합 $\pi_1(X, x_0)$를 $X$ 내의 $x_0$에서 끝점을 고정한 루프들의 호모토피류의 모임이라 하자. $\pi_1(X, x_0)$에서 곱을 $[\alpha][\beta]=[\alpha\beta]$로 정의하면 상수루프

$[x_0]$는 항등원이 되고, 또 $\alpha^{-1}(t)=\alpha(1-t)\ \forall t\in I$라 하면 $[\alpha^{-1}]$이 $[\alpha]$의 역원이 되어 $\pi_1(X,\ x_0)$는 군이 된다. 이 군 $\pi_1(X,\ x_0)$를 $x_0$에서 $X$의 **기본군**(fundamental group)이라 한다.

---

**증명** 정리 8.2.2에 의하여 곱 $[\alpha][\beta]=[\alpha\beta]$은 잘 정의된다. $x_0: I\to X$를 $x_0$에서 상수루프(constant loop)라 하자.

(1) 관계 $(\alpha\beta)\gamma\simeq\alpha(\beta\gamma)$ rel$(0,\ 1)$을 증명하자.

$$H(s,\ t)=\begin{cases}\alpha\left(\dfrac{4s}{t+1}\right), & 0\le s\le \dfrac{1}{4}(t+1)\\ \beta(4s-t-1), & \dfrac{1}{4}(t+1)\le s\le\dfrac{1}{4}(t+2)\\ \gamma\left(\dfrac{4s-t-2}{2-t}\right), & \dfrac{1}{4}(t+2)\le s\le 1\end{cases}$$

라 하면 $H:(\alpha\beta)\gamma\simeq\alpha(\beta\gamma)$ rel$(0,\ 1)$이다.

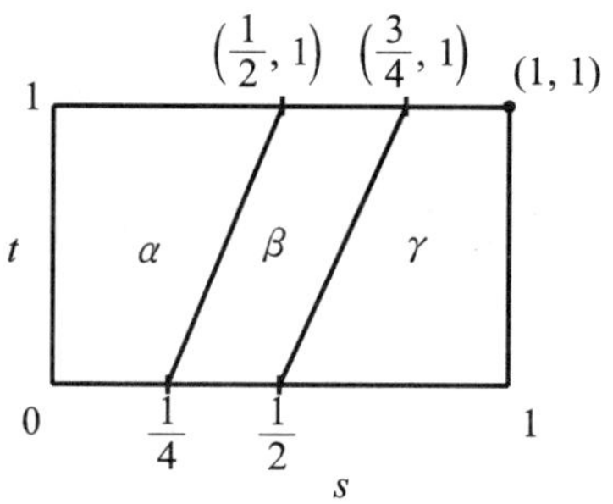


(2) 관계 $\alpha x_0\simeq\alpha$ rel$(0,\ 1)$을 증명하자.

$$H(s,\ t)=\begin{cases}\alpha\left(\dfrac{2s}{t+1}\right), & 0\le s\le\dfrac{t+1}{2}\\ x_0, & \dfrac{t+1}{2}\le s\le 1\end{cases}$$

라 하면 $H:\alpha x_0\simeq\alpha$ rel$(0,\ 1)$이다.

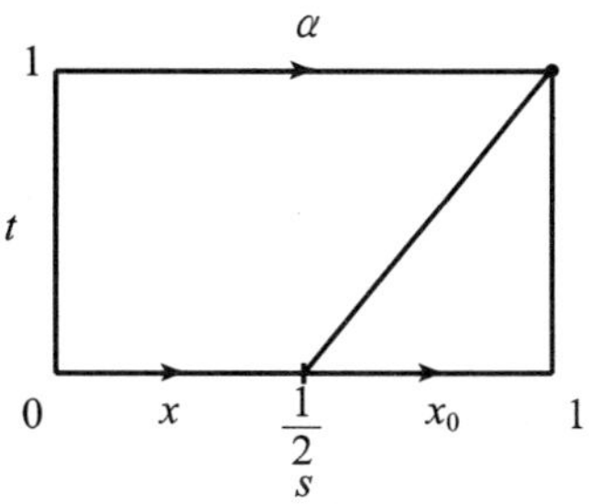


(3) 관계 $x_0 \simeq \alpha\alpha^{-1}$ rel(0, 1)을 증명하자.

$H: I \times I \to X$를

$$H(s,\ t) = \begin{cases} \alpha(2s), & 0 \le 2s \le t \\ \alpha(t), & t \le 2s \le 2-t \\ \alpha^{-1}(2s-1), & 2-t \le 2s \le 2 \end{cases}$$

로 정의하면 $H$는 연속이고, $H: \alpha\alpha^{-1} \simeq x_0$ rel(0, 1)이다.

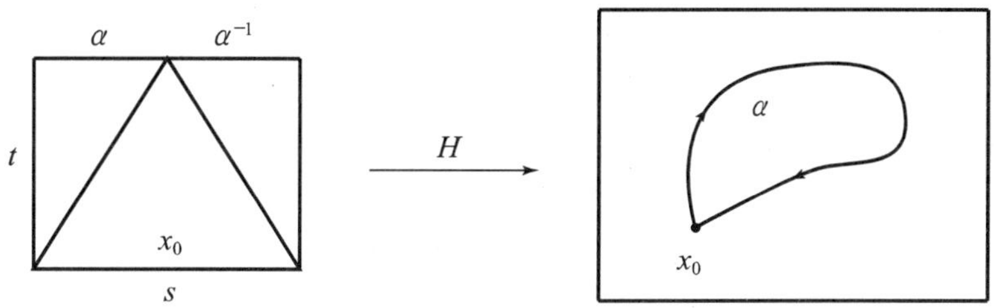


■

**정리 8.3.2**

패스 $\sigma: I \to X$, $\sigma(0) = x_0$, $\sigma(1) = x_1$이면

$$\sigma_{\#}: \pi_1(X,\ x_0) \to \pi_1(X,\ x_1),\ \sigma_{\#}[\alpha] = [\sigma^{-1}\alpha\sigma]$$

는 동형이다.

**증명** 준동형함수 $(\sigma^{-1})_{\#}$이 $\sigma_{\#}$의 역이 된다. ■

따라서 $X$가 패스연결공간이면 기본군 $\pi_1(X, x_0)$의 기본점 $x_0$의 선택에 관계없다.

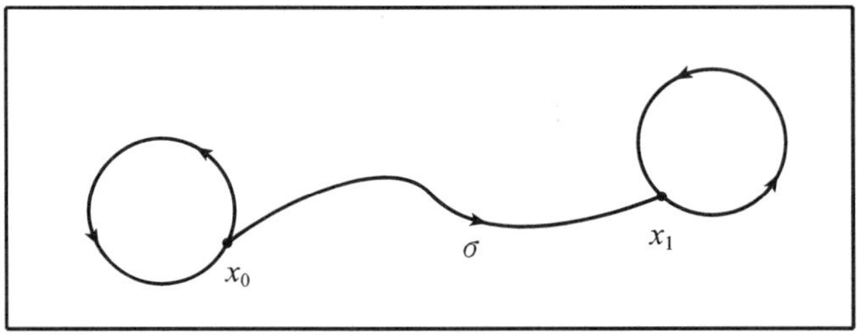


**정리 8.3.3**

함수 $f:(X, x_0) \to (Y, y_0)$에 대하여

$f_*: \pi_1(X, x_0) \to \pi_1(Y, y_0)$를 $f_*[\alpha]=[f \circ \alpha]$로 정의하면

(1) $f_*$는 준동형함수가 된다.

(2) 만일 $(X, x_0)=(Y, y_0)$이면 $(I_X)_* = I_{\pi_1(X, x_0)}$이다.

(3) $g:(Y, y_0) \to (Z, z_0)$이면 $(g \circ f)_* = g_* \circ f_*$이다.

증명 정의로부터 명확하다. ■

주의 ① 함수 $f:(X, x_0) \to (Y, y_0)$는 함수 $f: X \to Y$가 $f(x_0)=y_0$임을 의미한다.

② 정리 8.3.3은 $\pi_1$이 위상범주 $f:(X, x_0) \to (Y, y_0)$에서 대수범주 $f_*: \pi_1(X, x_0) \to \pi_1(Y, y_0)$로 가는 **공변함수자**(covariant functor)임을 의미한다.

**정의 8.3.1**

(1) 만일 $X$가 패스연결이고 기본군 $\pi_1(X)$가 자명군 $\{1\}$일 때, $X$를 **단순연결**(simply connected)이라 한다.

(2) 두 함수 $f, g: X \to Y$가 **호모토픽**(homotopic)이란 함수 $H: X \times I \to Y$가 존재하고 $H(x, 0)=f(x)$이고 $H(x, 1)=g(x)$임을 말한다. 기호로 $f \simeq g$로 나타낸다.

(3) 만일 함수 $h : Y \to X$가 존재하여 $h \circ f \simeq I_X$이고 $f \circ h \simeq I_Y$이면 공간 $X$와 $Y$는 **호모토픽** 또는 **호모토픽동치**(same homotopy type)라고 한다.

(4) $X$가 **축약가능**(contractible) 공간이란 $X$와 한 점이 호모토픽할 때이다. 이때 $X$는 단순연결이다.

## 연습문제 8.3

**1.** 만일 $f : (X,\ x_0) \to (Y,\ y_0)$가 위상동형함수이면 $f_* : \pi_1(X,\ x_0) \to \pi_1(Y,\ y_0)$가 동형함수임을 보이시오.

**2.** 부분집합 $A \subset X$에 대하여 만일 $\gamma : X \to A$가 수축함수(retraction)(즉, $r(a) = a,\ {}^\forall a \in A$)이면 $\gamma_* : \pi_1(X,\ x_0) \to \pi_1(A,\ x_0)$는 전사임을 보이시오(정리 8.3.1 참조).

**3.** 모든 유클리드공간 $\mathbb{R}^n$은 축약가능함을 보이시오.

**4.** $n$차원 구 $S^n(n > 0)$은 축약가능이 아님을 보이시오.

**5.** 만일 $f_0,\ f_1 : (X,\ x_0) \to (Y,\ y_0)$가 관계 호모토픽(relative homotopic)하면 $f_{0*} = f_{1*} : \pi_1(X, x_0) \to \pi_1(Y,\ y_0)$임을 보이시오. 여기서 **관계 호모토피**는 $H : (X_1, x_0) \times I \to (Y, y_0)$인 연속함수이다.

**6.** 만일 $f : (X, x_1) \to (Y, f(x))$가 호모토픽 동치이면 $f_* : \pi_1(X,\ x) \to \pi_1(Y,\ f(x))$는 동형함수임을 보이시오.

## 8.4 원(Circle)의 기본군

기본군이란 공간상의 한 점에서 루프들의 연결성분(connected component)의 모임이다. 루프는 원의 변형이므로 원의 기본군은 중요하다.

다음은 단위원 $S^1 = \{e^{2\pi it} \mid 0 \le t \le 1\}$의 기본군을 구해보자.

함수 $p : (\mathbb{R}, +) \to (S^1, \cdot), p(t) = e^{2\pi it}$는 준동형함수이고

$$p([0, 1]) = p\left(\left[-\frac{1}{2}, \frac{1}{2}\right]\right) = S^1$$

이며

$$p : \left(-\frac{1}{2}, \frac{1}{2}\right) \to S^1 - \{-1\}$$

은 위상동형함수이다.

$p^{-1}(1) = \mathbb{Z}$이다.

함수 $p$는 모든 점에서 국소적으로 위상동형이며 전사이다.

만일 $H : I \times I \to S^1$이 $H : \alpha \simeq \beta \operatorname{rel}(0, 1)$이면, 호모토피 $H' : I \times I \to \mathbb{R}$이 존재하여 $H' : \alpha' \simeq \beta' \operatorname{rel}(0, 1)$이고 $p \circ H' = H$를 만족한다(정리 9.2.2).

실제 $I \times I$는 컴팩트이므로 $H$는 일양연속이고 $p$가 국소위상동형인 전사임을 이용하면 증명이 된다. 또한 호모토피피복정리에서 일반적으로 증명할 것이다. 특히 $\simeq \operatorname{rel}(0, 1)$ 관계에서 $\alpha' : I \to \mathbb{R}$의 끝점 $\alpha'(1)$은 $\alpha$의 호모토피류에만 의존한다(정리 9.2.3).

**정리 8.4.1**

원의 기본군 $\pi_1(S^1) = \mathbb{Z}$이다.

**증명** 함수 $\phi : \pi_1(S^1, 1) \to p^{-1}(1) = \mathbb{Z}$를 $\phi([\alpha]) = \alpha'(1)$로 정의하자.

여기서 $\alpha' \circ p = \alpha$이고 $\alpha'(0) = 0$이다. 만일 $[\alpha], [\beta] \in \pi_1(S^1, 1)$이고 $\alpha'(1) = m, \beta'(1) = n$이면 $\beta'' : I \to \mathbb{R}$을 $\beta''(t) = \beta'(t) + m$이라 하자. 그러면 $p \circ \beta'' = \beta$이고 $p \circ (\alpha'\beta'') = \alpha\beta$이다.

$$\begin{aligned}\phi([\alpha][\beta]) &= \phi([\alpha\beta]) = (\alpha'\beta'')(1) \\ &= \beta''(1) = \beta'(1) + m \\ &= n + m = \phi([\alpha]) + \phi([\beta]).\end{aligned}$$

임의의 $n \in \mathbb{Z}$에 대하여 $\alpha'(t) = nt$라 하면 $\alpha = p \circ \alpha'$의 값 $\phi([\alpha]) = \alpha'(1) = n$이므로 $\phi$는 전사이다.
만일 $\phi([\alpha]) = 0$이면 $\alpha'(0) = \alpha'(1) = 0$이고 $\alpha' \simeq 0 \text{ rel}(0, 1)$이므로 $\alpha \simeq 1 \text{ rel}(0, 1)$이고 $[\alpha] = [1]$이다.
따라서 $\phi$는 동형함수이다. ■

**정의 8.4.1**

부분집합 $A$가 $X$의 **수축**(retract)이라 함은 **수축함수**(retraction) $r : X \to A$, $r(a) = a$, $^\forall a \in A$가 존재함을 의미한다.

**정리 8.4.2**

단위원 $S^1$은 단위디스크 $D^2 = \{(x, y) \in \mathbb{R}^2 \mid x^2 + y^2 \leq 1\}$의 수축이 아니다.

**증명** 만일 수축함수 $r : D^2 \to S^1$이 있다면 $r \circ i = I_{S^1}$이다. 여기서 $i : S^1 \to D^2$는 포함함수이다.

$$(r \circ i)_* = r_* \circ i_* : \pi_1(S^1) \to \pi_1(D^2) \to \pi_1(S^1)$$

은 함수성에 의하여 항등함수이다.
그러나 합성함수 $\mathbb{Z} \to 0 \to \mathbb{Z}$는 항등함수가 될 수 없다. ■

**주의** $\pi_1(D^2) = \{1\}$이다.

**정리 8.4.3**

공간곱의 기본군 $\pi_1(X \times Y, (x_0, y_0)) \simeq \pi_1(X, x_0) \times \pi_1(Y, y_0)$이다.

**증명** 사영함수 $p_X : X\times Y \to X$와 $p_Y : X\times Y \to Y$에 대하여

$$p_{X*}\times p_{Y*} : \pi_1(X\times Y,\ (x_0,\ y_0)) \to \pi_1(X,\ x_0)\times\pi_1(Y,\ y_0)$$

는 동형함수이다. 역함수는 $([\alpha],\ [\beta])\in\pi_1(X,\ x_0)\times\pi_1(Y,\ y_0)$,

$$(\alpha,\ \beta) : I \to X\times Y,\ (\alpha,\ \beta)(t) = (\alpha(t),\ \beta(t)),\ {}^\forall t\in I,$$
$$([\alpha],\ [\beta]) \mapsto [(\alpha,\ \beta)]$$

가 된다. ■

**주의** $\pi_1(S^1\times S^1)\simeq\pi_1(S^1)\times\pi_1(S^1)=\mathbb{Z}\times\mathbb{Z}$이다.

## 연습문제 8.4

1. 부분집합 $A\subset X$가 수축이고 $\pi_1(A)$가 $\pi_1(X)$의 정규부분군(normal subgroup)이면 $\pi_1(X)\simeq\pi_1(A)\times\pi_1(X)/\pi_1(A)$가 동형임을 보이시오.

2. 유클리드공간 $\mathbb{R}^2$와 $\mathbb{R}^n(n\neq 2)$은 위상동형이 아님을 보이시오.

3. 만일 $f : D^2=\{(x,\ y)\in\mathbb{R}^2 \mid x^2+y^2\leq 1\} \to D^2$가 위상동형함수이면 그의 경계에서 축소함수 $f|_{S^1} : S^1 \to S^1$과 내점에서 축소함수

$$f|_{i(D^2)} : i(D^2) \to i(D^2)$$

가 위상동형함수임을 보이시오.

4. 함수 $f : S^1 \to S^1,\ f(z)=z^n$으로부터 유도된 준동형함수

$$f_* : \pi_1(S^1) \to \pi_1(S^1)$$

을 구하시오.

5. 연속함수 $f: D^2 \to D^2$은 고정점을 가짐을 보이시오. 여기서 고정점은 $f(x)=x$인 점 $x$이다.

## 8.5 반-캄펜정리(Van-Kampen Theorem)

일반적으로 위상공간의 기본군을 구하기는 쉽지 않다. 공간을 다루기 용이한 부분공간으로 나누어 각 부분공간의 기본군을 구하여 전체 공간의 기본군을 구하는 방법을 생각해보자.

**정리 8.5.1 반-캄펜정리(Van-Kampen theorem)**

만일 $X = X_1 \cup X_2$에서 $X_1$, $X_2$, $X_1 \cap X_2$가 열린집합이고 패스연결이면 기본군은 다음과 같은 관계가 있다.

$$\pi_1(X,\ x_0) \simeq \frac{\pi_1(X_1,\ x_0) * \pi_1(X_2,\ x_0)}{H}$$

여기서 $x_0 \in X_1 \cap X_2$이고, $*$는 자유곱(free product)이며, $H$는

$$i_{1*}\alpha \cdot (i_{2*}\alpha)^{-1},\ \ {}^{\forall}\alpha \in \pi_1(X_1 \cap X_2,\ x_0)$$

로 생성되는 $\pi_1(X_1,\ x_0) * \pi_1(X_2,\ x_0)$의 정규부분군(normal subgroup)이다. 다이어그램은 다음과 같다.

$$\begin{array}{ccc} X_1 \cap X_2 & \xrightarrow[i_1]{} & X_1 \\ \downarrow i_2 & & \downarrow j_1, \\ X_2 & \xrightarrow[j_2]{} & X \end{array}$$

$$
\begin{array}{ccc}
\pi_1(X_1 \cap X_2,\ x_0) & \xrightarrow[i_{1*}]{} & \pi_1(X_1,\ x_0) \\
\downarrow i_{2*} & & \downarrow j_{1*} \\
\pi_1(X_2,\ x_0) & \xrightarrow[j_{2*}]{} & \pi_1(X,\ x_0)
\end{array}
$$

---

**주의** 기본군 $\pi_1(X,\ x_0) \simeq \dfrac{\pi_1(X_1,\ x_0) * \pi_1(X_2,\ x_0)}{H}$를 $H$에 의한 $\pi_1(X_1,\ x_0)$와 $\pi_1(X_2,\ x_0)$의 **융합자유곱**(amalgamated free product)이라고 부른다.

반-캄펜정리를 그림으로 이해하자.

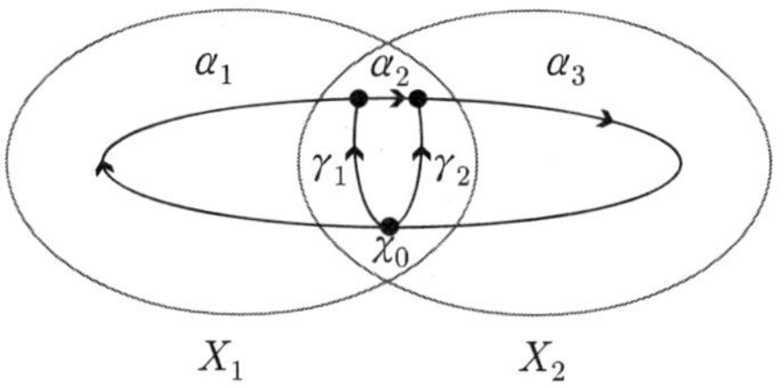


만일 $[\alpha] \in \pi_1(X, x_0)$를 $\alpha \simeq \alpha_1 \cdot \alpha_2 \cdot \alpha_3$로 분해하면,

$$[\alpha] = [\alpha_1 \cdot \alpha_2 \cdot \alpha_3] = [\beta_1 \cdot \beta_2 \cdot \beta_3] = [\beta_1][\beta_2][\beta_3]$$

이다. 여기서 $\beta_1 = \alpha_1 \cdot \gamma^{-1}_1$, $\beta_2 = \gamma_1 \cdot d_2 \cdot \gamma^{-1}_2$, $\beta_2 = \gamma_2 \cdot \alpha_3$, $[\beta_1] \in \pi_1(X_1, x_0)$, $[\beta_2] \in \pi_1(X_1 \cap X_2, x_0)$, $[\beta_3] \in \pi_1(X_2, x_0)$이다.

따라서 $\pi_1(X, x_0) \simeq \pi_1(X_1, x_0) * \pi_1(X_2, x_0) N(\pi_1(X_1 \cap X_2, x_0))$이다.

---

**계 8.5.2**

(1) 만일 $X_1 \cap X_2$가 단순연결이면,

$$\pi_1(X,\ x_0) \simeq \pi_1(X_1,\ x_0) * \pi_1(X_2,\ x_0)$$

는 자유곱이다.

(2) 만일 $\pi_1(X_2,\ x_0) = \{1\}$ 이면

$$\pi_1(X,\ x_0) \simeq \pi_1(X_1,\ x_0)/H$$

이다. 여기서 $H$는 $i_{1*}(\pi(X_1 \cap X_2))$에 의해 생성된 정규부분군이다.

---

주의 반-캄펜정리 증명은 **당김**(pullback)의 대우적인 개념인 **밀어냄**(pushout)이다. 즉 주어진

$$\begin{array}{ccc} \pi_1(X_1 \cap X_2) & \xrightarrow{i_{1*}} & \pi_1(X_1) \\ \downarrow i_{2*} & & \\ \pi_1(X_2) & & \end{array}$$

의 밀어냄이 $\dfrac{\pi_1(X_1) * \pi_1(X_2)}{H}$ 이며, $\pi_1(X)$도 같은 역할을 하며 보편성(universality)에 의하여 두 군이 농형이다.

여기서 당김과 밀어냄은 보편성에 의하여 정의된다.

### 예 8.5.1

공간 $X$가 8자형 공간이면, $\pi_1(X) = \mathbb{Z} * \mathbb{Z}$이다.

$X = X_1 \cup X_2,\ \ X_1 = X - \{x_1\},\ \ X_2 = X - \{x_2\}$라 두고 계 8.5.2를 사용하면 된다.

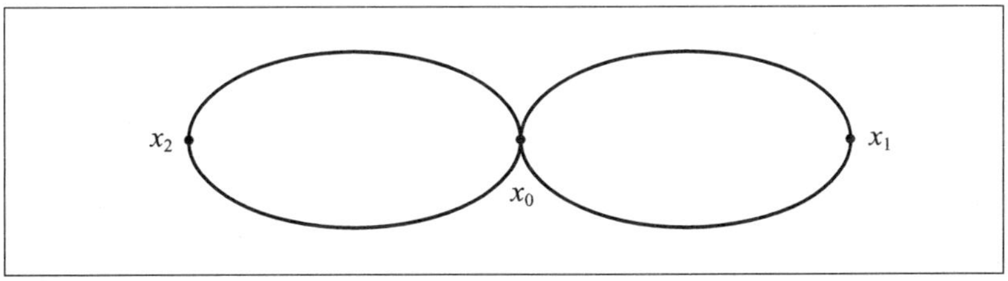

## 연습문제 8.5

1. $n$-차원 구 $S^n(n>1)$은 단순연결임을 보이시오.

2. 원 $S^1$의 $n$개 부케 $X = \bigvee_{x_0}^{n} S_i^1\,(S_i^1 = S^1,\ i=1,\ \dots,\ n)$의 기본군을 구하시오.

3. 공간 $X = T^2 \bigvee_{x_0} S^1,\ \ T^2 \cap S^1 = \{x_0\}$의 기본군을 구하시오.

4. 공간 $X = \mathbb{R}^2 - \{(n,\ 0) \in \mathbb{R}^2 \mid n \in \mathbb{Z}\}$의 기본군은 가산개의 생성원을 갖는 자유군(free group)임을 보이시오.

# 8.6 기본군의 예

이 절에서 2-차원 컴팩트 곡면의 기본군을 구하고자 한다. 간단한 예는 단위구

$$S^2 = \{(x,\ y,\ z) \in \mathbb{R}^3 \mid x^2 + y^2 + z^2 = 1\}$$

이고, 토러스는 $T^2 = S^1 \times S^1 = \mathbb{R}^2/\mathbb{Z}^2$, 실사영평면은 $\mathbb{RP}^2 = S^2/\sim$ 이다.
여기서 $x \sim y \Leftrightarrow x = y$ 또는 $y = -x$이다.

**정의 8.6.1**

두 곡면 $S_1$과 $S_2$의 **연결합**(connected sum)은 기호로 $S_1 \# S_2$로 나타내며, 다음과 같이 구성한다.
닫힌 단위디스크와 위상동형인 부분집합 $D_1 \subset S_1$과 $D_2 \subset S_2$를 잡고, 경계에서 위상동형함수 $h : \partial D_1 \to \partial D_2$를 잡아서, 디스크의 내점을 뺀 $S_1 - i(D_1)$과 $S_2 - i(D_2)$를 $h$에 의하여 경계를 동일시(identify)한 상공간

$$S_1 \# S_2 := (S_1 - i(D_1)) \bigcup_h (S_2 - i(D_2))$$

를 $S_1$과 $S_2$의 연결합이라고 한다. 여기서 각 점 $x \in \partial D_1$은 $x \sim h(x)$이다.

**예 8.6.1**

만일 $S_1$은 지너스가 2인 곡면이고 $S_2$는 토러스라 하면

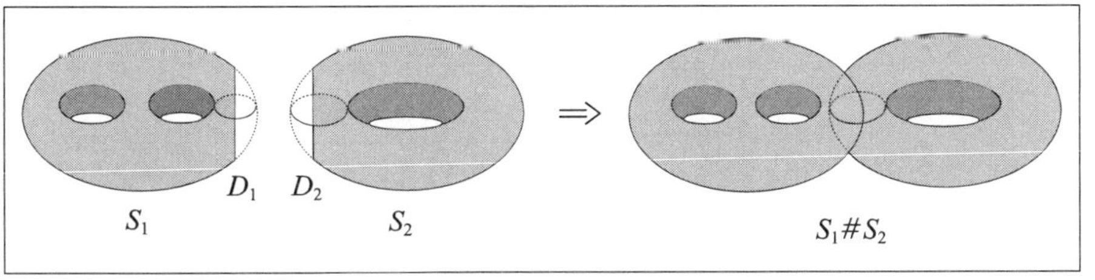


연결합 $S_1 \# S_2$는 지너스가 3인 곡면이다.

**정리 8.6.1 곡면의 분류**(classification of surfaces)

$X$가 컴팩트연결 2차원 곡면이면 $X$는 $S^2$, $\#_n T^2$ 또는 $\#_m \mathbb{RP}^2$ 중 하나이다.

증명 참고문헌 [12]의 1장의 정리 5.1을 참조 바람. ■

주의 여기서 $\#_n T^2$는 $n$개의 토러스 $T^2$의 연결합(connected sum)을 나타낸다.

**예 8.6.2**

$X = S^2$에서 $X_1 = X - \{N\}$, $X_2 = X - \{S\}$라 두고, $S$를 남극점, $N$을 북극점이라 하면

$$X = X_1 \cup X_2,\ X_1 \simeq \{S\},\ X_2 \simeq \{N\},\ X_1 \cap X_2 \simeq S^1$$

이므로 반-캄펜정리에 의해 $\pi_1(S^2) = \{1\}$이다.

**예 8.6.3**

$X = \#_n T^2$를 그림으로 나타내면 다음과 같이 $4n$각형 디스크이다.

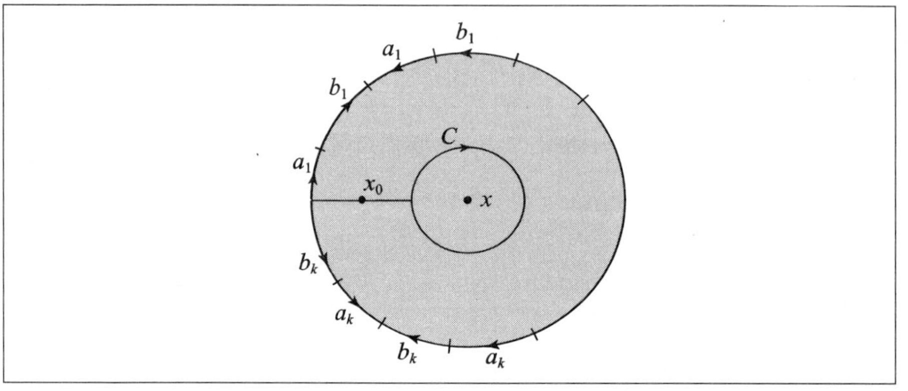


디스크 경계 $a_i, b_i (i=1, \ldots, n)$에서 $a_1$과 $a_1$, $b_1$과 $b_1$, ...을 계속 동일시하면 $\#_n T$가 된다.

위 그림에서

$$X_1 = X - \{x\},\ X_2 = X - \bigcup_{i=1}^{n} \{a_i,\ b_i\}$$

라 하면 호모토피에서 $X_1 \simeq \bigvee_{x_0} \{a_i,\ b_i\}$는 $2n$개 써클 $a_1, \ldots, a_n, b_1, \ldots, b_n$의 **부케**(bouquet)이다. $X_2 \simeq i(D^2)$ 열린디스크이고 $X_1 \cap X_2 \simeq C$는 써클이며, 써클 $C$는 $X_1$에서 루프 $a_1 b_1 a_1^{-1} b_1^{-1} \cdots a_n b_n a_n^{-1} b_n^{-1}$과 호모토픽이다.

반-캄펜정리에 의하여 $\pi_1(X)$를 구하면

$$\begin{array}{ccc} \pi_1(X_1 \cap X_2) & \xrightarrow{i_{1*}} & \pi_1(X_1) \\ \downarrow i_{2*} & & \downarrow \\ \pi_1(X_2) & \rightarrow & \pi_1(X), \end{array}$$

$$\pi_1(X) = \frac{\langle a_1 \rangle * \cdots * \langle a_n \rangle * \langle b_1 \rangle * \cdots * \langle b_n \rangle}{\left\langle \prod_{i=1}^{n} [a_i,\ b_i]\text{에 의해 생성된 정규군} \right\rangle} = \frac{\pi_1(X_1)}{N(\mathrm{Im\,i}_{1*})}$$

이다. ◘

**예 8.6.4**

$X = \#_n\mathbb{RP}^2$은 $2n$각형 디스크에서 $a_1$과 $a_1$, $a_2$와 $a_2$, ...를 계속 동일시하면 $\#_n\mathbb{RP}^2$이 된다.

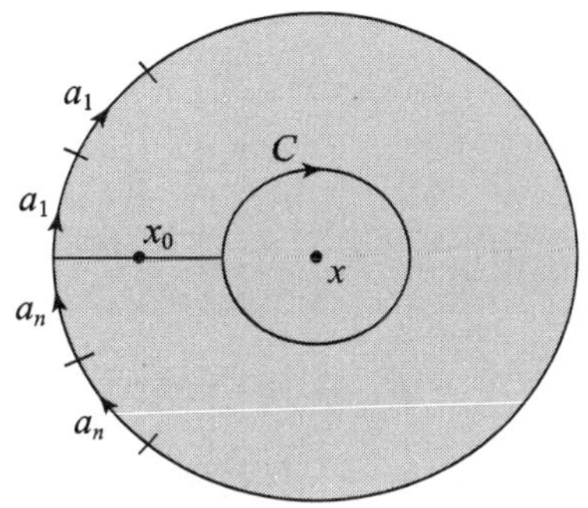


$X_1 = X - \{x\}$, $X_2 = X - \bigcup_{i=1}^{n}\{a_i\}$라 두면 호모토피 범주에서 $X_1$은 $\bigvee_{x_0} a_i$는 $n$개 써클 $a_i(i=1, ..., n)$의 부케이며, $X_2$는 $D^2$이며 $X_1 \cap X_2$는 써클 $C$와 같다.

$X_1$에서 써클 $C$는 루프 $a_1^2 a_2^2 \cdots a_n^2$과 호모토픽하다. 따라서 반-캄펜정리에 의하면

$$\begin{array}{ccc} \pi_1(X_1 \cap X_2) & \xrightarrow{i_{1*}} & \pi_1(X_1) \\ \downarrow i_{2*} & & \downarrow \\ \pi_1(X_2) & \rightarrow & \pi_1(X), \end{array}$$

$$\pi_1(X) \simeq \frac{\pi_1(X_1)}{N(\mathrm{Im\,i}_{1*})} = \frac{\langle a_1, ..., a_n \rangle}{N(a_1^2 \cdots a_n^2)}.$$

여기서 $N(a_1^2 \cdots a_n^2)$은 $a_1^2 \cdots a_n^2$에 의해 생성된 정규부분군이다. ◻

**주의** ① 예 8.6.3의 특별한 경우 토러스 $T^2$의 기본군은

$$\pi_1(T^2) \simeq \frac{\langle a_1 \rangle * \langle b_1 \rangle}{\langle a_1 b_1 a_1^{-1} b_1^{-1} \rangle} \simeq \langle a_1 \rangle \oplus \langle b_1 \rangle \simeq \mathbb{Z} \oplus \mathbb{Z}$$

이다.

② 예 8.6.4에서 실사영평면 $\mathbb{RP}^2$의 기본군은

$$\pi_1(\mathbb{RP}^2) \simeq \frac{\langle a_1 \rangle}{\langle a_1^2 \rangle} \simeq \mathbb{Z}_2$$

이다.

## 연습문제 8.6

**1.** 만일 항등함수 $I_X : X \to X$가 상수함수와 호모토픽하면 $X$는 **축약가능**(contractible)이라고 한다. 축약가능한 공간은 패스연결임을 보이시오. 단, 상수함수와 호모토픽한 함수를 제로호모토픽하다고 한다.

**2.** 만일 $f : X \to Y$가 제로호모토픽하고, $g : Y \to Z$가 연속함수이면 $g \circ f$는 제로호모토픽임을 보이시오.

**3.** 다음 공간의 기본군을 구하시오.

(1) $\mathbb{R}^2 - \{p, q\}$

(2) $S^1 \times \mathbb{R}$

(3) $S^1 \times \mathbb{RP}^2$

(4) $S^1 \times S^1 \times S^2$

(5) $\mathbb{R}^3 - T^2$, 여기서 $T^2$는 토러스이다.

**4.** 크라인 병(Klein bottle) $K$는 다음 그림과 같이 사각평면을 한쪽 대변을 같은 방향으로 동일시하고, 다른 대변은 서로 대각인 점을 동일시하여 얻어진 곡면이다. 토러스(torus) $T$는 대각변을 같은 방향으로 동일시하여 얻어진 곡면이다.

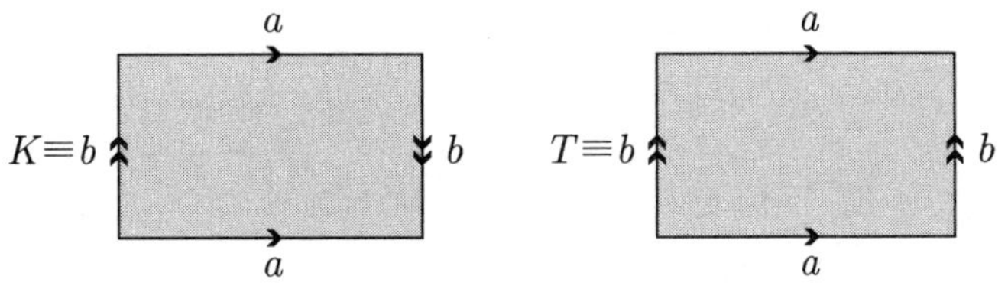


다음의 위상동형임을 보이시오.

(1) $\mathbb{RP}^2 \# \mathbb{RP}^2 \simeq K$

(2) $\mathbb{RP}^2 \# K \simeq \mathbb{RP}^2 \# T \simeq \mathbb{RP}^2 \# \mathbb{RP}^2 \# \mathbb{RP}^2$

# 제9장

# 피복공간(Covering Space)

## 9.1 피복공간(Covering Space)

이 장의 모든 위상공간은 하우스도르프공간으로 한다. 각 점 $x \in X$와 임의의 $x$의 근방 $V$에 대하여 $V$ 내에 $x$의 연결열린근방 $U$가 존재할 때 ($x \in U \subset V$), 위상공간 $X$를 **국소연결**(locally connected)이라 한다. 각 점 $x \in X$와 $x$의 임의의 근방 $V$에 대하여 $x \in U \subset V$인 패스연결 열린집합 $U$가 존재할 때 위상공간 $X$를 **국소패스연결**(locally path connected)이라 한다.

패스연결공간이지만 국소패스연결이 아닌 예를 들어 보자. $X$를 $\mathbb{R}^2$의 부분집합으로

$$A = \left\{ \left( x,\ \sin\frac{1}{x} \right) \in \mathbb{R}^2 \mid x \in (0,\ 1] \right\}$$

$$X = A \cup \{\text{점 } (1,\ \sin 1)\text{과 점 } (0,\ 1)\text{을 연결하는 패스}\}$$

라 하면 $X$는 명백히 패스연결공간이다. 만일 점 $(0,\ 1)$에서 반지름이 1보다 작은 원의 내부를 $B$라 하면, $V = B \cap X$는 $X$상에서 열린집합이다. 그러나 $V$ 내에 점 $(0,\ 1)$을 포함하는 국소패스연결 열린집합을 포함할 수 없다.

**정의 9.1.1**

$X$와 $\widetilde{X}$를 패스연결, 국소패스연결이라 하고 함수 $p : \widetilde{X} \to X$가 연속이라 하자. 한 쌍 $(\widetilde{X},\ p)$가 다음 조건을 만족할 때 $X$상의 **피복공간**(covering space)이라 한다.

(1) $p$가 전사(surjection)이다.

(2) 각 점 $x \in X$에 대하여 $x$의 근방 $U$(앞으로 이 근방을 **피복근방**(covering neighborhood)이라 하자)가 존재하여 $p^{-1}(U)$는 서로소인 열린집합들의 합집합이며, 각 열린집합은 함수 $p$에 의해서 $U$와 위상동형이 된다. 이때 연속함수 $p : \widetilde{X} \to X$를 **피복함수**(corvering function)라고 한다.

**예 9.1.1**

$X = S^1 = \{e^{2\pi ir} \mid 0 \le r \le 1\} \subset \mathbb{R}^2$, $\widetilde{X} = \mathbb{R}$이라 하고 함수 $p : \widetilde{X} \to X$를 $p(r) = e^{2\pi ir}$이라 정의하면, $(\widetilde{X}, p)$는 $X$의 피복공간이 된다.

각 점 $x \in X$에 대해 $e^{2\pi ir}$을 포함하는 것을 열린집합 $U$를 택하면 $p^{-1}(U)$는 작은 열린구간들의 합집합이며, 각 열린구간은 $r$을 포함하는 열린구간을 정수배만큼 이동한 열린구간이다. 만일 $\widetilde{X}$를 무한히 긴 나선이라 하고, $p$는 피복함수라 하면 $(\widetilde{X}, p)$ 역시 $X$의 피복공간이 된다.

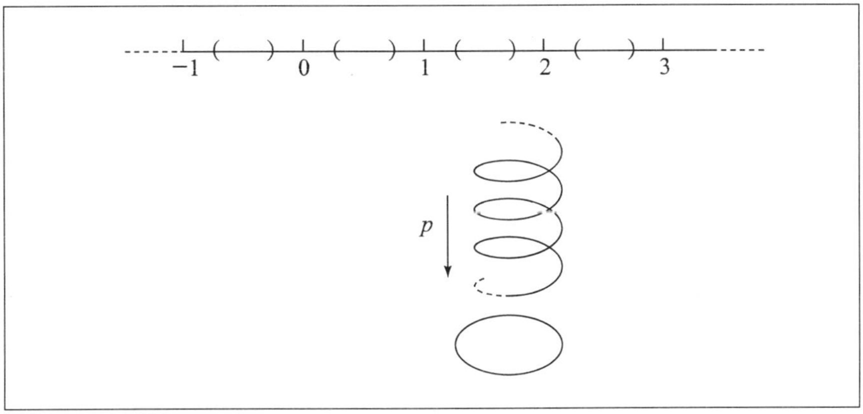


**예 9.1.2**

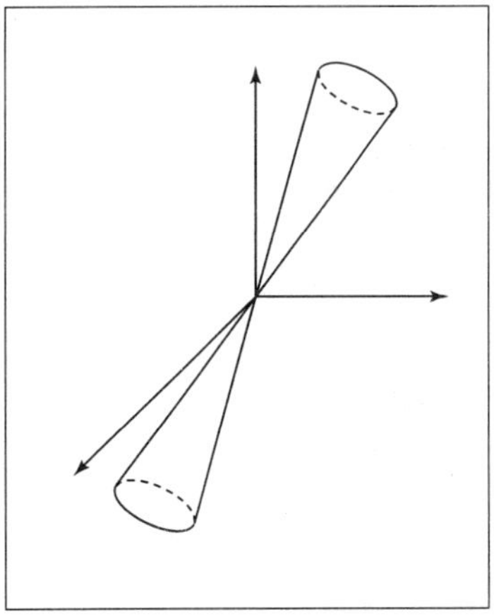

$X = \mathbb{RP}^2$를 $\mathbb{R}^3$ 내에서 원점을 통과하는 모든 직선들의 모임이라 하자. $\mathbb{R}^3$ 안에서 원점과의 거리가 1인 점들로 이루어진 공간 $\widetilde{X}$를 $S^2$라 하고 $p : \widetilde{X} \to X$를 상함수(quotient function)로 한 위상을 $X$상에 주면, $(\widetilde{X}, p)$는 $X$의 피복공간이 된다. 이 공간 $\mathbb{RP}^2$를 **실사영평면**(real projective plane)이라 한다. 각 점 $x \in X$에 대해서 $p^{-1}(x)$는 정확히 두 점의 집합이다. 즉 $S^2$는 $\mathbb{RP}^2$의 **이중피복공간**(double covering space)이다.

### 예 9.1.3

만일 $\widetilde{X} = X = S^1 = \{z \in \mathbb{R}^2 \mid |z| = 1\}$이라 하고 $p : \widetilde{X} \to X$가 $p(z) = z^2$이라 하면, $(\widetilde{X}, p)$는 $X$상의 이중피복공간(double covering space)이 된다. ◘

### 예 9.1.4

$X = S^1 \times S^1$을 **토러스**, $\widetilde{X} = \mathbb{R}^2$, 그리고 $p : \widetilde{X} \to X$를 $p(r_1, r_2) = (e^{2\pi i r_1}, e^{2\pi i r_2})$라 하면, $(\widetilde{X}, p)$는 $X$의 피복공간이다.

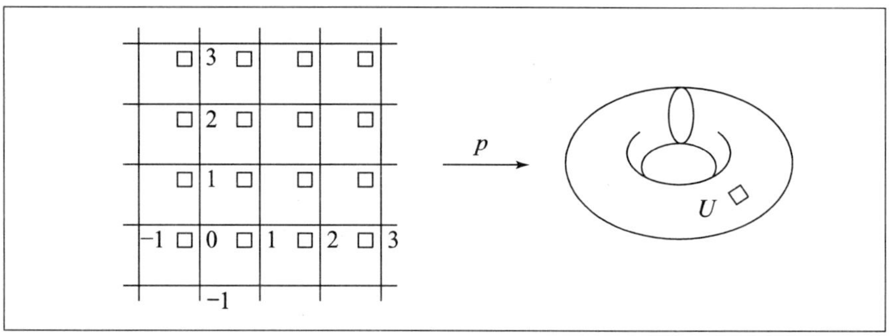


◘

$X$상에 있는 작은 피복근방 $U$에 대해서 $p^{-1}(U)$는 $U$와 위상동형적(homeomorphic)으로 같은 작은 열린집합들의 합집합이며, 이때 각각의 열린집합은 어떠한 열린집합을 $\mathbb{R}^2$상의 정수 좌표만큼 평행이동해서 얻어진다. 사실 $S^1 \times S^1$은 단위 정사각형의 상이며, 맞은편 모서리들을 일치시킴으로써 얻어진다.

### 예 9.1.5

$X = S^1$, $\widetilde{X}$를 유한 닫힌나선이라 하고 $p : \widetilde{X} \to X$를 피복함수라 하면, $(\widetilde{X}, p)$는 $X$의 피복공간이 아니다. 왜냐하면 $x$가 $\widetilde{X}$의 끝점을 피복함수 $p$에 의해 투영된 $X$의 점이라 하면, $x$는 피복공간의 정의 (2)를 만족하는 근방을 갖지 못하기 때문이다.

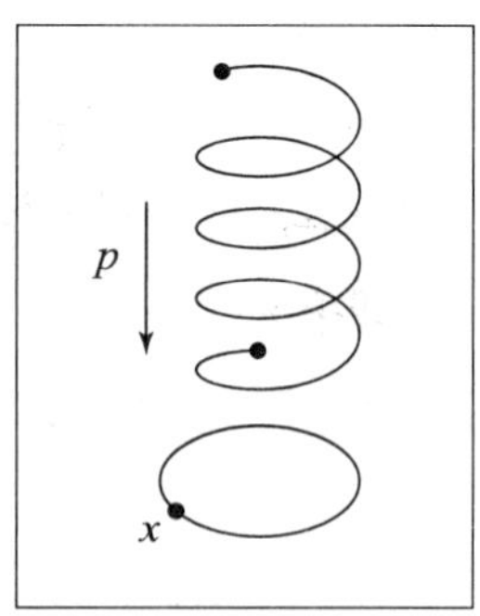


◘

**예 9.1.6**

$X = S^2$, $\widetilde{X}$는 $S^2$에 접해 있는 무한히 긴 실린더(cylinder)라 하고 함수 $p : \widetilde{X} \to X$가 $p(x)$를 $x$와 $X$의 중심을 잇는 선분이 $X$와 만나는 점이라 하면, $p$가 전사가 아니므로 $(\widetilde{X}, p)$는 피복공간이 아니다.

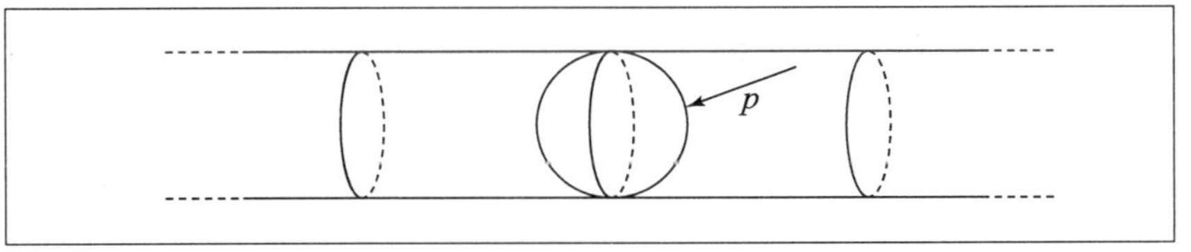


**정리 9.1.1**

$(\widetilde{X}, p)$가 $X$의 피복공간이라면, $p : \widetilde{X} \to X$는 열린함수이다. 즉 각 열린 집합 $\widetilde{U} \subset \widetilde{X}$라 하면 $p(\widetilde{U})$는 $X$상에서 열린집합이다.

**증명** $\widetilde{U}$를 $\widetilde{X}$의 열린부분집합이라 하자. 임의의 $x \in p(\widetilde{U})$에 대해 $V$를 $x$의 피복근방이라 하고, $p^{-1}(V)$는 서로소인 열린집합족의 합집합이며 그 각 열린집합은 함수 $p$에 의해 $V$와 위상동형이라고 하자.

만일 $p(\tilde{x}) = x$, $\tilde{x} \in \widetilde{U}$이면 $\tilde{x}$는 $V$와 위상동형인 열린집합 $W$ 속에 속한다. $W \cap \widetilde{U}$는 $W$의 열린부분집합이고, $p(W \cap \widetilde{U})$는 $X$의 열린부분집합이며, $x \in p(W \cap \widetilde{U}) \subset p(\widetilde{U})$이다. $x$는 $p(\widetilde{U})$의 임의의 점이므로, $p(\widetilde{U})$는 열린집합이다. ■

## 연습문제 9.1

1. 피복공간 $p : \widetilde{X} \to X$에 대하여 부분공간 $A \subset X$가 패스연결이고 국소패스연결이며 $\widetilde{A}$가 $p^{-1}(A)$의 패스성분이면 축소함수 $p|_{\widetilde{A}} : \widetilde{A} \to A$가 피복공간임을 보이시오.

**2.** 공간 $X$와 $Y$는 패스연결, 국소패스연결이고 $X$는 컴팩트 $T_2$, $Y$는 $T_2$-공간이라 하자. 만일 $p : X \to Y$가 국소위상동형이면 $f : X \to Y$는 피복공간임을 보이시오.

## 9.2 피복호모토피정리(Covering Homotopy Theorem)

**정의 9.2.1**

$p : \widetilde{X} \to X$이 피복공간이고 만일 $f$가 임의의 위상공간 $Y$로부터 $X$로의 연속인 함수라면, $p \circ \widetilde{f} = f$를 만족하는 연속함수 $\widetilde{f} : Y \to \widetilde{X}$를 $f$의 **리프트**(lift)라고 한다.

$p$가 피복함수일 때 리프트의 존재성은 피복공간과 기본군을 공부하는 데 중요하다. 먼저 우리는 피복공간상에서 패스들에 대한 리프트가 존재함을 보이고, 패스호모토피에 대해서도 마찬가지로 리프트가 존재함을 보일 것이다.

**정리 9.2.1**

$(\widetilde{X}, p)$는 $X$의 피복공간이고 $p(\widetilde{x}_0) = x_0$라고 하자. 또한 $f : I \to X$가 $x_0$를 시점으로 하는 임의의 패스라 하자. 그러면 $f$는 $\widetilde{X}$ 내에서 $\widetilde{x}_0$를 시점으로 하는 유일한 리프트 $\widetilde{f}$를 가진다.

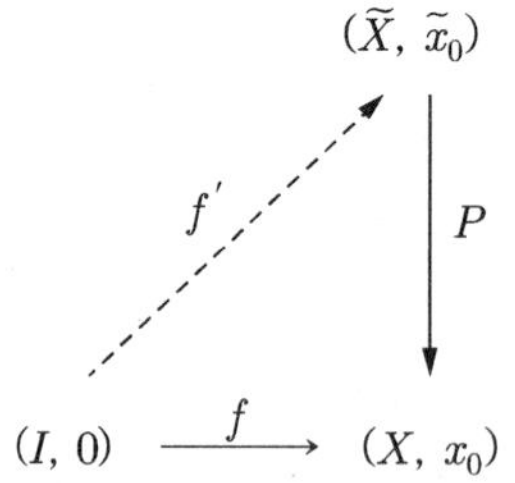


**증명** $X$를 덮고 있는 피복근방 $\{U_a\}$에 대해 $\{f^{-1}(U_a)\}$는 컴팩트 거리공간

$I$를 덮는다. 르베그수정리에 의해 각각의 $i$에 대하여 $f([s_i,\ s_{i+1}])$이 어떤 피복근방 $U$에 들어가도록 $I$를 세분화(subdivision)한다(여기서 $0=s_0<s_1<\cdots<s_n=1$을 위의 성질을 만족하는 세분화된 구간이라 하자).

먼저 $\tilde{f}(0)=\tilde{x}_0$라 하자. 그러면 구간 $[0,\ s_i]$상에서 $\tilde{f}(s)$가 존재한다고 가정하고, 다음 닫힌구간 $[s_i,\ s_{i+1}]$ 위에서 $\tilde{f}(s)$가 역시 존재한다는 것을 보이는 단계적 방법을 이용한다.

닫힌구긴 $[s_i,\ s_{i+1}]$에 대해 $f([s_i,\ s_{i+1}])$이 포함되는 피복근방을 $U$라 하자. 이때 $p^{-1}(U)=\bigcup_a V_a$이고, $U$는 각각의 열린집합 $V_a$와 위상동형이다. 그러면 $\tilde{f}(s_i)$는 이런 $V_a$들 중 하나에 속하고, 그 열린집합을 $V_0$라 하자. 모든 $s\in[s_i,\ s_{i+1}]$에 대해 $\tilde{f}(s)=(p\,|_{V_a})^{-1}\circ f(s)$로 정의한다. 그러면 $p\,|_{V_a}:\ V_0\ \rightarrow\ U$가 위상동형함수이ㄱ $f$가 연속이므로 $\tilde{f}$도 $[s_i,\ s_{i+1}]$ 위에서 연속함수로 존재한다. 따라서 $\tilde{f}$는 $[0,\ s_{i+1}]$ 위에서 연속인 리프트로 존재한다.

이러한 단계적인 방법을 이용하면 $[0,\ 1]$ 위에서 $p\circ\tilde{f}=f$가 되기 위한 리프트 $\tilde{f}$가 존재한다는 것을 보일 수 있고, $\tilde{f}$는 연속이다.

$\tilde{f}$의 유일성도 마찬가지로 단계적으로 증명된다.

$\tilde{\tilde{f}}$를 $\tilde{x}_0$를 시점으로 하는 또 다른 $f$의 리프트라고 가정하자. 그러면 $\tilde{\tilde{f}}(0)=\tilde{x}_0=\tilde{f}(0)$이 된다. $s\in[0,\ s_i]$에 대해 $\tilde{\tilde{f}}(s)=\tilde{f}(s)$라고 가정하자. $V_0$를 앞에서와 같이 잡으면, $s\in[s_i,\ s_{i+1}]$에 대해 $\tilde{f}(s)$는 $(p\,|_{V_0})^{-1}(f(s))$로 정의된다. $\tilde{\tilde{f}}$는 $f$의 리프트이기 때문에 $\tilde{\tilde{f}}$는 닫힌구간 $[s_i,\ s_{i+1}]$을 집합 $p^{-1}(U)=\bigcup_a V_a$로 보낸다. 각각의 $V_a$는 서로소이며 열린집합이다. 또한 $\tilde{\tilde{f}}([s_i,\ s_{i+1}]$은 연결집합이기 때문에 $V_a$ 중의 하나에 반드시 존재한다. $\tilde{\tilde{f}}(s_i)=\tilde{f}(s_i)$이고, 그 값이 $V_0$ 안에 존재하기 때문에 $\tilde{\tilde{f}}$는 구간 $[s_i,\ s_{i+1}]$ 전체를 $V_0$로 대응시킴에 틀림이 없다.

따라서 $s\in[s_i,\ s_{i+1}]$에 대해 $\tilde{\tilde{f}}(s)$는 $p^{-1}(f(s))$상에 존재하는 $V_0$의 임의의 한 점 $y_0$와 같아지게 된다. 그러나 그런 점 $y_0$는 오직 하나이

다. 즉, $(p|_{V_0})^{-1}(f(s))$이다.

결국 $s \in [s_i, s_{i+1}]$에 대해 $\tilde{\tilde{f}}(s) = \tilde{f}(s)$이다. ■

---

**정리 9.2.2 피복호모토피정리(covering homotopy theorem)**

$(\tilde{X}, p)$는 $X$의 피복공간이고 $p(\tilde{x}_0) = x_0$이며, $F: I \times I \to X$는 $F(0, 0) = x_0$인 연속함수라고 하자. 그러면 $\tilde{F}(0, 0) = \tilde{x}_0$를 만족하는 $F$의 리프트인 연속함수 $\tilde{F}: I \times I \to \tilde{X}$가 존재한다.

만일 $F$가 패스호모토피이면 $\tilde{F}$도 패스호모토피이다(사실 $F$의 리프트 $\tilde{F}$는 유일하다).

---

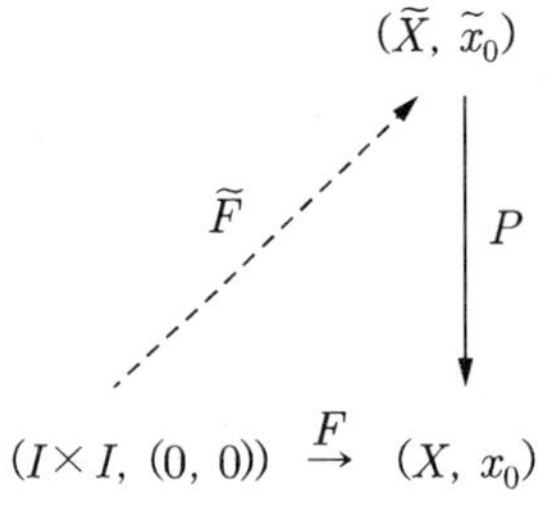


**증명** 먼저 $\tilde{F}(0, 0) = \tilde{x}_0$라고 정의하자. 다음으로 정리 9.2.1을 써서 $\tilde{F}$를 $I \times I$의 왼쪽변 $0 \times I$와 밑변 $I \times 0$으로 확장하고, 마지막으로 $I \times I$ 전구간으로 다음과 같이 확장하다. 르베그수정리를 적용하자. 각각의 직사각형 $I_i \times J_j = [s_{i-1}, s_i] \times [t_{j-1}, t_j]$가 $F$에 의해 $X$의 열린집합으로 사상되게 충분히 작은 $I$의 세분 $s_0 < s_1 < \cdots < s_m$, $t_0 < t_1 < \cdots < t_n$을 고르도록 하자(단, 여기서 $X$의 열린집합은 $p$에 의해 균일하게 피복되어 있다).

리프트 $\tilde{F}$를 $I_1 \times J_1$에서 시작해

$$I_i \times J_1 \to I_i \times J_2 \to \cdots$$

등 단계별로 정의해보자.

다음의 집합

$$A = 0 \times I \cup I \times 0 \cup \{ I_i \times J_j \mid j < j_0 \text{ 혹은 } j = j_0 \ \& \ i < i_0 \}$$

위에서 $\widetilde{F}$가 정의된다고 가정하고, $\widetilde{F}$가 $F|_A$의 연속인 리프트라고 하자. 이제 $\widetilde{F}$를 $I_{i_0} \times J_{j_0}$ 위에서 정의해보자. $p$에 의해 균일하게 덮인 $X$의 열린집합 $U$를 잡아 $F(I_{i_0} \times J_{j_0})$를 포함하게 하자. $\{ V_a \}$를 $p^{-1}(U)$의 분할이라 하면, 각각의 집합 $V_a$는 $p$에 의해 $U$ 위로 위상동형적으로 함수된다.

그래서 $\widetilde{F}$가 $C = A \cap (I_{i_0} \times J_{j_0})$ 위에서 정의되었다. 이 집합 $C$는 직사각형 $I_{i_0} \times J_{j_0}$의 왼쪽변과 아랫변의 합집합이므로 연결집합이다. 따라서 $\widetilde{F}(C)$는 연결집합이고 $V_a$ 중 하나에 반드시 존재한다. $\widetilde{F}(C)$가 $V_0$에 존재한다고 가정하자.

$p_0 : V_0 \to U$를 $p$의 $V_0$ 위에서의 제한(restriction)이라고 하자. $\widetilde{F}$가 $F|_A$의 리프트이기 때문에 $x \in C$에 대해 $p_0(\widetilde{F}(x)) = p(\widetilde{F}(x)) = F(x)$임을 알고 있다.

따라서 $\widetilde{F}(x) = p^{-1}(F(x))$가 되고 결국 $x \in I_{i_0} \times J_{j_0}$에 대해 $\widetilde{F}(x) = p_0^{-1}(F(x))$로 정의함으로써 $F$를 확장할 수 있다. 확장된 함수는 연속이다.

이런 방식을 계속함으로써 $\widetilde{F}$를 $I \times I$ 전체 위에서 정의할 수 있다.

마지막으로 $F$가 패스호모토피라고 하면 함수 $F$는 $I \times I$의 왼쪽변 전체 $0 \times I$를 $X$상의 한 점 $x_0$로 보낸다. $\widetilde{F}$가 $F$의 리프트이므로 $\widetilde{F}$는 $0 \times I$를 $p^{-1}(x_0)$로 보낸다. 그런데 $p^{-1}(x_0)$는 $\widetilde{X}$의 부분공간으로서 이산위상(discrete topology)을 가진다. 또한 $0 \times I$가 연결집합이고 $\widetilde{F}$는 연속이므로, $\widetilde{F}(0 \times I)$는 연결집합이다.

결국 한 점으로 이루어진 집합과 같아지게 된다. 똑같이 $\widetilde{F}(1 \times I)$도 한 점으로 이루어진 집합과 같아지게 되고, 따라서 $\widetilde{F}$는 패스호모토피가 된다. ■

다음 정리는 피복공간과 기본군 사이에 중요한 관계를 보여준다.

**정리 9.2.3**

$(\widetilde{X},\ p)$는 $X$의 피복공간이고 $p(\tilde{x}_0)=x_0$라고 하자. $f$와 $g$가 $x_0$로부터 $x_1$으로의 $X$ 내의 두 패스이고 $\tilde{f}$와 $\tilde{g}$가 $\tilde{x}_0$를 시점으로 하는 $\widetilde{X}$ 내의 $f$와 $g$에 대응하는 리프트라고 하자. 만일 $f$와 $g$가 패스호모토피이면 $\tilde{f}$와 $\tilde{g}$는 $\widetilde{X}$에서 같은 종점을 가지면서 패스호모토피이다.

**증명** $F: I\times I \to X$는 $f$와 $g$의 패스호모토피이고 $F(0,\ 0)=x_0$이며, $\widetilde{F}: I\times I \to \widetilde{X}$는 $\widetilde{F}(0,\ 0)=\tilde{x}_0$인 $F$의 리프트라고 하자. 정리 9.2.2에 의하여 $\widetilde{F}$는 패스호모토피이며, $\widetilde{F}(0\times I)=\{\tilde{x}_0\}$, $\widetilde{F}(1\times I)=\{\tilde{x}_1\}$이 된다.

$\widetilde{F}$의 제한함수인 $\widetilde{F}|_{I\times 0}$는 $\tilde{x}_0$로부터 시작하는 $\widetilde{X}$상의 패스이며, $F|_{I\times 0}$의 리프트이다. 리프트의 유일성에 의하여 $\widetilde{F}(s,\ 0)=\tilde{f}(s)$가 된다.

똑같이 $\widetilde{F}|_{I\times 1}$은 $\widetilde{X}$상의 패스이며 $F|_{I\times 1}$의 리프트이다. $\widetilde{F}(0\times I)=\{\tilde{x}_0\}$이므로 $\widetilde{F}|_{I\times 1}$은 $\tilde{x}_0$로부터 시작하며, 리프트의 유일성에 의하여 $\widetilde{F}(s,\ 1)=\tilde{g}(s)$가 된다.

따라서 $\tilde{f}$와 $\tilde{g}$ 둘 다 $\tilde{x}_1$을 종점으로 가지며 $\widetilde{F}$는 둘 사이의 패스호모토피이다. ■

정리 9.2.3을 $S^1$의 경우에 적용하여 정리 8.3.1을 다시 증명해보자.

**정리 9.2.4**

원 $S^1$의 기본군은 무한 순환군(infinite cyclic group) $\mathbb{Z}$이다.

**증명** 점 $x_0=(1,\ 0)\in S^1$이라고 하자.

$\pi_1(S^1,\ x_0)$로부터 $(Z,\ +)$로의 동형함수를 유도하는 것이 이 증명의 주요 내용이다. 이 목적을 위해서 먼저 $p(x)=(\cos 2\pi x,\ \sin 2\pi x)$로 주어지는 피복함수 $p:\mathbb{R}\to S^1$을 생각해보자. 만일 $f$가 $S^1$ 내의 $x_0$에서의 닫힌곡선이고, $\tilde{f}$를 $f$의 리프트로서 0에서 시작하는 $\mathbb{R}$상의 패스라

고 하자. 점 $\tilde{f}(1)$이 집합 $p^{-1}(x_0)$ 내의 한 점이므로, $\tilde{f}(1)=n$으로 놓을 수 있다(단 $n$은 임의의 정수이다).

따라서 $\phi : \pi_1(S^1,\ x_0) \to Z$를 $\phi([f])=n(=\tilde{f}(1))$로 정의한다.

[ i ] $\phi$는 전사이다.

$n$을 $p^{-1}(x_0)$의 한 점으로 보자. $\mathbb{R}$이 패스연결이기 때문에 0으로부터 $n$으로의 패스 $\tilde{f} : [0,\ 1] \to \mathbb{R}$을 택할 수 있다. $f=p\circ\tilde{f}$로 정의하면 $f$는 $S^1$상의 $x_0$에서의 닫힌패스가 되고, $\tilde{f}$는 0을 시점으로 하고 $\mathbb{R}$상에서 $f$에 대한 리프트가 된다. 따라서 함수의 정의에 의해 $\phi([f])=n$이 되므로 $\phi$는 전사이다.

[ ii ] $\phi$는 단사이다.

$\phi([f])=n=\phi([g])$라고 하자. $\tilde{f}$와 $\tilde{g}$를 각각 $f$와 $g$의 리프트로서 0을 시점으로 하는 $\mathbb{R}$상의 경로라고 하자. 물론 가정에 의하여 $\tilde{f}$와 $\tilde{g}$ 모두 $n$을 종점으로 한다. $\mathbb{R}$이 단순연결공간이기 때문에 $\tilde{f}$와 $\tilde{g}$는 패스호모토피이며, 이 둘 사이의 호모토피를 $\tilde{F}$라고 하자. 그러면 $F=p\circ\tilde{F}$는 $f$와 $g$의 패스호모토피가 된다. 그러므로 $[f]=[g]$를 만족한다.

[iii] $\phi$는 준동형함수이다.

$f$와 $g$를 $S^1$ 내의 $x_0$에서의 두 닫힌패스라 하고, $\tilde{f}$와 $\tilde{g}$를 대응하는 리프트라고 하자($\tilde{f}$와 $\tilde{g}$는 앞에서와 마찬가지로 0에서 시작하는 $\mathbb{R}$상의 패스이다).

$\tilde{f}(1)=n,\ \tilde{g}(1)=m$이라 하고, $h$를 $\mathbb{R}$상에서

$$h(s)=\begin{cases}\tilde{f}(2s), & s\in\left[0,\ \frac{1}{2}\right]\\ n+\tilde{g}(2s-1), & s\in\left[\frac{1}{2},\ 1\right]\end{cases}$$

로 정의하자.

그러면 $h$는 0에서 시작하는 $\mathbb{R}$상의 패스가 된다. 또한

$$p(h(s))=\begin{cases}p(\tilde{f}(2s))=f(2s), & s\in\left[0,\ \frac{1}{2}\right]\\ p(n+\tilde{g}(2s-1))=p(\tilde{g}(2s-1))=g(2s-1), & s\in\left[\frac{1}{2},\ 1\right]\end{cases}$$

이 된다.

그러므로 $p \circ h = f * g$가 되고, $h$는 0에서 시작하는 $f * g$의 리프트이다. 따라서

$$
\begin{aligned}
\phi([f * g]) &= h(1) \\
&= n + m \\
&= \phi([f]) + \phi([g])
\end{aligned}
$$

가 된다. ■

**정리 9.2.5**

$(\widetilde{X}, p)$를 $X$의 피복공간이라 하고 $\tilde{x} \in \widetilde{X}$라 하자. 그러면 $p_* : \pi_1(\widetilde{X}, \tilde{x}) \to \pi_1(X, p(\tilde{x}))$는 단사준동형함수(monomorphism)이다.

**증명** $[\tilde{\alpha}] \in \pi_1(\widetilde{X}, \tilde{x})$를 $p_*$의 핵(kernel)에 있다고 하자. 그러면

$$([p \circ \tilde{\alpha}]) = p_*([\tilde{\alpha}]) = [e_x], \text{ 즉 } p \circ \tilde{\alpha} \simeq e_x (\text{단 } x = p(\tilde{x})).$$

여기서 $e_x$는 $x$에서 상수루프이다.

이제 $[\tilde{\alpha}]$가 $\pi_1(\widetilde{X}, \tilde{x})$에서 항등원임을 보이면 된다. 즉 $\tilde{\alpha} \simeq e_{\tilde{x}}$임을 보인다.

$F : I \times I \to X$를 $p \circ \tilde{\alpha}$에서 $e_x$로 연결되는 호모토피라고 하자. 그러면 피복호모토피 정리에 의해 $G : I \times I \to \widetilde{X}$는 $p \circ G = F$인 호모토피가 존재해서 모든 $s \in I$에 대해 $G(s, 0) = \tilde{\alpha}(s)$이다. 더욱이 모든 $t \in I$에 대해 $F(0, t) = x$, 그리고 $F(1, t) = x$가 상수이므로, $G$는 모든 $t \in I$에 대해

$$G(0, t) = \tilde{\alpha}(0) = \tilde{x}, \ G(1, t) = \tilde{\alpha}(1) = \tilde{x}$$

로 잡을 수 있다. $p \circ G = F$이고 $F(s, 1) = e_x(s)$이므로, 패스 $s \to G(s, 1)$, 패스 $s \to e_{\tilde{x}}(s)$는 $p$에 의해 $e_x$로 맺는다. 그러므로 모든 $s \in I$에 대해 $G(s, 1) = e_{\tilde{x}}(s)$이고, $G$는 $\tilde{\alpha}$에서 $e_{\tilde{x}}$로 연결되는 호모토피이다. ■

**정리 9.2.6**

$(\widetilde{X}, p)$를 $X$의 피복공간이라 하자. $x \in X$라 하고 $\tilde{x} \in \widetilde{X}$를 $p(\tilde{x}) = x$가 되게 잡자. 그러면 $p^{-1}(\{x\})$와 잉여공간 $\pi_1(X, x)/p_*\pi_1(\widetilde{X}, \tilde{x})$ 사이에 일대일 대응 함수가 존재한다.

**증명** $c : \pi_1(X, x) \rightarrow p^{-1}(\{x\})$를 다음과 같이 정의하자.

$g \in \pi_1(X, x)$라 하고 $\alpha$와 $\beta$를 $g$의 두 대표원이라 하자. 즉 $g = [\alpha] = [\beta]$이다. 정리 9.2.2에 의해 $\alpha$와 $\beta$는 $\tilde{x}$를 원점으로 갖는 $\widetilde{X}$로의 리프트 $\tilde{\alpha}$와 $\tilde{\beta}$를 갖는다. $\alpha \simeq \beta$이므로 정리 9.2.3에 의해 $\tilde{\alpha} \simeq \tilde{\beta}$이다. 특히 $\tilde{\alpha}$와 $\tilde{\beta}$는 같은 끝점을 갖는다. 즉 $\tilde{\alpha}(1) = \tilde{\beta}(1)$이다.

그러므로 $c(g) = \tilde{\alpha}(1)$로 정의할 수 있다. 단, 여기서 $\alpha$는 임의의 $g$의 대표원이다. $\widetilde{X}$가 열린연결공간이므로, $\tilde{x}$는 $\widetilde{X}$의 패스에 의해서 $p^{-1}(\{x\})$의 각각의 원소에 연결될 수 있다. 이것은 또한 $X$ 안의 닫힌 패스(이것의 사영)의 리프트 함수이다.

그러므로 $c : \pi_1(X, x) \rightarrow p^{-1}(\{x\})$는 전사이다.

$c$는 $\pi_1(X, x)$ 내의 $p_*\pi_1(\widetilde{X}, \tilde{x})$의 잉여류들 위에서 상수임을 증명하자. $[\alpha]$와 $[\beta]$가 같은 잉여류에 속한다고 가정하자. 그러면 어떤 $[r] \in p_*\pi_1(\widetilde{X}, \tilde{x})$에 대해 $[\beta] = [r][\alpha] = [r\alpha]$이다. 그러므로

$$c([\beta]) = c([r\alpha]) = \widetilde{r\alpha}(1).$$

그리고 정리 9.2.1에 의해 $\tilde{r}\tilde{\alpha} = \widetilde{r\alpha}$이므로

$$c([\beta]) = \widetilde{r\alpha}(1) = \tilde{\alpha}(1) = c([\alpha])$$

이다. 따라서 각각의 잉여류에 $c$를 제한하면 $c$는 상수가 된다.

그러므로 $c$는 함수 $\bar{c} : \pi_1(X, x)/p_*\pi_1(\widetilde{X}, \tilde{x}) \rightarrow p^{-1}(\{x\})$를

$$\bar{c}(H[\alpha]) = c([\alpha]),\ [\alpha] \in \pi_1(X, x)$$

로 정의한다. 여기서 $H[\alpha]$는 $[\alpha]$를 포함하는 $H = p_*\pi_1(\widetilde{X}, \tilde{x})$의 잉여류이다. $c$가 전사이므로 $\bar{c}$도 전사이고 단사이다. 왜냐하면

$$\bar{c}(H[\alpha]) = \bar{c}(H[\beta])\text{이면 } c([\alpha]) = c([\beta]),$$

즉 $\tilde{\alpha}(1) = \tilde{\beta}(1)$이므로 $[\tilde{\alpha}\tilde{\beta}^{-1}] \in \pi_1(\widetilde{X}, \tilde{x})$이고, $h = p_*([\tilde{\alpha}\tilde{\beta}^{-1}])$이라고 하면

$$h[\beta] = [p \circ (\tilde{\alpha}\tilde{\beta}^{-1})][\beta] = [\alpha\beta^{-1}][\beta] = [\alpha]$$

가 되므로, $[\alpha]$와 $[\beta]$는 $H$의 같은 잉여류 안에 있기 때문이다. 즉 $H[\alpha] = H[\beta]$이다. ■

**예 9.2.1**

$\mathbb{R}^1$상의 직선을 $p(r) = e^{2\pi ir}$로서 원 $S^1$의 피복공간으로 생각하고, $S^1$의 기점으로 점 $z = 1$을 선택하자. 그러면 $p^{-1}(\{1\})$은 정수 집합이다. $\pi_1(\mathbb{R}^1, 0)$이 0이므로 $p_*\pi_1(\mathbb{R}^1, 0) = [1]$이다. 그러므로 $\pi_1(S^1, 1)$이 정수와 일대일 대응이 된다(나중에 이 대응이 군 동형함수가 됨을 증명할 것이다). ◘

**예 9.2.2**

평면 $\mathbb{R}^2$를 $p(r_1, r_2) = (e^{2\pi ir_1}, e^{2\pi ir_2})$로서 토러스 $S^1 \times S^1$의 피복공간으로 생각하자. 그러면 $\pi_1(\mathbb{R}^2, 0)$이 0이므로 $\pi_1(S^1 \times S^1, (1, 1))$은 두 정수 집합들의 데카르트적(Cartesian product)인 $p^{-1}\{(1, 1)\}$과 일대일 대응이 된다(또한 이 대응은 $\pi_1(S^1 \times S^1, (1, 1))$과 정수와 정수의 직적(direct product) 사이의 군 동형함수로 나타난다). ◘

**예 9.2.3**

구 $S^2$는 실사영평면 $\mathbb{RP}^2$의 피복공간이다(9.1절의 예 9.1.2를 보라). $[N] \in \mathbb{RP}^2$를 $z$축이라 하자($[N]$은 $\mathbb{R}^3$의 원점을 지나는 직선이므로 $\mathbb{RP}^2$의 한 점이다). 그러면

$$p^{-1}(\{[N]\}) = \{\text{북극점(north pole) } N,\ \text{남극점(south pole) } S = -N\} \subset S^2$$

이다. 뒤에 $\pi_1(S^2, N)=\{e\}$가 됨을 알게 될 것이다. 잠시 이 사실을 가정하면, 정리 9.2.6에 의해 $\pi_1(\mathbb{RP}^2, [N])$이 두 원소를 갖게 된다. 즉 차수 2인 순환군(cyclic group) $\pi_1(\mathbb{RP}^2, [N])=Z_2$이다.

특히 상수와 호모토피하지 않지만 이것의 제곱 $\alpha^2$이 상수와 호모토피인 패스 $\alpha$가 $\mathbb{RP}^2$ 안에 존재한다.

그러므로 $\alpha$에 의해 정의된 $\mathbb{RP}^2$ 안의 곡선은 다음과 같은 성질을 갖는다. 즉 주위를 한 바퀴 돌아서 얻어진 패스는 연속적으로 한 점으로 줄일 수 없지만 주위를 두 바퀴 돌아서 얻어진 패스는 연속적으로 한 점으로 줄일 수 있다.

기하학적으로 주어진 $S^2$ 위에서 북극점과 남극점을 지나는 대원에 대해 $x(t)\in S^2$이 $t$가 0부터 1까지 변할 때 북극점에서 남극점까지 이 대원을 따라서 움직인다고 하자. $\alpha(t)$를 원점과 $x(t)$를 지나는 직선이라고 하자. $\alpha$의 $S^2$로의 리프트 $t \to x(t)$는 $S^2$ 안에서 닫힌패스가 아니지만 $S^2$로의 $\alpha^2$의 리프트는 닫힌 패스이다. 이것은 대원을 따라 완전히 한 바퀴 도는 것을 말한다. ◘

## 연습문제 9.2

[1-3] 공간 $X$의 2개의 피복공간 $(\widetilde{X}_1, p_1)$, $(\widetilde{X}_2, p_2)$에 대하여 연속함수 $h:\widetilde{X}_1 \to \widetilde{X}_2$가 준동형함수(homomorphism)란 $p_1=p_2\circ h$일 때이다. 준동형함수 $h$가 동형함수(isomorphism)란 역 준동형함수(inverse homomorphism) $h^{-1}$가 존재함을 의미한다. 다음을 증명하시오.

**1.** 준동형함수 $h_0, h_1:(\widetilde{X}_1, p_1)\to(\widetilde{X}_2, p_2)$에서 $x\in\widetilde{X}_1$가 존재하여 $h_0(x)=h_1(x)$이면 $h_0=h_1$이다.

**2.** 만일 $\widetilde{x}_1\in\widetilde{X}_1$, $\widetilde{x}_2\in\widetilde{X}_2$가 $p_1(\widetilde{x}_1)=p_2(\widetilde{x}_2)$이면, 준동형함수 $h:(\widetilde{X}_1, p_1)\to(\widetilde{X}_2, p_2)$, $h(\widetilde{x}_1)=\widetilde{x}_2$가 존재할 필요충분조건은 $p_{1*}(\pi_1(\widetilde{X}_1, \widetilde{x}_1))\subset$

$p_{2*}(\pi_1(\widetilde{X_2},\ \widetilde{x_2}))$이다.

**3.** 동형함수 $h : (\widetilde{X_1},\ p_1) \to (\widetilde{X_2},\ p_2)$가 존재할 필요충분조건은 두 점 $\widetilde{x_1} \in \widetilde{X_1}$, $\widetilde{x_2} \in \widetilde{X_2}$, $p_1(\widetilde{x_1}) = p_2(\widetilde{x_2}) = x_0 \in X$에 대하여 부분군 $p_{1*}(\pi_1(\widetilde{X_1},\ \widetilde{x_1}))$과 $p_{2*}(\pi_1(\widetilde{X_2},\ \widetilde{x_2}))$가 $\pi_1(X,\ x_0)$에서 서로 공액(conjugate)이다.

**4.** 피복공간 $p:(\widetilde{X}, \widetilde{x_0}) \to (X, x_0)$에 대하여 함수 $f:(Y, y_0) \to (X, x_0)$가 리프트 $\tilde{f}:(Y, y_0) \to (\widetilde{X}, \widetilde{x_0})$ 존재하고, $Y$가 연결이면 $\tilde{f}$는 유일함을 증명하시오.

## 9.3 전피복공간(Universal Covering Space)

위상공간 $X$를 패스연결, 국소패스연결공간이라 하자.

$X$의 기본군이 0일 때 $X$를 **단순연결**(simply connected)이라 하고, 그의 동치조건은 $X$ 내의 모든 닫힌경로가 상수패스와 호모토피함이다.

공간 $X$의 피복공간 $(\widetilde{X},\ p)$가 **전피복공간**(universal covering space)이란 $\widetilde{X}$가 단순연결영역일 때를 말한다. 그 예로 직선 평면, 구면은 각각이 원, 토러스, 그리고 사영평면 $\mathbb{RP}^2$의 전피복공간이다.

공간 $X$가 **반국소단순연결**(semi-locally simply connected)이란 $X$ 내의 각 점 $x$에 대해 $x$의 근방 $V$가 존재해서 $V$ 내의 어떤 루프 $\alpha$, $\alpha(0) = \alpha(1) = x$도 $X$ 내에서 상수패스 $x$와 호모토피할 때를 말한다. 다음 정리는 복잡하지만 피복공간을 이해하는 데 중요한 정리다.

**예 9.3.1**

공간 $\mathbb{R}^3$에서 $x$축 위의 점 $(\frac{1}{n},\ 0,\ 0)$를 중심으로 하고 반경이 $\frac{1}{n}$인 $xy$평면상의 원과 $z$축 위의 점 $(0,\ 0,\ 1)$로 이루어진 콘(cone)을 $C_n$이라 하고, 그의 합집합 $X := \bigcup_{n=1}^{\infty} C_n \subset \mathbb{R}^3$을 $X$라 하자. 이때 $X$는 반국소단순연결이지만 국소단순

연결은 아니다. 왜냐하면 원점 $(0, 0, 0) \in X$에서 반지름이 $\frac{1}{2}$인 근방 $N$ 내에 있는 $xy$평면의 작은 원은 $X$상에서는 원점으로 수축할 수 있으나 $N$ 내에서는 원점으로 수축할 수 없다. ◘

---

**정리 9.3.1 전피복공간의 존재성**

$X$는 패스연결, 국소패스연결, 그리고 반국소단순연결공간이고, $H$를 $\pi_1(X, x)$의 부분군이라 하자. 그러면 피복공간 $(\widetilde{X}, p)$가 존재하여 $p_*\pi_1(\widetilde{X}, \widetilde{x}) = H$이다(단 $p(\widetilde{x}) = x$, $\widetilde{x} \in \widetilde{X}$).

특히 만일 $H = (e)$이면 $\widetilde{X}$는 단순연결공간이고, 그래서 $\widetilde{X}$는 전피복공간 (universal covering space)이다.

---

**증명** [ i ]~[ v ]로 나누어 증명하자.

[ i ] 정리 9.2.1과 정리 9.2.2로부터 $X$에 있는 $x_0$을 시점으로 하는 모든 패스 $\alpha$는 $\widetilde{x_0}$에서 시작하는 유일한 리프트 $\widetilde{\alpha}$가 존재한다. 그리고 $\widetilde{\alpha}$가 닫힌패스일 필요충분조건은 $[p \circ \widetilde{\alpha}] \in p_*\pi_1(X, x_0)$이다(정리 9.2.6). 그러므로 $X$ 안에 있는 패스부터 $\widetilde{X}$의 원소를 구성하는 것은 의미가 있다. $x$를 시점으로 하는 $X$의 모든 패스의 집합을 $\Omega$로 나타내자. 그리고 $\Omega$에서의 관계 $\alpha \overset{H}{\equiv} \beta$를 $\alpha(1) = \beta(1)$, $[\alpha\beta^{-1}] \in H$로 정의하면 $\overset{H}{\equiv}$는 동치관계가 된다.

(1) $\alpha \overset{H}{\equiv} \alpha$ : $[\alpha\alpha^{-1}] = [e_x] \in H$

(2) $\alpha \overset{H}{\equiv} \beta$이면 $[\beta\alpha^{-1}] = [\alpha\beta^{-1}]^{-1} \in H$이다. 그러므로 $\beta \overset{H}{\equiv} \alpha$이다.

(3) $\alpha \overset{H}{\equiv} \beta$이고 $\beta \overset{H}{\equiv} \gamma$이면 $\alpha(1) = \beta(1) = \gamma(1)$이고, $[\alpha\gamma^{-1}] = [\alpha\beta^{-1}\beta\gamma^{-1}] = [\alpha\beta^{-1}][\beta\gamma^{-1}] \in H$이다. 그러므로 $\alpha \overset{H}{\equiv} \gamma$이다.

이 동치관계 $\overset{H}{\equiv}$에 의한 동치류의 집합을 $\widetilde{X}$라 하고, $\alpha \in \Omega$에 대해 $\langle \alpha \rangle$는 $\alpha$의 동치류라 하자. $p : \widetilde{X} \to X$를 $p\langle \alpha \rangle = \alpha(1)$로 정의한다. 여기에서 $\widetilde{X}$가 패스연결이므로 $p$는 전사이다.

[ ii ] $\widetilde{X}$상의 위상을 다음과 같이 정의한다. 임의의 $\langle \alpha \rangle \in \widetilde{X}$에 대하여

$U$를 $\alpha(1)$을 포함하는 $X$ 안의 열린집합으로 놓자.

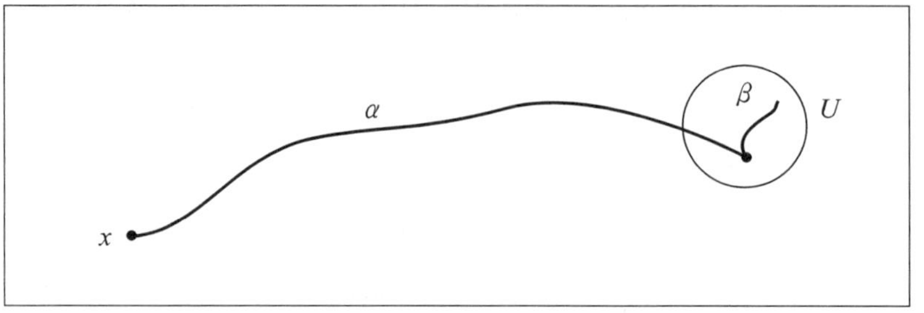


$(\langle\alpha\rangle,\ U)=[\langle\alpha\beta\rangle : \beta$는 $\alpha(1)$을 시점으로 하는 $U$ 안의 패스]라 하면, 모든 $(\langle\alpha\rangle,\ U)$는 $\phi$와 함께 $\widetilde{X}$상의 위상에 대한 기저를 형성한다. 왜냐하면,

(1) $\widetilde{X}=(\langle e_x\rangle,\ X)$이고,

(2) 이러한 2개의 집합 $(\langle\alpha_1\rangle,\ U_1)$과 $(\langle\alpha_2\rangle,\ U_2)$에 대하여 만일 $\langle\gamma\rangle\in(\langle\alpha_1\rangle,\ U_1)\cap(\langle\alpha_2\rangle,\ U_2)$이면

$$(\langle\gamma\rangle,\ U_1\cap U_2)\subset(\langle\alpha_1\rangle,\ U_1)\cap(\langle\alpha_2\rangle,\ U_2)$$

이기 때문이다.

$\widetilde{X}$는 하우스도르프이다. 왜냐하면 $\langle\alpha_1\rangle\neq\langle\alpha_2\rangle$인 임의의 두 원소 $\langle\alpha_1\rangle,\ \langle\alpha_2\rangle$에 대해 $\alpha_1(1)\neq\alpha_2(1)$이라면 $X$가 하우스도르프이기 때문에, $U_1\cap U_2=\phi$인 열린집합 $U_1,\ U_2$가 존재한다. 따라서 $(\langle\alpha_1\rangle,\ U_1)\cap(\langle\alpha_2\rangle,\ U_2)=\phi$이다. 만약 $\alpha_1(1)=\alpha_2(1)$이라면 $X$가 국소적 단순연결이므로 $\alpha_1(1)=\alpha_2(1)$을 포함하는 열린집합 $U$가 존재하며, $U$에 있는 어떤 닫힌패스 $X$에서 상수패스와 호모토피하다. 그래서 $(\langle\alpha_1\rangle,\ U)\cap(\langle\alpha_2\rangle,\ U)=\phi$이다. 그렇지 않다면 $U$ 안에 $\langle\alpha_1\beta\rangle=\langle\alpha_2\gamma\rangle$, 즉 $\alpha_1\beta\overset{H}{\equiv}\alpha_2\gamma$가 되는 $\alpha_1(1)=\alpha_2(1)$을 시점으로 하는 패스 $\beta$와 $\gamma$가 존재하기 때문이다. 그러므로 $[\alpha_1\beta\gamma^{-1}\alpha_2^{-1}]\in H$이다. 그러나 $\beta\gamma^{-1}$은 $U$ 안에 닫힌패스이므로 $\beta\gamma^{-1}\simeq e_{\alpha_1(1)}$이고,

$$[\alpha_1\alpha_2^{-1}]=[\alpha_1 e_{\alpha_1(1)}\alpha_2^{-1}]=[\alpha_1\beta\gamma^{-1}\alpha_2^{-1}]\in H,$$

즉 $\alpha_1 \overset{\mathrm{H}}{\equiv} \alpha_2$, $\langle \alpha_1 \rangle = \langle \alpha_2 \rangle$이다. 이것은 모순이다.

함수 $p : \widetilde{X} \to X$는 연속이다. 왜냐하면 만일 $U$가 $X$ 안에서 열린집합이면 각각의 $\langle \alpha \rangle \in p^{-1}(U)$에 대하여 $(\langle \alpha \rangle, U)$는 $\widetilde{X}$ 안에서 열린집합이고 $p^{-1}(U)$에 포함되기 때문이다.

[iii] $\widetilde{X}$는 패스연결이다. $\langle \alpha \rangle$, $\langle \beta \rangle \in \widetilde{X}$에 대하여 $\widetilde{X}$ 안에서 $\langle \alpha \rangle$를 시점으로, $\langle \beta \rangle$를 종점으로 하는 패스를 구성하여 보자. $f(0) = \langle \alpha \rangle$, $f(1) = \langle \beta \rangle$인 $f : I \to \widetilde{X}$는 다음과 같이 정의된다.

$$f(t_2) = \begin{cases} \langle \alpha_{t_2} \rangle, & 0 \le t_2 \le \dfrac{1}{2} \\[2ex] \langle \beta_{t_2} \rangle, & \dfrac{1}{2} \le t_2 \le 1 \end{cases}$$

단,

$$\alpha_{t_2}(t_1) = \alpha((1 - 2t_2)t_1), \quad t_2 \le \frac{1}{2}$$

$$\beta_{t_2}(t_1) = \beta((2t_2 - 1)t_1), \quad t_2 \ge \frac{1}{2}$$

이다.

$f$는 연속이다. 만일 $(\langle \gamma \rangle, U)$가 $\widetilde{X}$에서 기저열린집합(basic open set)이라면

$$f^{-1}(\langle \gamma \rangle, U) = \langle t_2 \in I : f(t_2) \in (\langle \gamma \rangle, U) \rangle = A \cup B$$

이다. 이때,

$$A = \left\{ t_2 \in \left[0, \frac{1}{2}\right] : \langle \alpha_{t_2} \rangle \in (\langle \gamma \rangle, U) \right\},$$

$$B = \left\{ t_2 \in \left[\frac{1}{2}, 1\right] : \langle \beta_{t_2} \rangle \in (\langle \gamma \rangle, U) \right\}$$

이다.

첫 번째로 $A$가 열린집합임을 보이자. $\overline{t_2} \in A$로 가정하자. 그러면 $\alpha_{\overline{t_2}}(1) \in U$이다. $t_2 \to \alpha_{t_2}(1)$이 연속이므로, $\overline{t_2}$ 열린구간이 존재하여

모든 $t_2 \in J$에 대하여 $\eta$가 $\alpha$를 따라 $\alpha_{\bar{t_2}}(1)$을 시점으로, $\alpha_{t_2}(1)$을 종점으로 하는 패스일 때 $\left[\alpha_{t_2}\right] = \left[\alpha_{\bar{t_2}}\eta\right]$이다. 더욱이 $\gamma(1)$을 시점으로, $\alpha_{\bar{t_2}}(1)$을 종점으로 하는 $U$ 안의 어떤 패스 $\xi$에 대하여 $\langle \alpha_{\bar{t_2}} \rangle = \langle \gamma\xi \rangle$이다.

즉 $\left[\alpha_{\bar{t_2}}\xi^{-1}\gamma^{-1}\right] \in H$이다.

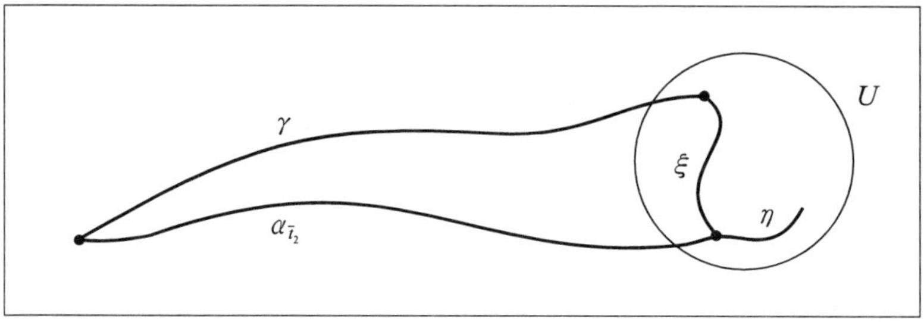


그리고 $[\alpha_{t_2}(\gamma\xi\eta)^{-1}] = [\alpha_{t_2}\eta^{-1}\xi^{-1}\gamma^{-1}] = [\alpha_{\bar{t_2}}\xi^{-1}\gamma^{-1}] \in H$이다. 그러므로 $\xi\eta$가 $\gamma(1)$을 시점으로, $\alpha \cdot \alpha_{t_2}(1)$을 종점으로 하는 $U$ 안의 패스일 때 $\alpha_{t_2} \overset{H}{\equiv} \gamma(\xi\eta)$이다. 즉 모든 $t_2 \in J$에 대하여 $\langle \alpha_{t_2} \rangle = \langle \gamma(\xi\eta) \rangle \in (\langle \gamma \rangle,\ U)$이다.

그러므로 $J$는 $A$에 속하는 $\overline{t_2}$에 대한 열린집합이다. 그리고 $A$는 열린집합이다. 같은 방법으로 $B$는 열린집합이고, 그러므로 $f^{-1}(\langle \gamma \rangle,\ U)$도 열린집합이다. 따라서 $f$는 연속이고 $\widetilde{X}$는 패스연결공간이다.

[ⅳ] $(\widetilde{X},\ p)$는 피복공간이다. 주어진 $x_1 \in X$에 대하여 $U$는 $x_1$을 포함하는 패스연결열린집합으로, $U$ 안의 모든 패스는 $X$ 안에서 상수패스와 호모토피하다는 성질을 갖는다. $\widetilde{X}$가 하우스도르프라는 위의 증명에서처럼 만일 $p(\langle \alpha_1 \rangle) = p(\langle \alpha_2 \rangle)$인 $\langle \alpha_1 \rangle \neq \langle \alpha_2 \rangle$라고 하면 $(\langle \alpha_1 \rangle,\ U) \cap (\langle \alpha_2 \rangle,\ U) = \phi$이다. 또한 $U$가 패스연결이기 때문에

$$p \mid (\langle \alpha \rangle,\ U) : (\langle \alpha \rangle,\ U) \ \rightarrow\ U$$

는 일대일이다. $x_1$에서 시작하는 $U$ 안의 패스 $\beta$와 $\gamma$에 대하여 $p(\langle \alpha\beta \rangle) = p(\langle \alpha\gamma \rangle)$로 가정한다. 그러면 $\beta(1) = \alpha(1)$이다. 그러므로

$\beta\gamma^{-1}$은 $U$ 안의 닫힌패스이고, 상수패스 $e_{x_1}$과 호모토피하다. 즉

$$[(\alpha\beta)(\alpha\gamma^{-1})] = [\alpha[\beta\gamma^{-1}]\alpha^{-1}] = [\alpha e_{x_1}\alpha^{-1}] = [e_{x_1}] \in H$$

이고 $\langle\alpha\beta\rangle = \langle\alpha\gamma\rangle$이다.

이제 $p^{-1}(U) = \bigcup_{\alpha}(\langle\alpha\rangle,\ U)$이다. 이때 합집합은 $p(\langle\alpha\rangle) = x_1$인 모든 $\alpha$상에서 정의된 것이다. 이를 위해 $\gamma$가 $p(\langle\gamma\rangle) = \gamma(1) \in U$인 패스일 때 $\beta$를 $\gamma(1)$을 시점으로, $x_1$을 종점으로 하는 $U$ 안의 패스로 놓자. 그러면 $p(\langle\gamma\beta\rangle) = x_1$이고 $\langle\gamma\rangle = (\langle\gamma\beta\rangle,\ U)$이니다.

$(\widetilde{X},\ p)$가 피복공간임을 증명하기 위해 $p$가 열린함수라는 것만 보이면 된다. $\widetilde{V}$를 $\widetilde{X}$ 안에 있는 열린집합으로 가정한다. $\widetilde{V}$는 기본 열린집합 $\widetilde{U} = (\langle\alpha\rangle,\ U)$의 합집합이므로 $p(\widetilde{U})$가 열린집합임을 보이는 것으로 충분하다. 그러므로 $x_1 \in p(\widetilde{U})$, 즉 임의의 $\langle\beta\rangle \in \widetilde{U}$에 대하여 $x_1 = p(\langle\beta\rangle) = \beta(1)$로 놓자. 또한 $U_1$을 $U$ 안에서 패스에 의해 $x_1$과 연결될 수 있는 $U$ 안의 모든 점들의 집합으로 놓자. 명백히 $x_1 \in U_1$이다. $U_1 \subset p(\widetilde{U})$이면 $p(\widetilde{U})$가 열린구간이라는 것을 보이게 된다. 다시 말하면 $U_1 = p(\langle\beta\rangle,\ U_1)$이다. 더욱이 $U$ 안에 속한 패스 $\gamma$에 대해 $\langle\beta\rangle = \langle\alpha\gamma\rangle$이다.

임의의 원소 $\langle\eta\rangle \in (\langle\beta\rangle,\ U_1)$은

$$\langle\eta\rangle = \langle\beta\delta\rangle = \langle\alpha\gamma\delta\rangle \in (\langle\alpha\rangle,\ U) = \widetilde{U}$$

이며, 이때 $\delta$는 $\beta(1)$에서 $\eta(1)$로 가는 $U_1$ 내의 임의의 패스이고, $(\langle\beta\rangle,\ U_1) \subset \widetilde{U}$이다.

[v] 마지막으로 $\widetilde{X} = \langle e_x\rangle$에 대해 $p_*(\pi_1(\widetilde{X},\ \tilde{x})) = H$임을 보여야 한다. $\alpha$를 $X$에의 $x$점에서 시작하는 패스라고 하고, $\tilde{\alpha}$를 $\tilde{\alpha}(t_2) = \langle\alpha_{t_2}\rangle$로 정의된 $\tilde{x}$를 시점으로 하는 $\tilde{x}$ 안의 패스라고 하자. 이때 $\alpha_{t_2}(t_1) = \alpha(t_2 t_1)$이고, $\tilde{\alpha}$는 연속이다.

공간 $\widetilde{X}$ 패스연결이라는 증명을 보이면 된다.

$$p(\tilde{\alpha}(t_2)) = p(\langle \alpha_{t_2} \rangle) = \alpha_{t_2}(1) = \alpha(t_2)$$

이기 때문에 $\tilde{\alpha}$는 $\alpha$를 피복한다. 이제 $\alpha$를 닫힌패스라고 가정한다. 즉 $[\alpha] \in \pi_1(X, x)$로 놓자. 그러면

$$\begin{aligned}[\alpha] \in p_*(\pi_1(\widetilde{X}, \tilde{x}) &\Leftrightarrow \tilde{\alpha}\text{는 } \widetilde{X} \text{ 안의 닫힌패스} \\ &\Leftrightarrow \tilde{\alpha}(1) = \langle e_{\tilde{x}} \rangle = \tilde{x} \\ &\Leftrightarrow \langle \alpha \rangle = \langle e_x \rangle \\ &\Leftrightarrow \alpha \overset{\mathrm{H}}{\equiv} e_x \\ &\Leftrightarrow [\alpha] \in H\end{aligned}$$

이다. 그러므로 $p_*(\pi_1(\widetilde{X}, \tilde{x})) = H$이다. ■

## 연습문제 9.3

1. 만일 $X$가 단순연결이고, $p : \widetilde{X} \to X$가 피복공간이면 $p$가 위상동형함수임을 증명하시오.

2. 다음 공간의 피복공간을 구하시오.
   (1) 구 $S^2$
   (2) $\mathbb{RP}^2 \vee S^1$
   (3) 토러스 $T_2$

3. 공간 $X$가 전피복공간을 갖는다고 하자. 만일 $p_1 : X_1 \to X$가 피복공간이고, $p_2 : X_2 \to X_1$이 피복공간이면 $p_1 \circ p_2 : X_2 \to X$가 피복공간임을 증명하시오.

4. 피복공간 $p_i : (\widetilde{X}_i, \widetilde{x}_i) \to (X, x_0)$이 $p_{1*}\pi_1(\widetilde{X}_1, \widetilde{x}_1) \subset p_{2*}\pi_1(\widetilde{X}_2, \widetilde{x}_2)$이면

유일한 맵 $\bar{p}:(\widetilde{X}_1, \widetilde{x}_1)\to(\widetilde{X}_2, \widetilde{x}_2)$이 존재하여 $p_2 \circ \bar{p}=p_1$이고 $\bar{p}$는 피복 공간맵임을 증명하시오.

## 9.4 피복공간과 기본군

군 $G$에서 부분군 $H_1$과 $H_2$가 $G$의 어떤 원소 $g$에 대하여 $H_2=gH_1g^{-1}=\{gh_1g^{-1} \mid h_1\in H_1\}$을 만족한다면, 이러한 $H_1$과 $H_2$를 **공액**(conjugate)이라고 한다.

**정리 9.4.1**

$(\widetilde{X}, p)$를 공간 $X$의 피복공간이라고 하고, $x\in X$, $\tilde{x}_1$, $\tilde{x}_2\in p^{-1}(\{x\})$라고 하자.
그러면 $p_*\pi_1(\widetilde{X}, \tilde{x}_1)$과 $p_*\pi_1(\widetilde{X}, \tilde{x}_2)$는 $\pi_1(X, x)$상에서 공액이다.

증명 $\bar{r}$는 시점을 $\tilde{x}_1$으로, 종점을 $\tilde{x}_2$로 하는 임의의 패스라고 하자. 그러면 정리 8.2.2에 의해

$$\pi_1(\widetilde{X}, \tilde{x}_1)=\{[\bar{r}][\bar{\alpha}][\bar{r}^{-1}] \mid [\bar{\alpha}]\in\pi_1(\widetilde{X}, \tilde{x}_2)\}$$

가 된다. 이것을 사영시키면

$$p_*\pi_1(\widetilde{X}, \tilde{x}_1)=\{[p\circ\bar{r}]h[p\circ\bar{r}^{-1}] \mid h\in p_*\pi_1(\widetilde{X}, \tilde{x}_2)\}$$

$$=[r]p_*\pi_1(\widetilde{X}, \tilde{x}_2)[r]^{-1}$$

이고, $[r]=[p\circ\bar{r}]\in\pi_1(X, x)$이다. ■

**정리 9.4.2**

$X$를 국소적 단순연결공간이라고 하고, $(\widetilde{X}, p)$를 $X$의 피복공간, $(\widetilde{\widetilde{X}}, \tilde{p})$

를 $\widetilde{X}$의 피복공간이라고 하자.

그러면 $(\widetilde{\widetilde{X}}, p \circ \tilde{p})$는 $X$의 피복공간이 된다.

증명 피복공간의 정의에 의해 명백하다. ■

**정리 9.4.3**

$X$를 국소적 단순연결공간이라고 하고, $(\widetilde{X}_1, p_1)$과 $(\widetilde{X}_2, p_2)$를 $X$의 피복공간이라고 하자.

$\tilde{x}_j \in \widetilde{X}_j (j=1, 2)$라고 할 때 $\tilde{x}_1$과 $\tilde{x}_2$는 $p_1(\tilde{x}_1) = p_2(\tilde{x}_2)$와 $(p_1)_* \pi_1(\widetilde{X}_1, \tilde{x}_1) \subset (p_2)_* \pi_1(\widetilde{X}_2, \tilde{x}_2)$를 만족한다고 하자. 그러면 $\tilde{x}_1$을 $\tilde{x}_2$로 보내는 유일한 함수 $\tilde{p} : \widetilde{X}_1 \to \widetilde{X}_2$가 존재하여 $(\widetilde{X}_1, \tilde{p})$는 $\widetilde{X}_2$의 피복공간이 되며, $p_2 \circ \tilde{p} = p_1$이다.

증명 $\widetilde{X}_1$에 속하는 임의의 점 $y$에 대하여 우리는 $\tilde{p}(y)$를 다음과 같이 정의한다. $r_1$을 $\tilde{x}_1$을 시점으로, $y$를 종점으로 하는 $\widetilde{X}$ 내의 임의의 패스라고 하자. 그러면 $p_1 \circ r_1$은 원점을 $p_1(\tilde{x}_1) = p_2(\tilde{x}_2)$로 하는 $X$ 내의 패스가 된다. $r_2$를 $\tilde{x}_2$에서 시작하는 $\widetilde{X}_2$ 내의 임의의 패스로 가는 $p_1 \circ r_1$의 리프트라고 하자. 그리고 $\tilde{p}(y) = r_2(1)$로 놓자.

그러면 $\tilde{p}$는 정의 가능한 함수가 된다. 왜냐하면 만약 $\beta_1$이 시점이 $\tilde{x}_1$이고 종점이 $y$인 $\widetilde{X}_1$ 내의 또 다른 패스라면 $[r_1 \beta_1^{-1}] \in \pi_1(\widetilde{X}_1, \tilde{x}_1)$이 성립하여

$$(p_1)_*([r_1 \beta_1^{-1}]) \in (p_1)_* \pi_1(\widetilde{X}_1, \tilde{x}_1) \subset (p_2)_* \pi_1(\widetilde{X}_2, \tilde{x}_2)$$

를 만족시키기 때문이다. 그래서 $p_1 \circ r_1 \beta_1^{-1}$이 $\widetilde{X}_2$ 안에 있는 닫힌패스로 리프트된다. $\tilde{p}$가 연속이고 유일하며, $(\widetilde{X}_1, \tilde{p})$가 $\widetilde{X}_2$의 피복공간에 대한 증명은 연습문제로 남긴다. ■

**예 9.4.1**

$p_1 : \mathbb{R} \to S^1$, $p_1(t) = e^{2\pi it}$, $p_2 : S^1 \to S^1$, $p_2(z) = z^n$ 은 피복공간이다.

$p : \mathbb{R}^1 \to S^1$, $p(t) = e^{\frac{2\pi}{n}it}$ 는 피복공간이고 $p_1 \circ p = p_2$이다. ◘

위상동형함수 $h : \widetilde{X}_1 \to \widetilde{X}_2$가 존재하여 $p_2 \circ h = p_1$을 만족할 때 $X$의 두 피복공간 $(\widetilde{X}_1, p_1)$과 $(\widetilde{X}_2, p_2)$를 서로 **동형**(equivalent)이라고 한다.

정리 9.3.1에 따르면 임의의 공간의 기본군에서 모든 부분군 $H$에 대하여 투영함수에 의해 자신의 기본군과 $H$가 동형적으로 함수되는 피복공간이 존재한다.

**정리 9.4.4**

$X$를 국소적 난순연결공간이라고 하고, $(\widetilde{X}_1, p_1)$과 $(\widetilde{X}_2, p_2)$를 $X$의 피복공간이라고 한다.

$\tilde{x}_j \in \widetilde{X}_j (j = 1, 2)$라고 하고, $\tilde{x}_1$와 $\tilde{x}_2$가 $p_1(\tilde{x}_1) = p_2(\tilde{x}_2)$와 $(p_1)_* \pi_1(\widetilde{X}_1, \tilde{x}_1) = (p_2)_* \pi_1(\widetilde{X}_2, \tilde{x}_2)$를 만족한다고 하자.

그러면 $(\widetilde{X}_1, \tilde{p}_1)$과 $(\widetilde{X}_2, \tilde{p}_2)$는 동형이다.

증명 정리 9.4.3에 의해 $\tilde{p} : \widetilde{X}_1 \to \widetilde{X}_2$와 $\tilde{q} : \widetilde{X}_2 \to \widetilde{X}_1$이 존재하여 $(\widetilde{X}_1, \tilde{p})$가 $\widetilde{X}_2$의 피복공간, $(\widetilde{X}_2, \tilde{q})$가 $\widetilde{X}_1$의 피복공간이고, $p_1 = p_2 \circ \tilde{p}$와 $p_2 = p_1 \circ \tilde{q}$을 만족하며, 더불어 $\tilde{p}(\tilde{x}_1) = \tilde{x}_2$와 $\tilde{q}(\tilde{x}_2) = \tilde{x}_1$이 만족된다.

그러므로 $p_1 = p_2 \circ \tilde{p} = p_1 \circ (\tilde{q} \circ \tilde{p})$이고, 정리 9.4.2에 의해 $(\widetilde{X}_1, \tilde{q} \circ \tilde{p})$는 $\widetilde{X}_1$의 피복공간이다. 이러한 사상 $\tilde{p}$와 $\tilde{q}$가 유일하게 존재한다는 정리에 의해서 $\tilde{q} \circ \tilde{p} = 1_{\widetilde{X}_1}$이다.

마찬가지로 $\tilde{p} \circ \tilde{q} = 1_{\widetilde{X}_2}$이다.

그러므로 $\tilde{q} = \tilde{p}^{-1}$이고, $\tilde{p}$는 $p_2 \circ \tilde{p} = p_1$을 만족시키는 위상동형함수이다. 즉 $(\widetilde{X}_1, p_1)$과 $(\widetilde{X}_2, p_2)$는 동형함수이다. ■

$(\widetilde{X}, p)$를 공간 $X$의 피복공간이라고 할 때, 위상동형함수 $h : \widetilde{X} \rightarrow \widetilde{X}$가 $p \circ h = p$를 만족하면 $h$를 $(\widetilde{X}, p)$의 **피복변환**(covering transformation)이라고 한다.

피복변환들로 이루어진 집합은 사상의 합성연산에 의해 군이 된다. 그것을 **피복변환군**(group of covering transformation)이라 부르고, $G(\widetilde{X}, p)$라고 표시한다. 피복변환 $h$는 $\widetilde{X}$의 피복을 교환한다. 즉, $U$가 $X$ 내에 있는 $U$의 역상들을 교환한다.

만약, $p_*\pi_1(\widetilde{X}, \tilde{x})$이 $\widetilde{X}$의 어떤 점 $\tilde{x}$에 대하여 $\pi_1(X, p(\tilde{x}))$의 정규부분군(normal subgroup)이라고 한다면, 피복공간 $(\widetilde{X}, p)$는 $X$의 **정칙피복공간**(regular covering space)이라 한다. 정규부분군은 그것의 공액인 부분군들과 같기 때문에 피복공간의 정칙성은 기점과는 독립적이다.

**정리 9.4.5**

$(\widetilde{X}, p)$를 국소 단순연결공간 $X$의 정규피복공간이라고 하자. 그러면 피복변환군 $G(\widetilde{X}, p)$는 상군 $\pi_1(X, p(\tilde{x}))/p_*\pi_1(\widetilde{X}, \tilde{x})$와 동형이다.

**계 9.4.6**

$(\widetilde{X}, p)$가 전피복공간이라면 $\pi_1(X, x) \cong G(\widetilde{X}, p)$이다.

**증명** 정리 9.4.5의 증명

$H = p_*\pi_1(\widetilde{X}, \tilde{x})$라고 하자. 정리 9.4.4에 의해 $(\widetilde{X}, p)$ 대신 자신의 기본군이 $H$ 위로 투영하는 임의의 피복공간으로 대치시킬 수 있다.

특히, $(\widetilde{X}, p)$를 정리 9.3.1의 증명에서 만들어진 피복공간이며 $X$에 있는 $x$에 대해 $\tilde{x} = \langle e_x \rangle$라고 할 수 있다.

전사이고 핵이 $H$인 준동형함수 $\varphi : \pi_1(X, x) \rightarrow G(\widetilde{X}, p)$를 만들어 보자. 이 정리는 군 이론으로부터 이끌어진다.

$[\alpha] \in \pi_1(X, x)$에 대해, $\varphi([\alpha])$를 $\widetilde{X}$에 있는 $\langle \beta \rangle$에 대해 $\varphi([\alpha])(\langle \beta \rangle) = \langle \alpha\beta \rangle$로 정의되는 피복변환이라고 하자. 이 함수 $\varphi$는 잘 정의되는 함수이다. 왜냐하면, 만약 $\alpha \simeq \alpha_1$이고 $\beta \overset{H}{\equiv} \beta_1$이면 $[\alpha] = [\alpha_1]$,

$[\beta\beta_1^{-1}] \in H$이고, $H$가 정규이므로

$$[\alpha\beta(\alpha_1\beta_1)^{-1}] = [\alpha][\beta\beta_1^{-1}][\alpha_1]^{-1} = [\alpha][\beta\beta_1^{-1}][\alpha]^{-1} \in H$$

이기 때문이다.

그러므로 $\alpha\beta \overset{H}{\equiv} \alpha_1\beta_1$이고, $\langle\alpha\beta\rangle = \langle\alpha_1\beta_1\rangle$이다.

$\varphi([\alpha])$는 전단사이다. 왜냐하면 $\varphi([\alpha])$의 역은 $\varphi([\alpha^{-1}])$이기 때문이다.

$\varphi([\alpha])$는 연속이다. 왜냐하면 임의의 $(\langle\beta\rangle, U)$에 대하여

$$\varphi([\alpha]^{-1}(\langle\beta\rangle, U)) = \varphi([\alpha^{-1}](\langle\beta\rangle, U)) = (\langle\alpha^{-1}\beta\rangle, U)$$

이기 때문이다.

마찬가지로 $\varphi([\alpha])^{-1}$은 연속이다. 그래서 $\varphi([\alpha])$는 위상동형함수이다.

각 $[a_1], [a_2] \in \pi_1(X, x)$와 $\langle\beta\rangle \in \widetilde{X}$에 대하여

$$\begin{aligned}\varphi([\alpha_1][\alpha_2])(\langle\beta\rangle) &= \varphi([\alpha_1\alpha_2])(\langle\beta\rangle) \\ &= \langle\alpha_1\alpha_2\beta\rangle \\ &= \varphi([\alpha_1])(\langle\alpha_2\beta\rangle) \\ &= \varphi([\alpha_1]) \circ \varphi([\alpha_2])(\langle\beta\rangle)\end{aligned}$$

이다. 즉 모든 $[\alpha_1], [\alpha_2] \in \pi_1(X, x)$에 대해 $\varphi([\alpha_1][\alpha_2] = \varphi([\alpha_1]) \circ \varphi([\alpha_2])$이다. $\varphi$의 핵은 $H$이다. 왜냐하면

$$\begin{aligned}\varphi([\alpha])(\langle\beta\rangle) = \langle\beta\rangle &\Leftrightarrow \langle\alpha\beta\rangle = \langle\beta\rangle \\ &\Leftrightarrow \alpha\beta \overset{H}{\equiv} \beta \\ &\Leftrightarrow [\alpha] = [\alpha\beta\beta^{-1}] \in H\end{aligned}$$

이기 때문이다.

$\varphi$는 전사이다. 이는 다음과 같이 보여질 수 있다.

$h : \widetilde{X} \to \widetilde{X}$를 피복변환이라 하고, $\langle\alpha\rangle = h(\langle e_x\rangle)$라고 하자. 그러면 $\alpha(1) = p(\langle\alpha\rangle) = x$이므로, $\alpha$는 $X$ 내에서 닫힌패스이다. 즉 $[\alpha] \in \pi_1(X, x)$이다.

이제 $\varphi([\alpha]) = h$됨을 보이자. $\varphi([\alpha])$와 $h$는 모두 $\widetilde{X}$에서 $\widetilde{X}$로 가는 함수인데, $p \circ (\varphi([\alpha])) = p \circ h = p$이고

$$\varphi([\alpha])(\langle e_x \rangle) = \langle \alpha \rangle = h(\langle e_x \rangle)$$

인 성질을 갖는다. 정리 9.2.3에 의해 $\varphi([\alpha]) = h$이다. ■

**주의** $\widetilde{X}$는 국소패스연결공간이므로 국소연결공간이다. 왜냐하면 $y$는 $\widetilde{X}$에 속하는 원소, $V$는 $y$를 포함하는 $\widetilde{X}$ 내에 있는 열린집합이라고 할 때, 임의의 패스에 의해 $x$와 이을 수 있는 $V$ 내의 모든 점들로 이루어진 집합은 $V$ 내에서 연결된 열린집합이기 때문이다. 따라서 $\widetilde{X}$ 내에서 $y$를 포함한 연결된 열린집합이다.

## 연습문제 9.4

1. $A \subseteq X$: 패스연결이고 국소패스연결공간이며, $p : \widetilde{X} \to X$를 피복공간이라고 하자. $p|_{p^{-1}(A)} : p^{-1}(A) \to A$가 피복공간일 필요충분조건은 $p^{-1}(A)$가 패스연결임을 보이시오.

2. $p_X : \widetilde{X} \to X$, $p_Y : \widetilde{Y} \to Y$가 피복공간이면, $p_X \times p_Y : \widetilde{X} \times \widetilde{Y} \to X \times Y$가 피복공간임을 보이시오.

3. $X$를 패스연결이고 국소패스연결공간이라고 하자. $X$를 $X$ 내의 한 점 $x_0$로 축소가능하다면, $X$는 $X$ 자신 이외의 다른 피복공간을 갖지 않음을 증명하시오(기본군과 피복공간 사이의 관계를 이용하시오).

4. 다음 그림에서 보여주듯이, '머리핀'에서 구간 위로의 사영은 피복사영이 아님을 증명하시오.

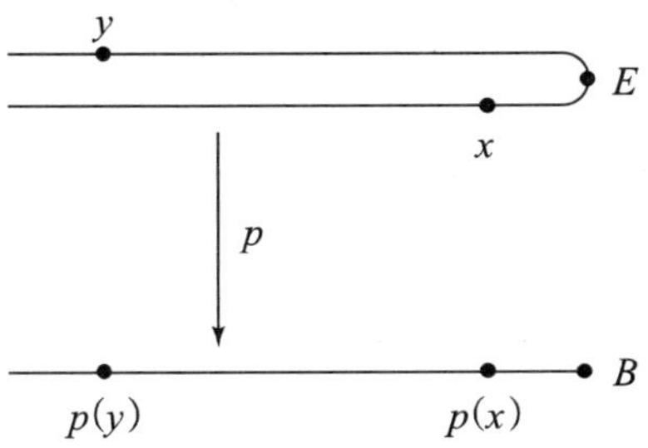


5. $B$를 단순연결공간, $(E,\ p)$를 $B$의 피복공간이라고 할 때, $p$는 $E$에서 $B$ 위로의 위상동형함수임을 보이시오.

6. $B$가 단순연결공간이면 $(B,\ i)$는 $B$의 전피복공간임을 증명하시오(단 $i$는 항등함수이다).

7. 환원체 $S^1 \times B^2$와 적공간 $S^1 \times S^1$의 기본군을 구하고, 그들의 전피복공간을 구하시오.

8. $A \subset X$, $r : X \to A$는 수축함수라 하자. 주어진 점 $a_0 \in A$에 대하여

$$r_* : \pi_1(X,\ a_0) \to \pi_1(A,\ a_0)$$

가 전사함수임을 보이시오.
(도움말 : 포함함수 $j : (A,\ a_0) \to (X,\ a_0)$를 고려하자.)

9. $X$가 컴팩트이고 $f : X \to Y$를 국소위상동형함수라 하면, 임의의 점 $y \in Y$에 대해서 $f^{-1}(y)$는 유한집합임을 증명하시오.

10. 다음 각 공간의 피복공간을 구하시오.
(1) $S^1$
(2) 실사영평면 $\mathbb{RP}^2$
(3) $\{(x,\ y) \in \mathbb{R}^2 \mid 1 \le x^2 + y^2 \le 4\}$

**11.** $X$를 중심이 $\left(\frac{1}{n},\ 0\right)$ $(n=1,\ 2,\ \ldots)$, 반지름 $\frac{1}{n}$인 원의 원주들로 구성된 평면의 부분집합이라 하자. $X$가 전피복공간을 갖지 않음을 보이시오.

# 제 10 장

# 미분다양체 (Differentiable Manifold)

## 10.1 미분다양체(Differentiable Manifold)

$n$-차원 유클리드공간 $\mathbb{R}^n$은 $n$개의 일차독립인 벡터를 가지는 벡터공간으로 내적을 가지는 공간이다. 내적은 $\mathbb{R}^n$상에 거리를 주며 거리공간을 만든다. 하우스돌프공간 $X$가 $X$의 각 점에서 유클리드공간 $\mathbb{R}^n$의 열린 집합과 위상 동형인 근방을 가질 때 $X$를 **$n$-차원 다양체**(manifold)라 한다. 점들은 0-차원 다양체이고, 직선, 원, 삼각형이나 루프는 1-차원 다양체이며, 평면, 구, 직육면체나 토러스는 2-차원 다양체이다. 이 장에서는 여러 종류의 다양체 중 매끄러운(미분할 수 있는) **미분다양체**(differentiable manifold)에 대해서 공부할 것이다.

수학적인 용어로 다양체를 정의해보자. 함수 $f$가 $\mathbb{R}^n$의 열린집합 $U$에서 정의되고 $\mathbb{R}^m$에서 값을 가진다 하자. $f$가 모든 차수의 연속인 도함수를 $U$상에서 가질 때 $f$를 매끄럽다(smooth)고 한다. 위상공간 $X$가 유클리드공간 $\mathbb{R}^n$ 내에 있다고 하자. 각 점 $x \in X$의 $\mathbb{R}^n$ 내의 열린근방 $U \subset \mathbb{R}^n$이 존재하고 매끄러운 함수 $F: U \to \mathbb{R}^m$이 존재하여 $U \cap X$상에서 $F = f$일 때 함수 $f: X \to \mathbb{R}^m$을 매끄럽다고 한다. 정의로부터 매끄러움은 국소적인 성질이다. 즉 $f: X \to \mathbb{R}^m$이 매끄럽다는 것은 $X$의 각 점 근방에서 $f$가 매끄럽다는 것이다.

$X$와 $Y$가 유클리드공간의 부분집합이라 하자. 매끄러운 함수 $f: X \to Y$가 전단사이며 역함수 $f^{-1}: Y \to X$도 매끄러울 때 $f$를 **미분동형함수**(diffeomorphism)라 한다. 이때 두 공간 $X$와 $Y$를 **미분동형**(diffeomorphic)이라 한다. 따라서 탁구공, 농구공, 그리고 럭비공은 미분동형이다. 원은 타원과 미분동형이나 삼각형과는 미분동형이 아니다.

위상공간 $X$가 유클리드공간 $\mathbb{R}^n$의 부분공간이라고 하자. 만일 $X$의 각 점 $x \in X$가 $\mathbb{R}^k$의 열린집합 $U$와 $X$ 내에 $x$의 미분동형인 근방 $V$를 가질 때 $X$를 $k$-차원 미분다양체($k$-dimensional differentiable manifold)라 하고, 이때 미분동형함수 $\phi: U \to V$를 근방 $V$의 **매개변수화**(parametrization)라 한다. 역미분동형함수 $\phi^{-1}: V \to U$를 $V$상의 **좌표계**(coordinate system)라 하고, 이때 좌표계를 $\phi^{-1} \equiv (x_1, \ldots, x_k)$로 나타내며, $k$개의 매끄러운 함수 $x_1, \ldots, x_k$를 $V$상의 **좌표함수**(coordinate function)라 한다. 일반적으로 점 $v \in V$를 좌표

$(x_1(v),\ \ldots,\ x_k(v)) \in U$로 나타내고, $X$의 차원을 $\dim X = k$로 나타낸다.

**예 10.1.1**

$\mathbb{R}^3$ 내의 단위구 $S^2 = \{(x_1,\ x_2,\ x_3) \in \mathbb{R}^3 \mid x_1^2 + x_2^2 + x_3^2 = 1\}$은 2-차원 다양체이다.

**풀이** $U = \{(x_1,\ x_2) \in \mathbb{R}^2 \mid x_1^2 + x_2^2 < 1\}$이라 하고,

$$\phi_1 : U \to S^2,\ \phi_1(x_1,\ x_2) = \left(x_1,\ x_2,\ \sqrt{1-(x_1^2+x_2^2)}\right)$$

이라 하면 $\phi_1$은 $\phi_1$의 상($S^2$의 $x_1x_2$평면의 윗부분)으로 미분동형함수이다. 같은 방법으로

$$\begin{aligned}
\phi_2(x_1,\ x_2) &= \left(x_1,\ x_2,\ -\sqrt{1-(x_1^2+x_2^2)}\right),\\
\phi_3(x_2,\ x_3) &= \left(\sqrt{1-(x_2^2+x_3^2)},\ x_2,\ x_3\right),\\
\phi_4(x_2,\ x_3) &= \left(-\sqrt{1-(x_2^2+x_3^2)},\ x_2,\ x_3\right),\\
\phi_5(x_1,\ x_3) &= \left(x_1,\ \sqrt{1-(x_1^2+x_3^2)},\ x_3\right),\\
\phi_6(x_1,\ x_3) &= \left(x_1,\ -\sqrt{1-(x_1^2+x_3^2)},\ x_3\right)
\end{aligned}$$

로 정의하면 각각은 미분동형함수이고, 그의 상들은 구 $S^2$ 전체를 덮는다. 따라서 $S^2$는 2-차원 다양체이다. 10.1절의 연습문제 5에서와 같이 2개의 매개변수화로도 $S^2$가 2-차원 다양체임을 보일 수 있다. ■

$X \subset \mathbb{R}^n$을 $k$-차원 다양체, $Y \subset \mathbb{R}^m$을 $l$-차원 다양체라고 하자. 각 점 $x \in X$와 $y \in Y$에 대해서 열린집합 $U_1 \subset \mathbb{R}^k$, $U_2 \subset \mathbb{R}^l$과 매개변수화 $\phi_1 : U_1 \to X$, $\phi_2 : U_2 \to Y$가 존재한다. 함수 $\phi_1 \times \phi_2 : U_1 \times U_2 \to X \times Y$를 $(\phi_1 \times \phi_2)(x,\ y) = (\phi_1(x),\ \phi_2(y))$라고 하면 $\phi_1 \times \phi_2$는 $(x,\ y) \in X \times Y$에서 매개변수화이다.

**정리 10.1.1**

만일 $X$와 $Y$가 다양체이면 $X \times Y$도 다양체이고,

$$\dim(X \times Y) = \dim(X) + \dim(Y)$$

이다.

---

$X$와 $Z$가 $\mathbb{R}^n$ 내에 있는 다양체이고 $Z \subset X$일 때 $Z$를 $X$의 **부분다양체**(submanifold)라 한다. 예를 들면 $X$는 $X$ 자신의 부분다양체이고, $X$의 열린 부분집합은 $X$의 부분다양체이다.

주의 1. 함수와 다양체는 매끄러운 함수와 미분다양체를 말한다.
2. $S^1 \subset S^2 \subset \mathbb{R}^3$에서 $S^1$은 $S^2$의 부분다양체이다.

## 연습문제 10.1

1. $X$가 $\mathbb{R}^k$의 부분집합이고, $Z$가 $X$의 부분집합이라 하자. $X$상에서 매끄러운 함수는 $Z$상으로의 제한도 매끄러운 함수임을 보이시오.

2. $X \subset \mathbb{R}^n$, $Y \subset \mathbb{R}^m$, $Z \subset \mathbb{R}^l$이고 $f : X \to Y$, $g : Y \to Z$가 매끄러운 함수일 때, 합성함수 $g \circ f : X \to Z$도 매끄러운 함수이다. $f$와 $g$가 미분동형함수일 때, $g \circ f$도 미분동형함수임을 보이시오.

3. (1) $\mathbb{R}^n$ 내의 $k$차원 부분벡터공간 $V$는 $\mathbb{R}^k$와 미분동형인 다양체임을 보이시오.
   (2) $V$상에서 정의된 선형함수는 매끄러움을 보이시오.
   (3) 만일 $\phi : \mathbb{R}^k \to V$가 선형동형이면 $V$상의 좌표함수는 선형함수임을 보이시오.

4. 함수 $f : \mathbb{R}^1 \to \mathbb{R}^1$, $f(x) = x^3$은 매끄러운 전단사함수이지만 미분동형함수가 아님을 보이시오.

**5.** 2-차원 구 $S^2 = \{(x_1, x_2, x_3) \in \mathbb{R}^3 \mid x_1^2 + x_2^2 + x_3^2 = 1\}$에서 북극을 $N = (0, 0, 1)$, 남극을 $S = (0, 0, -1)$이라 하자. $\pi(P) =$직선 $NP$와 $x_1x_2$평면이 만나는 점일 때, 극사영 $\pi : S^2 - \{N\} \to \mathbb{R}^2 (= x_1x_2$평면)가 미분동형함수임을 보이시오. 남극에서도 극사영이 있어 구 $S^2$는 2개의 좌표화로 덮을 수 있다.

**6.** 위의 문제 5에서, 일반화하여 극사영 $\pi : S^n - \{N\} \to \mathbb{R}^n$을 정의하고 미분동형함수임을 보이시오.

**7.** 매끄러운 함수 $f : X \to X'$, $g : Y \to Y'$에 대해서 다음을 보이시오.

(1) 적 함수 $f \times g : X \times Y \to X' \times Y'$, $(f \times g)(x, y) = (f(x), g(y))$가 매끄러운 함수임을 보이시오.

(2) 사영함수 $p : X \times Y \to X$, $p(x, y) = x$가 매끄러움을 보이시오.

**8.** 대각공간 $\Delta = \{(x, x) \in X \times X \mid x \in X\}$는 $X$와 미분동형임을 보이시오.

**9.** 함수 $f : X \to Y$의 그래프

$$\text{graph}(f) = \{(x, f(x)) \in X \times Y \mid x \in X\}$$

는 $X$와 미분동형임을 보이시오.

**10.** (1) 함수 $f : \mathbb{R}^1 \to \mathbb{R}^1$,

$$f(x) = \begin{cases} e^{-\frac{1}{x^2}}, & x > 0 \\ 0, & x \leq 0 \end{cases}$$

이 매끄러움을 증명하시오.

(2) $g(x) = f(x-a)f(x-b)$의 개형을 그리시오$(a < b)$.

(3) $h(x) = \dfrac{\int_{-\infty}^{x} g(x)dx}{\int_{-\infty}^{\infty} g(x)dx}$가 매끄러운 함수임을 보이고 $h(x) = 0(x < a)$, $h(x) = 1(x > b)$, $0 < h(x) < 1(a < x < b)$임을 보이시오.

(4) $\mathbb{R}^k$상에서 반지름이 $a$인 구 안에서는 1이고, 반지름이 $b$인 구 밖에서는 0인 매끄러운 함수를 구성하시오($a < x < b$).

## 10.2 접공간(Tangent Space)

먼저 유클리드공간에서 도함수부터 생각해보자. $U$를 $\mathbb{R}^n$의 열린부분집합이라 하고, $f : U \to \mathbb{R}^m$을 매끄러운 함수라 하자. $U$상의 점 $x \in U$와 벡터 $h \in \mathbb{R}^n$에 대해서 $h$방향으로 $x$에서 $f$의 **도함수**(derivative)는

$$df_x(h) = \lim_{t \to 0} \frac{f(x+th) - f(x)}{t} \in \mathbb{R}^m$$

이다.

도함수 $df_x : \mathbb{R}^n \to \mathbb{R}^m$은 선형함수이며 $f(x) = (f_1(x), \ldots, f_m(x))$로 쓰면 $df_x$의 **야코비행렬**(Jacobian matrix)은 $(m \times n)$행렬

$$\begin{pmatrix} \dfrac{\partial f_1}{\partial x_1}(x), & \ldots, & \dfrac{\partial f_1}{\partial x_n}(x) \\ \vdots & & \vdots \\ \dfrac{\partial f_m}{\partial x_1}(x), & \ldots, & \dfrac{\partial f_m}{\partial x_n}(x) \end{pmatrix}$$

이다.

**정리 10.2.1 연쇄법칙(chain rule)**

$U \subset \mathbb{R}^n$, $V \subset \mathbb{R}^m$이 열린집합이고 $f : U \to V$, $g : V \to \mathbb{R}^l$이 매끄러운 함수일 때, 각 점 $x \in U$에서 도함수 $d(g \circ f)_x = dg_{f(x)} \circ df_x$이다.

만일 $f : U \to \mathbb{R}^m$이 선형함수이면 $df_x = f$이다. 따라서 함수의 도함수는 그 함수에 가장 가까운 선형함수이다.

$X$가 $\mathbb{R}^n$ 내에 있는 $k$-차원 다양체라 하고, $\phi : U \to X$를 $x \in X$에서 매개변수화라 하자. 여기서 $U$는 $\mathbb{R}^k$의 열린집합이다. $\phi(0) = x$라 하자. 도함수 $d\phi_0 : \mathbb{R}^k \to \mathbb{R}^n$의 상을 $x$에서 $X$의 **접공간**(tangent space)이라고 하고,

$$T_x X$$

로 나타낸다. $x_1 \neq x_2$이면 $T_{x_1}X \cap T_{x_2}X = \phi$이므로 접공간 $T_x X$는 $x + \text{Im}(d\phi_0)$라 할 수 있다.

---

**정리 10.2.2**

만일 $\phi : U \to X$와 $\psi : V \to X$가 $x \in X$에서 두 매개변수화라면 $d\phi_0(\mathbb{R}^k) = d\psi_0(\mathbb{R}^k) = T_x X \subset \mathbb{R}^n$이다.

---

**증명** 매개변수화의 정의에 따라 $x \in \phi(U) = \psi(V)$라고 가정하자. 그러면 합성함수 $h = \psi^{-1} \circ \phi : U \to V$는 미분동형함수이고,

$$\phi = \psi \circ (\psi^{-1} \circ \phi) = \psi \circ h$$

이며,

$$d\phi_0 = d\psi_0 \circ dh_0$$

이다. 따라서 $d\phi_0(\mathbb{R}^k) \subset d\psi_0(\mathbb{R}^k)$이다.

역으로 $\psi = \phi \circ h^{-1}$를 생각하면 $d\phi_0(\mathbb{R}^k) \supset d\psi_0(\mathbb{R}^k)$이다. 접공간 $d\phi_0(\mathbb{R}^k) = d\psi_0(\mathbb{R}^k) = T_x X$는 잘 정의된다. ■

---

**정리 10.2.3**

만일 $X$가 $k$-차원 다양체이고 $x \in X$라면 그 접공간 $T_x X$도 $k$-차원이다.

---

**증명** $\phi : U \subset \mathbb{R}^k \to X \subset \mathbb{R}^n$을 $x \in X$에서 매개변수화라고 하자. $\phi^{-1}$ :

$\phi(U) \subset X \to U$가 매끄러운 함수이므로, $\mathbb{R}^n$의 열린부분집합 $W$와 $\phi^{-1}$의 확장사상 $\Phi : W \to \mathbb{R}^k$가 존재한다. $\Phi \circ \phi = I_U$는 $U$에서 항등함수가 된다. 연쇄법칙에 의하여

$$\mathbb{R}^k \xrightarrow{d\phi_0} T_x X \xrightarrow{d\Phi_x} \mathbb{R}^k$$

는 $\mathbb{R}^k$에서 항등함수이다. 따라서 $d\phi_0 : \mathbb{R}^k \to T_x X$가 선형동형이고 $\dim T_x X = k$이다. ■

다양체상에서 매끄러운 함수 $f : X \to Y$를 정의하자. $f(x) = y$라 하고, $\phi : U \subset \mathbb{R}^k \to X$를 $x$에서 매개변수화, $\psi : V \subset \mathbb{R}^l \to Y$를 $y$에서 매개변수화, $\phi(0) = x$, $\psi(0) = y$라 하자. $f$가 매끄러운 함수일 필요충분조건은 모든 매개화 $\phi$, $\psi$에 대하여 $h = \psi^{-1} \circ f \circ \phi$가 매끄러운 함수이다. 작은 $U$를 잡으면 다음 다이어그램이 교환되도록 $df_x$를 정의한다.

$$\begin{array}{ccc} X & \xrightarrow{\quad f \quad} & Y \\ \phi \uparrow & & \uparrow \psi \\ U & \xrightarrow[h = \psi^{-1} \circ f \circ \phi]{} & V \end{array} \qquad \begin{array}{ccc} T_x X & \xrightarrow{\quad df_x \quad} & T_y Y \\ d\phi_0 \uparrow & & \uparrow d\psi_0 \\ \mathbb{R}^k & \xrightarrow[dh_0]{} & \mathbb{R}^l \end{array}$$

즉, $df_x = d\psi_0 \circ dh_0 \circ d\phi_0^{-1} : T_x X \to T_y Y$이다. 이때 $df_x$를 $f$의 $x$에서 도함수라 한다.

주의 도함수 $df_x$를 정의하기 위해서 매개화 $\phi$와 $\psi$를 사용했다. 그러나 다른 매개화를 사용해도 $df_x$는 같다.

**정리 10.2.4 연쇄법칙**

$X \xrightarrow{f} Y \xrightarrow{g} Z$가 다양체상에 매끄러운 함수이면,

$$d(g \circ f)_x = dg_{f(x)} \circ df_x$$

이다.

**증명** $f(x)=y$, $g(y)=z$라 하고, $\phi : U \to X$를 $x$에서 매개변수화, $\psi : V \to Y$를 $y$에서 매개변수화, $\eta : W \to Z$를 $z$에서 매개변수화라 하자. 그러면 다음 다이어그램

$$\begin{array}{ccccc} X & \xrightarrow{f} & Y & \xrightarrow{g} & Z \\ \uparrow \phi & & \uparrow \psi & & \uparrow \eta \\ U & \xrightarrow[h=\psi^{-1}\circ f\circ\phi]{} & V & \xrightarrow[k=\eta^{-1}\circ g\circ\psi]{} & W \end{array}$$

은 교환이다. 정의에 따라 $g \circ f$의 $x$에서 도함수는

$$\begin{aligned} & d(g \circ f)_x \\ &= d\eta_0 \circ d(k \circ h)_0 \circ d\phi_0^{-1} \\ &= d\eta_0 \circ (dk)_0 \circ (dh)_0 \circ d\phi_0^{-1} \text{ (유클리드공간에서 연쇄법칙에 의해)} \\ &= (d\eta_0 \circ dk_0 \circ d\psi_0^{-1}) \circ (d\psi_0 \circ dh_0 \circ d\phi_0^{-1}) \text{ } (d\psi_0\text{는 선형동형이므로}) \\ &= dg_y \circ df_x \end{aligned}$$

이다. 따라서 $d(g \circ f)_x = (dg)_{f(x)} \circ df_x$이다. ■

## 연습문제 10.2

1. $X$가 $Y$의 부분다양체이고 $i : X \to Y$가 포함함수일 때, 도함수

$$di_x : T_x X \to T_x Y$$

가 포함함수임을 보이시오.

2. $U$가 다양체 $X$의 열린부분집합일 때, $x \in U$에 대해서 $T_x U = T_x X$임을 보이시오.

**3.** (1) $V$가 $\mathbb{R}^k$의 부분벡터공간이면, $x \in V$일 때 $T_x V = V$임을 보이시오.

(2) 만일 $k \neq l$이면 $\mathbb{R}^k$와 $\mathbb{R}^l$은 미분동형이 아님을 보이시오.

**4.** 만일 $f : X \to Y$가 미분동형함수이면 도함수 $df_x : T_x X \to T_{f(x)} Y$도 선형동형임을 보이시오.

**5.** (1) $(a, b) \in S^1 = \{(x, y) \in \mathbb{R}^2 \mid x^2 + y^2 = 1\}$에서 접선(공간) $T_{(a, b)} S^1$을 $a$, $b$로 나타내시오.

(2) $(a, b, c) = p \in S^2 = \{(x, y, z) \in \mathbb{R}^3 \mid x^2 + y^2 + z^2 = 1\}$에서 접평면 $T_p S^2$를 $a$, $b$, $c$로 나타내시오.

**6.** (1) $T_{(x, y)}(X \times Y) = T_x X \times T_y Y$임을 보이시오.

(2) 사영함수 $p : X \times Y \to X$, $p(x, y) = x$의 도함수

$$dp_{(x, y)} : T_x X \times T_y Y \to T_x X$$

는 $(v, w) \to v$임을 보이시오.

(3) $y \in Y$가 고정되어 있고 $f : X \to X \times Y$, $f(x) = (x, y)$일 때

$$df_x(v) = (v, 0)$$

임을 보이시오.

(4) 매끄러운 함수 $f : X \to X'$, $g : Y \to Y'$일 때

$$d(f \times g)_{(x, y)} = df_x \times dg_y$$

임을 보이시오.

**7.** 대각함수 $f : X \to X \times X$, $f(x) = (x, x)$의 도함수 $df_x(v) = (v, v)$임을 보이시오.

**8.** $f : X \to Y$가 매끄러운 함수이고 $F : X \to X \times Y$, $F(x) = (x, f(x))$일 때, $dF_x(v) = (v, df_x(v))$임을 보이시오.

## 10.3 몰입(Immersion)과 매장(Embedding)

우리가 연속함수 대신에 매끄러운 함수를 취급한 것은 다양체의 국소부분을 이해하기 위함이며, 국소부분의 성질이 모여 전체 다양체의 위상적 성질을 유도하기 위함이다.

$X$와 $Y$를 같은 차원의 다양체라 하자. 함수 $f : X \to Y$가 $x \in X$의 근방을 $y = f(x) \in Y$의 근방으로 미분동형으로 옮길 때, $f$를 $x$에서 **국소미분동형함수**(local diffeomorphism)라고 한다.

이때 $x$에서 $f$의 도함수 $df_x : T_x X \to T_y Y$는 선형동형이며, 그 역도 성립한다.

**정리 10.3.1 역함수정리(inverse function theorem)**

만일 $f : X \to Y$가 매끄러운 함수이며 $x \in X$에서 도함수 $df_x$가 선형동형이면, $f$는 $x$에서 국소미분동형함수이다.

**증명** 증명은 매개변수화와 유클리드공간에서의 역함수정리를 이용하면 얻을 수 있다. ■

**주의** ① 역함수정리에서 도함수 $df_x$가 선형동형일 필요충분조건은 선형함수 $df_x$의 행렬식이 0이 아님이며, 이의 필요충분조건이 $f$가 $x$에서 국소미분동형함수라는 것이다.

② 역함수정리는 함수 $f$의 $x$에서 국소적인 성질이지 전 다양체상의 성질은 아니다. 즉 모든 점 $x \in X$에서 $df_x$가 선형동형이라고 해서 $f$가 미분동형함수라고 할 수 없다. 함수 $f : \mathbb{R}^1 \to S^1$이 $f(x) = e^{2\pi i t}$라 하면, $f$는 모든 점에서 국소미분동형함수이지만 미분동형함수는 아니다.

함수 $f : X \to Y$에 역함수정리를 사용하기 위해서는 적어도 $\dim X = \dim Y$이어야 한다. 만일 $\dim X \le \dim Y$일 때 우리가 생각할 수 있는 것은 $df_x : T_x X \to T_{f(x)} Y$가 단사인 것이다. 이때 $f$를 $x$에서 **몰입**(immersion)

이라고 하고, $X$의 모든 점에서 $f$가 몰입일 때 $f$를 몰입이라고 한다.

예를 들면 $k \le l$에 대해 포함함수

$$i : \mathbb{R}^k \to \mathbb{R}^l,\ i(x_1, \ldots, x_k) = (x_1, \ldots, x_k, 0, \ldots, 0)$$

은 몰입이다. 이때 $i$를 **표준몰입**(standard immersion)이라 한다.

**정리 10.3.2 국소몰입정리(local immersion theorem)**

함수 $f : X \to Y$가 $x$에서 몰입이고 $y = f(x)$이면,

$$f(x_1, \ldots, x_k) = (x_1, \ldots, x_k, 0, \ldots, 0)$$

이 되는 $x$에서 매개화 $\phi : U \to X$와 $y$에서 매개화 $\psi : V \to Y$가 존재한다.

**증명** 우선 다음 그림이 교환되는 국소매개화를 생각하자.

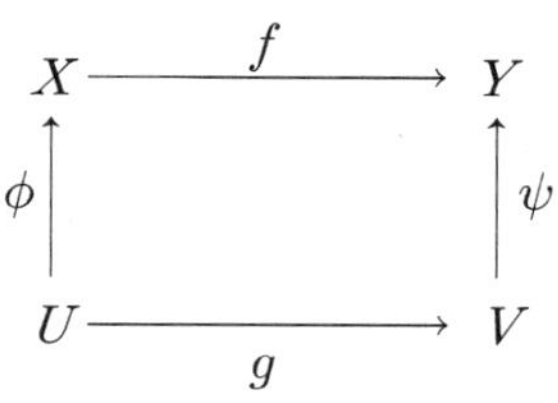


$$\phi(0) = x,\ \psi(0) = y$$

$f$가 $x$에서 몰입이므로, $dg_0 : \mathbb{R}^k \to \mathbb{R}^l$이 단사이다. $\mathbb{R}^l$ 내의 기저를 바꾸어 선형함수 $dg_0$를 $(l \times k)$행렬 $\begin{pmatrix} I_k \\ 0 \end{pmatrix}$으로 만들 수 있다. 여기서 $I_k$는 $(k \times k)$단위행렬이다. 함수

$$G : U \times \mathbb{R}^{l-k} \to \mathbb{R}^l\text{을 } G(x, z) = g(x) + (0, z)$$

로 정의하면, $dG_0$는 $(l \times l)$단위행렬 $I_l$이 된다. 역함수 정리에 의해서 함수 $G$는 $0 \in \mathbb{R}^l$에서 국소미분동형함수이다. $y$에서 좌표화 $\psi$와 $G$가 0에서 국소미분동형이므로, 합성함수 $\psi \circ G$도 $y$에서 매개화이다. 다음 다이어그램은 교환이므로 $f(x_1, \ldots, x_k) = (x_1, \ldots, x_k, 0, \ldots, 0)$이다.

$$
\begin{array}{ccc}
X & \xrightarrow{\quad f \quad} & Y \\
\uparrow \phi & & \uparrow \psi \circ G \\
U & \xrightarrow[\quad i \quad]{} & V'
\end{array}
$$

$$V' \subset U \times \mathbb{R}^{l-k}$$

■

**수의** ① $f$가 $x$에서 몰입이면 $f$는 $x$의 작은 근방에서 몰입이다.

② $\dim X = \dim Y$이면 $f : X \to Y$가 $x \in X$에서 몰입일 필요충분조건은 $f$가 $x$에서 국소미분동형함수인 것이다.

③ $f$가 모든 $x \in X$에서 국소미분동형함수이고 전단사이면 미분동형함수이다.

매끄러운 함수 $f : X \to Y$가 몰입이라고 하자. 국소몰입정리에 의해서 $x \in X$의 작은 근방 $W$와 상 $f(W) \subset Y$는 미분동형이다. 따라서 $f(X)$의 각 점은 $f(X)$와 $Y$ 내의 좌표계 내에 있게 할 수 있다. 그러나 $f(W)$가 $f(X)$ 내에서 열린부분집합이 아닐 수 있으므로 $f(X)$가 일반적으로 $Y$의 부분다양체가 아니다.

**예 10.3.1**

(1) 원 $S^1$을 꼬아서 8자로 가는 함수를 생각하면 몰입이지만 단사가 아니고 8자는 다양체가 아니다.

(2) $f : \mathbb{R}^1 \to \mathbb{R}^2$가 원점에서 시작해서 원점으로 끝나는 $\infty$형으로의 함수이면 몰입이고 전단사이지만, 위상동형(미분동형)이 아니며, $\infty$형은 다양체가 아니다(원점에서).

(3) $T : \mathbb{R}^2 \to S^1 \times S^1$이 $T(s, t) = (e^{2\pi is}, e^{2\pi it})$로 주어지면 $T$는 국소미분동형함수이다. 평면 $\mathbb{R}^2$에서 원점을 지나 기울기가 무리수인 직선을 $L$이라 하자. 토러스 $S^1 \times S^1$에 상 $T(L)$은 몰입이고 단사이다. 더욱이 상 $T(L)$은 토러스 $S^1 \times S^1$에 조밀하게 몰입되어 있다. ◘

예 10.3.1에서와 같이 몰입을 국소적으로 이해하기도 어렵다. 직관적으로 알아 볼 수 있는 함수를 생각해보자.

함수 $f : X \to Y$가 **진함수**(proper function)라 함은 $Y$상의 컴팩트 부분집합의 $f$의 원상이 $X$의 컴팩트 부분집합이 될 때를 의미한다. 다시 말하면 $X$상의 멀리 있는 점들의 $f$의 상은 $Y$상에서 멀리 떨어져 있다. 몰입이 단사이고 진함수일 때 **매장**(embedding)이라고 한다.

**정리 10.3.3**

매장함수 $f : X \to Y$의 제한함수 $f : X \to f(X)$는 미분동형이다. 특히 $f(X)$는 $Y$의 부분다양체이다.

**증명** 임의의 점 $f(x) \in f(X)$에 대하여 $x$에서 좌표계 $x \in W \subset X$를 생각하자. $f(W)$가 $f(X)$의 열린부분집합임을 보이면 $f(X)$는 다양체이다. 만일 $f(W)$가 $f(X)$의 열린부분집합이 아니라면 $f(W)$ 내에 점 $y$와 수열 $y_i \in f(X) - f(W)$가 존재하여 $y_i$는 $y$에 수렴한다. 집합 $\{y, y_i\} \subset f(X)$는 컴팩트이고 그의 원상 $\{f^{-1}(y), f^{-1}(y_i)\}$는 컴팩트이다. 따라서 부분점렬 $f^{-1}(y_j)$가 존재하여 $f^{-1}(y_j)$는 한 점 $z \in X$에 수렴한다. 따라서 $y_i$는 $f(z)$에 수렴한다. 그리고 $f(z) = y$이고 $z = f^{-1}(y)$이다. $z = f^{-1}(y) \in W$이고 $W$는 열린집합이므로 큰 수 $i$에 대하여 $f^{-1}(y_i) \in W$이다. 그러나 $y_i \notin f(W)$이므로 모순이다. 따라서 $f(X)$는 다양체이다. 함수 $f : X \to f(X)$는 전단사이고 국소미분동형함수이므로 $f^{-1} : f(X) \to X$가 정의되고 매끄러운 함수이다. ■

## 연습문제 10.3

1. $A : \mathbb{R}^n \to \mathbb{R}^n$이 선형함수이고 $V \in \mathbb{R}^n$일 때, $f(x) = Ax + V$가 미분동형함수일 필요충분 조건은 행렬식 $\det(A) \neq 0$임을 보이시오.

2. $k$-차원 다양체 $X$ 내에 $l$-차원 부분다양체 $Y$가 있고 $y \in Y$일 때 $y$에서 $Y$의 좌표계$(x_1, \dots, x_l)$가 되는 $X$의 좌표계$(x_1, \dots, x_l, \dots, x_k)$가 존재함을 보이시오.

3. (1) $f : \mathbb{R}^1 \to \mathbb{R}^1$이 국소미분동형이면 $f$의 상 $f(\mathbb{R}^1)$은 열린구간이다. 이때 $f : \mathbb{R}^1 \to f(\mathbb{R}^1)$은 미분동형함수임을 보이시오.
   (2) $f : \mathbb{R}^2 \to \mathbb{R}^2$가 국소미분동형함수이지만 $f : \mathbb{R}^2 \to f(\mathbb{R}^2)$는 미분동형함수가 아닌 함수 $f$를 구성하시오.

4. 함수

$$f : \mathbb{R}^1 \to \mathbb{R}^2, \quad f(x) = \left( \frac{e^x + e^{-x}}{2}, \frac{e^x - e^{-x}}{2} \right)$$

가 매장임을 보이시오.

5. (1) $X$가 $\mathbb{R}^n$ 내에 있는 $k$-차원 부분다양체라 하자. $x_1, \dots, x_n$이 $\mathbb{R}^n$의 좌표계일 때 각 점 $x \in X$의 $k$개의 좌표계$(x_1, \dots, x_k)$를 $x$의 근방에 제한하면 $x$에서 $X$의 좌표계가 되는 근방이 존재함을 보이시오.
   (2) $x_1, \dots, x_k$를 $X$ 내의 $x$의 근방 $V$의 좌표계라 하자. $\mathbb{R}^k$ 내에 열린집합 $U$와 함수 $g_{k+1}, \dots, g_n : U \to \mathbb{R}$이 존재하여

$$V = \{(a_1, \dots, a_k, g_{k+1}(a), \dots, g_n(a)) \in \mathbb{R}^n \mid a = (a_1, \dots, a_k) \in U\}$$

   가 됨을 보이시오. 즉, $g : U \subset \mathbb{R}^k \to \mathbb{R}^{n-k}$가 존재하여 $V$는 $g$의 그래프이다.

6. $f : X \to Y$는 매끄러운 함수이고, $Z \subset X$는 컴팩트 부분다양체이며 $Z$ 상의 축소함수 $f|_Z$가 단사라 하자. 모든 점 $x \in Z$에서

$$df_x : T_x X \to T_{f(x)} Y$$

가 선형동형이면 $f : Z \to f(Z)$가 미분동형함수임을 보이시오.

## 10.4 침몰(Submersion)

매끄러운 함수 $f : X \to Y$에 대해서 10.3절에서는 $\dim X \le \dim Y$일 때 몰입에 관하여 공부하였다. 이 절에서는 $\dim X \ge \dim Y$일 때 도함수 $df_x : T_xX \to T_{f(x)}Y$가 전사인 함수를 공부할 것이다. 이때 $f$를 $x$에서 **침몰**(submersion)이라고 한다. $f$가 $X$의 모든 점에서 침몰일 때 $f$를 침몰이라고 한다. $k \ge l$일 때 표준사영 $\mathbb{R}^k \to \mathbb{R}^l$, $(x_1, \ldots, x_l, \ldots, x_k) \to (x_1, \ldots, x_l)$은 침몰이 되고, 이를 **표준침몰**(standard submersion)이라고 한다.

**정리 10.4.1 국소침몰정리(local submersion theorem)**

함수 $f : X \to Y$가 $x$에서 침몰이고 $y = f(x)$일 때, $f(x_1, \ldots, x_k) = (x_1, \ldots, x_l)$이 되는 $x$와 $y$의 좌표계가 존재한다. 다시 말하면, $x$ 근방에서 $f$는 표준침몰이라고 할 수 있다.

**증명** 국소매개화를 생각해보자.

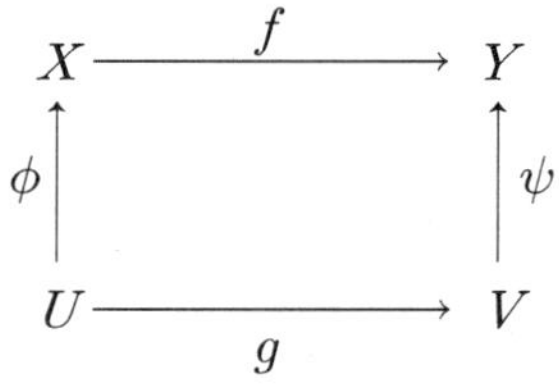

$$\phi(0) = x, \ \psi(0) = y$$

$\phi$와 $\psi$가 국소미분동형함수이므로 $dg_0 : \mathbb{R}^k \to \mathbb{R}^l$은 전사이다. $\mathbb{R}^k$ 내의 좌표를 변형하므로 $dg_0 = (I_l \mid 0)$, $l \times k$행렬로 만들 수 있다.

함수 $G : U \to \mathbb{R}^k$를

$$G(a) = (g(a), a_{l+1}, \ldots, a_k), \quad a = (a_1, \ldots, a_k)$$

로 정의하면 $dG_0 = I_k$이므로 $G$는 0에서 국소미분동형함수이다. 따라서 $g =$표준침몰$\circ G$이고 $g \circ G^{-1}$은 표준침몰이다.

$x$에서 매개화 $\phi \circ G^{-1}$에 대해 $f$는 표준침몰이다. 즉 다음 다이어그램이 교환이다.

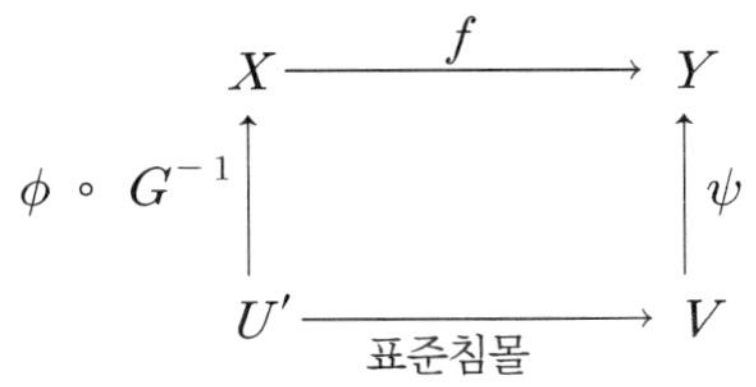


■

**주의** 함수 $f : X \to Y$가 $x$에서 침몰이면 $x$의 작은 근방 전체에서 $f$는 침몰이다.

함수 $f : X \to Y$, $y \in Y$, $x \in f^{-1}(y)$가 $x$에서 침몰일 때 $x$와 $y$의 근방에서 좌표계를 $f(x_1, \dots, x_k) = (x_1, \dots, x_l)$이 되게 잡을 수 있다. 이와 같은 $x$의 근방에서 $y = (0, \dots, 0)$의 원상 $f^{-1}(y)$는 $(0, \dots, 0, x_{l+1}, \dots, x_k)$꼴의 집합이다. 다시 말하면 $(x_1, \dots, x_k)$를 $x$의 근방 $V$의 좌표계라 하면 $f^{-1}(y) \cap V$는 $x_1 = 0, \cdots, x_l = 0$인 점들의 집합이다.

점 $y \in Y$가 $f$의 **정칙값**(regular value)이란 $f(x) = y$가 되는 모든 $x$에서 $df_x : T_x X \to T_y Y$가 전사임을 의미한다.

함수 $f$의 정칙값이 아닌 $Y$의 점을 $f$의 **임계값**(critical value)이라 한다.

**정리 10.4.2 원상정리(preimage theorem)**

점 $y \in Y$가 $f : X \to Y$의 정칙값이면 원상 $f^{-1}(y)$는 $X$의 부분다양체이고 $\dim f^{-1}(y) = \dim X - \dim Y$이다.

**주의** ① $y \in Y$가 $f$의 상 내에 있지 않을 때 $y$는 $f$의 정칙값이다.

② $\dim X > \dim Y$이면 $y \in Y$가 $f$의 정칙값일 필요충분조건은 각 점 $x \in f^{-1}(y)$에서 $f$가 침몰인 것이고, $\dim X = \dim Y$이면 $y \in Y$가 정칙값일 필요충분조건은 각 점 $x \in f^{-1}(y)$에서 $f$가 국소미분동형함수가 되는 것이며, $\dim X < \dim Y$이면 $y \in Y$가 정칙값일 필요

충분조건은 $f^{-1}(y)=\phi$이 되는 것이다.

**예 10.4.1**

(1) 함수 $f:\mathbb{R}^k \to \mathbb{R}$가

$$f(x_1,\ \dots,\ x_k)=x_1^2+\cdots+x_k^2$$

일 때 $df_a=(2a_1,\ \dots,\ 2a_k)$, $a=(a_1,\ \dots,\ a_k)$이다. $a\neq(0,\ \dots,\ 0)$이면 $df_a$는 전사이므로 0이 아닌 모든 실수는 정칙값이다. 따라서 $f^{-1}(1)=S^{k-1}$은 $(k-1)$-차원 다양체이다.

(2) **직교군**(orthogonal group)

$\mathrm{O}(n)=\{$선형사상 $A:\mathbb{R}^n \to \mathbb{R}^n \mid AA^t=I_n\}$이 $(n(n-1)/2)$차원 다양체임을 증명해보자.

증명 모든 $n\times n$행렬의 집합인 $n$-차원 **일반선형군**($n$-dimensional general linear group) $gl(n)$은 $\mathbb{R}^{n\times n}$과 동일시할 수 있으므로 $n^2$-차원 다양체이다. 직교군 $\mathrm{O}(n)=\{A\in gl(n)\mid AA^t=I_n\}$이고, $AA^t$는 대칭행렬(symmetric
matrix)이다. 모든 대칭행렬의 집합을 $\mathrm{Sym}(n)$이라 하면 $\mathrm{Sym}(n)$은 $\mathbb{R}^{n(n+1)/2}$와 동일시할 수 있으므로 $\mathrm{Sym}(n)$은 $gl(n)$의 부분다양체이다. 함수

$$f:gl(n)\to \mathrm{Sym}(n)$$

을 $f(A)=AA^t$로 정의하면 $f$는 매끄러운 함수이고, $f^{-1}(I_n)=\mathrm{O}(n)$이다. 이때 $I_n\in\mathrm{Sym}(n)$이 $f$의 정칙값임을 보이자. 즉 $A\in\mathrm{O}(n)=f^{-1}(I_n)$에 대해서 $df_A:gl(n)\to\mathrm{Sym}(n)$이 전사임을 보인다. 임의의 $C\in\mathrm{Sym}(n)$에 대해서

$$df_A\left(\frac{1}{2}CA\right)=\lim_{h\to 0}\frac{1}{h}\left[f\left(A+\frac{1}{2}hCA\right)-f(A)\right]$$

$$=\lim_{h\to 0}\frac{1}{h}\left[\left(A+\frac{1}{2}hCA\right)\left(A+\frac{1}{2}hCA\right)^t-AA^t\right]$$

$$= \lim_{h\to 0}\frac{1}{h}\left[AA^t + \frac{1}{2}hCAA^t + \frac{1}{2}hAA^tC^t + \frac{1}{4}h^2CAA^tC^t - AA^t\right]$$

$$= \frac{1}{2}C + \frac{1}{2}C^t = C$$

이다.

따라서 $df_A$는 전사이므로 $\mathrm{O}(n)$은 $gl(n)$의 부분다양체이며, 차원은

$$\dim \mathrm{O}(n) = \dim gl(n) - \dim \mathrm{Sym}(n) = n(n-1)/2$$

이다. ■

$k$-차원 다양체 $X$상의 실함수 $g_1, \ldots, g_l : X \to \mathbb{R}(k \geq l)$에 대해서 함수 $g = (g_1, \ldots, g_l) : X \to \mathbb{R}^l$이 0을 $g$의 정칙값으로 가지면

$$g^{-1}(0) - g_1^{-1}(0) \cap \quad \cap g_1^{-1}(0)$$

이 $X$의 $(k-l)$-차원 부분다양체가 된다. 여기서 $dg_x : T_xX \to \mathbb{R}^l$이 전사일 필요충분조건은 각 $(dg_i)_x : T_xX \to \mathbb{R}$이 전사이다. 이때 $g_1, \ldots, g_l$을 **$x$에서 독립**(independent at $x$)이라 한다.

---

**계 10.4.3**

$k$-차원 다양체 $X$상에서 정의된 실함수 $g_1, \ldots, g_l(k \geq l)$이 $Z = \bigcap_{i=1}^{l} g_i^{-1}(0)$상에서 독립이면 $Z$는 $X$의 $(k-l)$-차원 부분다양체이다. $Z$가 $X$의 부분다양체일 때 $\mathrm{codim}\, Z = \dim X - \dim Z$를 $X$에서 $Z$의 **여차원**(codimension)이라 한다.

---

**정리 10.4.4**

만일 $y \in Y$가 $f : X \to Y$의 정칙값이면 부분다양체 $f^{-1}(y)$는 독립인 함수의 공동 0으로 나타난다.

---

**증명** $y$에서 좌표계 $\phi : W \to \mathbb{R}^l$, $\phi(y) = 0$을 생각하자.

함수 $g=\phi\circ f : f^{-1}(W)\subset X \to \mathbb{R}^l$은 매끄러운 함수이며 0이 $y$의 정칙값이다. 따라서 $g$의 좌표함수 $g_1, \dots, g_l$이 구하는 독립인 함수이다.

■

**정리 10.4.5**

$X$의 모든 부분다양체는 국소적으로 독립인 함수의 공동 0으로 나타난다.

**증명** $Z$를 $X$의 여차원이 $l$인 부분다양체라 하자. 국소몰입정리에 의해서 $z\in Z\subset X$의 국소매개화 $\phi : U\subset\mathbb{R}^k \to W(z)\subset X$를 $W\cap Z$의 좌표계$(x_1, \dots, x_{k-l}, 0, \dots, 0)$로 잡을 수 있다. 그러면 마지막 $l$개의 좌표계가 구하는 $g_1, \dots, g_l$함수이다. ■

**주의** 모든 부분다양체는 국소적으로 실함수들의 공동 0으로 나타나지만 전체에서 정의된 실함수의 공동 0으로 나타난다고 할 수는 없다.

**정리 10.4.6**

함수 $f : X \to Y$의 정칙값 $y\in Y$의 원상을 $f^{-1}(y)=Z$라 하면 $x\in Z$에서 도함수 $df_x : T_xX \to T_yY$의 핵은 $df_x^{-1}(0)=T_xZ$이다.

**증명** $y\in Y$가 $f$의 정칙값이므로 $Z=f^{-1}(y)$의 $X$의 부분다양체이며 $\dim Z=\dim X-\dim Y$이다. $x\in Z$가 $df_x : T_xX \to T_yY$에서

$$df_x^{-1}(0)\supset T_xZ$$

이고,

$$\begin{aligned}\dim df_x^{-1}(0)&=\dim T_xX-\dim T_yY\\&=\dim X-\dim Y\\&=\dim Z\\&=\dim T_xZ\end{aligned}$$

이므로

$$df_x^{-1}(0) = T_x Z$$

이다. ■

## 연습문제 10.4

1. $U$가 $X$가 열린집합이고 $f : X \to Y$가 침몰이면 $f(U)$가 $Y$에서 열린집합임을 보이시오.

2. $X$가 컴팩트이고 $Y$가 연결공간이면 침몰함수 $f : X \to Y$는 전사임을 보이시오.

3. 함수 $f : \mathbb{R}^3 \to \mathbb{R}$ 이 $f(x,\ y,\ z) = x^2 + y^2 - z^2$이다. $ab > 0$이면 $f^{-1}(a)$와 $f^{-1}(b)$가 미분동형임을 증명하시오.

4. 함수 $f : \mathbb{R}^k \to \mathbb{R}$ 이 $n$-차 동차다항식, 즉

$$f(tx) = t^n f(x),\ t \in \mathbb{R}\ ,\ x \in \mathbb{R}^k$$

이고 $a \neq 0$이면 $f^{-1}(a)$는 $\mathbb{R}^k$의 $(k-1)$-차원 부분다양체임을 증명하시오. 또한 $ab > 0$이면 $f^{-1}(a)$와 $f^{-1}(b)$가 미분동형임을 보이시오.

5. 점 $y \in Y$가 함수 $f : X \to Y$의 정칙값이고 $\dim X = \dim Y$, $X$가 컴팩트이다.
   (1) $f^{-1}(y)$가 유한집합임을 보이시오.
   (2) $f^{-1}(y) = \{x_1,\ \ldots,\ x_k\}$이면 $y$의 근방 $U$가 존재하여 $f^{-1}(U) = V_1 \cup \cdots \cup V_k$는 서로소인 열린집합 $V_i$의 합집합이 되고 $f$에 의해서 각 $V_i$와 $U$가 미분동형임을 보이시오.

6. 직교군 $\mathrm{O}(n)$이 컴팩트임을 증명하시오.

7. 항등행렬 $I$에서 직교군 $\mathrm{O}(n)$의 접공간 $T_I\mathrm{O}(n)$은 **반대칭**(skew-symmetric) $(n\times n)$행렬들의 벡터공간임을 보이시오. 여기서 반대칭행렬은 $A^t=-A$를 의미한다.

8. (1) **특수선형군**(special linear group) $\mathrm{SL}(n)=\{A\in gl(n)\mid \det A=1\}$은 일반 선형군 $gl(n)$의 부분다양체임을 보이시오.
   (2) 접공간 $T_I\mathrm{SL}(n)$은 **대각합**(trace)이 0인 행렬의 벡터공간임을 보이시오.
   (3) $\mathrm{SL}(n)$은 컴팩트가 아님을 보이시오.

9. 함수 $f:\mathbb{R}\to\mathbb{R}$, $f(x)=\dfrac{1}{3}x^3-x$의 정칙값의 집합을 구하고 임계값의 원상을 구하시오.

## 10.5 횡단성(Transversality)

함수 $f:X\to Y$에 대해서 $y\in Y$가 정칙값이면 $y$의 원상 $f^{-1}(y)$는 $X$의 부분다양체이며, 등식

$$\dim X-\dim f^{-1}(y)=\dim Y-\dim\{y\}$$

를 만족한다. 이 사실을 점 $y$ 대신에 $Y$의 부분다양체 $Z$로 확장하고자 한다.

함수 $f:X\to Y$가 $Y$의 부분다양체 $Z\subset Y$를 **횡단**(transversal)함은 각 점 $x\in f^{-1}(Z)$에 대하여

$$\mathrm{im}(df_x)+T_{f(x)}Z=T_{f(x)}Y$$

를 의미한다.

여기서 합 $\mathrm{im}(df_x)+T_{f(x)}Z$는 $\mathrm{im}(df_x)$와 $T_{f(x)}Z$에 의하여 생성되는 벡터 공간을 의미한다.

**정리 10.5.1**

함수 $f: X \to Y$가 $Y$의 부분다양체 $Z \subset Y$를 횡단하면 $f^{-1}(Z)$는 $X$의 부분다양체이며, 여차원은

$$\mathrm{codim}\, f^{-1}(Z) = \dim X - \dim f^{-1}(Z) = \dim Y - \dim Z = \mathrm{codim}\, Z$$

이다.

**증명** 점 $f(x)=y \in Z$에 대하여 $y$의 $Y$ 내의 근방에서 $Z$는 $l=\dim Y - \dim Z$개의 독립함수, $g_1, \ldots, g_l$의 공동 0으로 나타난다. $W$를 $X$에서 $x$의 근방이라 하면 $W \cap f^{-1}(Z)$는 $l$개의 함수 $g_1 \circ f, \ldots, g_l \circ f$이 공동 0으로 나타난다. 함수 $g \circ f : W \subset X \to \mathbb{R}^l$에서 $d(g \circ f)_x = dg_{f(x)} \circ df_x$이고 $\ker(dg_{f(x)}) = T_{f(x)}Z$이다. $df_{f(x)}$는 전사이므로 $g \circ f$가 $x$에서 침몰일 필요충분조건은 $\mathrm{im}\, df_x + T_{f(x)}Z = T_{f(x)}Y$이다.

가정에서 $f$가 $Z$를 횡단하므로 $f^{-1}(Z) \cap W$의 모든 점에서 위의 등식이 성립하고, $g_1 \circ f, \ldots, g_l \circ f$가 독립이다.

따라서 $f^{-1}(Z)$는 $X$의 부분다양체이고, 구하는 등식

$$\dim f^{-1}(Z) = \dim X - l$$

을 만족한다. ■

**주의** 함수 $f: X \to Y$가 $Z=\{y\} \subset Y$를 횡단하면 $T_yZ = T_y\{y\} = \{0\}$이므로 임의의 $x \in f^{-1}(y)$에 대해서 $df_x(T_xX) = T_yY$이다. 즉, $y$가 $f$의 정칙값이다.

**예 10.5.1**

(1) 함수 $f: \mathbb{R}^1 \to \mathbb{R}^2$가 $f(t)=(0, t)$로 주어지고 $Z$를 $x$축이라 하면 $f$가 $Z$를 횡단한다.

(2) 만일 $g : \mathbb{R}^1 \to \mathbb{R}^2$가 $g(t) = (t,\ t^2)$으로 주어지면 $g$는 $x$축을 횡단하지 못한다. ◘

다음은 함수 $i : X \to Y$를 부분다양체 $X$의 포함함수라 하고, $Z \subset Y$는 다른 부분다양체라 하자. 한 점 $x \in i^{-1}(Z) = X \cap Z$에서 도함수 $di_x : T_x X \to T_x Y$는 포함선형함수이다. 따라서 $i$가 $Z$를 횡단할 필요충분조건은 각 점 $x \in X \cap Z$에서 $T_x X + T_x Z = T_x Y$이다. 이때 $X$와 $Z$는 $Y$ 내에서 횡단이라 한다.

**정리 10.5.2**

두 부분다양체 $X,\ Z \subset Y$가 횡단일 때 $X \cap Z$도 $Y$의 부분다양체이고

$$\operatorname{codim}(X \cap Z) = \operatorname{codim} X + \operatorname{codim} Z$$

가 성립한다.

**주의** (1) 부분다양체 $X$와 $Z$의 횡단성은 다양체 $Y$에 따라 달라진다. 예를 들면 $x$축과 $y$축은 $\mathbb{R}^2$ 내에서는 횡단이지만 $\mathbb{R}^3$ 내에서는 횡단이 아니다. 만일 $\dim X + \dim Z < \dim Y$이고 $X$와 $Z$가 횡단이면 $X \cap Z = \phi$이다.

(2) $A : \mathbb{R}^k \to \mathbb{R}^n$이 선형함수이고 $V$가 $\mathbb{R}^n$의 부분벡터공간일 때 $A$와 $V$가 횡단이라는 것은 $A(\mathbb{R}^k) + V = \mathbb{R}^n$을 의미한다.

## 연습문제 10.5

1. 다음 부분벡터공간들의 횡단성을 조사하시오.

(1) $\mathbb{R}^3$ 내의 $xy$평면과 $z$축

(2) $\mathbb{R}^3$ 내의 $xy$평면과 $\{(1,\ 1,\ 0),\ (0,\ 4,\ -1)\}$을 포함한 평면

(3) $\mathbb{R}^3$ 내의 $\{(1,\ 0,\ 0),\ (1,\ 1,\ 0)\}$을 포함한 평면과 $y$축

(4) $\mathbb{R}^n$ 내의 $\mathbb{R}^k \times \{0\}$과 $\{0\} \times \mathbb{R}^l$

(5) $\mathbb{R}^n$ 내의 $\mathbb{R}^k \times \{0\}$과 $\mathbb{R}^l \times \{0\}$

(6) $V \times V$에서 $V \times \{0\}$과 대각공간 $\Delta$

(7) $gl(n)$에서 반대칭행렬공간과 대칭행렬공간

**2.** $Y$ 내에서 $X$와 $Z$가 횡단이면 $y \in X \cap Z$에서 접공간 $T_y(X \cap Z) = T_y X \cap T_y Z$임을 보이시오.

**3.** 함수 $f : X \to Y$가 $Y$의 부분다양체 $Z$를 횡단하면 $x \in W = f^{-1}(Z)$에서 접공간 $T_x W = df_x^{-1}(T_{f(x)} Z)$임을 보이시오. 여기서 $df_x : T_x X \to T_{f(x)} Y$이다.

**4.** 함수 $X \xrightarrow{f} Y \xrightarrow{g} Z$에서 $g$가 $W(\subset Z)$를 횡단할 때 $f$가 $g^{-1}W$를 횡단할 필요충분조건은 $g \circ f$가 $W$를 횡단하는 것임을 보이시오.

**5.** 벡터공간 $V$, 대각공간 $\Delta \subset V \times V$, 선형함수 $A : V \to W$에 대해 $W = \{(v, Av) \mid v \in V\}$라 하면 $W$와 $\Delta$가 횡단함 $\Leftrightarrow$ $+1$이 $A$의 고유값이 아님을 보이시오.

**6.** 함수 $f : X \to X$에 대해 $f(x) = x$이고 $df_x : T_x X \to T_x X$가 $+1$을 고유값으로 갖지 않을 때 $x$를 레프쉐츠(Lefschetz) 고정점이라 하며, 모든 고정점이 레프쉐츠일 때 $f$를 레프쉐츠 함수라 한다. $X$가 컴팩트이고 $f$가 레프쉐츠 함수이면 $f$가 유한개의 고정점을 가짐을 증명하시오.

## 10.6 사드정리(Sard Theorem)와 모스함수(Morse Function)

매끄러운 함수 $f : X \to Y$의 정칙값의 원상은 $X$의 부분다양체가 된다. $Y$ 내의 정칙값이 얼마나 있을까의 의문을 사드정리가 해결해준다.

**정리 10.6.1 사드정리(sard theorem)**

$f: X \to Y$가 다양체상의 매끄러운 함수라면 $Y$의 **거의 모든**(almost every) 점이 $f$의 정칙값이다. 여기서 거의 모든 점의 의미는 **측도**0(measure 0)인 집합을 제외한 집합을 말한다.

주의 $k$차원 다양체 $X$의 부분집합 $C$의 측도0이라는 뜻은 $Y$의 각 매개변수화 $\phi$의 원상 $\phi^{-1}(C)$가 유클리드공간 $\mathbb{R}^k$에서 측도0인 것을 의미한다. $A \subset \mathbb{R}^k$가 측도0이고 함수 $f: \mathbb{R}^k \to \mathbb{R}^k$가 매끄럽다면, $f(A)$로 측도 0이다. 사드정리 증명은 위상수학적이라기보다는 해석학적이므로 다른 미분위상 책을 참조하기 바란다.

**계 10.6.2**

매끄러운 함수 $f: X \to Y$의 정칙값들은 $Y$에서 조밀하다. 가산개의 매끄러운 함수 $f_i: X_i \to Y$ 모두에 대해 정칙값이 되는 $Y$의 집합도 조밀하다.

증명 $C_i \subset Y$를 $f_i$의 임계값이라 하자. 임의의 $\varepsilon > 0$과 각 $i$에 대해서 $\{I_j^i \mid j = 1, 2, \ldots\}$는 직교입체들의 집합이며, $C_i$를 덮는다고 하고

$$\sum_j \mathrm{Vol}(I_j^i) < \frac{\varepsilon}{2^i}$$

이라고 하자. 그러면 $\{I_j^i\}_{i,j}$는 $\cup_i C_i$를 덮고

$$\sum_{i,j} \mathrm{Vol}(I_j^i) < \sum_i \frac{\varepsilon}{2^i} = \varepsilon$$

이므로 증명된다. ■

매끄러운 함수 $f: X \to Y$에 대하여 $x \in X$에서 도함수 $df_x: T_x X \to T_{f(x)} Y$가 전사일 때 $x$를 $f$의 **정칙점**(regular point)이라 한다. 이때 $f$는 $x$에서 침몰이다. 만일 $df_x$가 전사가 아니면 $x$를 $f$의 **임계점**(critical point)이라 한다.

**주의** 정칙점과 임계점은 함수 $f: X \to Y$의 정의역 $X$ 내에 있고, 정칙값과 임계값은 치역 $Y$ 내에 있다. $y \in Y$가 정칙값이면 각 점 $x \in f^{-1}(y)$가 정칙점이다. 그리고 $y \in Y$가 임계값이면 $f^{-1}(y)$ 내에 적어도 한 임계점이 존재한다. 사드정리는 임계값이 $Y$에서 측도0임을 뜻하는 것으로, 임계점이 측도0임을 말하는 것은 아니다(예 : 상수함수).

다양체 $X$상의 매끄러운 함수 $f: X \to \mathbb{R}$은 $x \in X$가 정칙점($df_x \neq 0$)이거나 임계점($df_x = 0$)이다. $x$가 정칙점이면 $x$의 근방의 좌표계를 $f$가 첫째 좌표함수가 되도록 잡을 수 있다. 즉 $f$는 $x$ 근방에서 첫 좌표로의 사영함수이다. 임계점에서는 $X$의 위상적인 성질을 알려준다. 예를 들면 $X$가 컴팩트이면 $f$의 최대값과 최소값이 되는 점이 $X$에 존재하고 그 점에서 $df_x = 0$이다. 이 점들이 $X$의 위상구조를 알린다.

첫째, 함수 $f: \mathbb{R}^k \to \mathbb{R}$이 $x$를 임계점으로 가지면 $df_x = 0$이고

$$\frac{\partial f}{\partial x_1}(x) = \cdots = \frac{\partial f}{\partial x_k}(x) = 0$$

이다. 이때 $f(x)$는 극대, 극소 혹은 안장점이 된다. 이를 조사하기 위해서 2차 미분이 필요하다. 2차 편미분으로 이루어진 행렬

$$H = \left(\frac{\partial^2 f}{\partial x_i \partial x_j}\right)$$

를 $f$의 **해시안 행렬**(Hessian matrix)이라 한다. 만일 임계점 $x$에서 해시안 행렬이 정규(nonsigular)일 때 임계점 $x$를 $f$의 **정상임계점**(nondegenerate critical point)이라 한다.

**정리 10.6.3**

정상임계점은 고립(isolate)되어 있다.

**증명** 함수 $f: \mathbb{R}^k \to \mathbb{R}$에 대하여 함수 $g: \mathbb{R}^k \to \mathbb{R}^k$를

$$g = \left( \frac{\partial f}{\partial x_1}, \ \dots, \ \frac{\partial f}{\partial x_k} \right)$$

로 정의하면 $df_x = 0$일 필요충분조건이 $g(x) = 0$이다. 도함수

$$dg_x = \left( \frac{\partial^2 f}{\partial x_i \partial x_j} \right)$$

는 $x$에서 $f$의 해시안이다. $x$가 정상임계점이면 $dg_x$가 선형동형이고, $g$에 의해 $x$의 근방과 0의 근방은 미분동형이다. 따라서 $g$는 $x$ 근방에서 $x$ 외에 다른 점을 0으로 보내지 않는다. 즉 $f$는 $x$의 근방에서 $x$ 외에는 임계점을 갖지 않는다. ■

**정리 10.6.4 모스정리(Morse theorem)**

점 $a$가 $f : \mathbb{R}^k \to \mathbb{R}$의 정상임계점이고, 해시안이

$$(h_{ij}) = \left( \frac{\partial^2 f}{\partial x_i \partial x_j}(0) \right)$$

일 때 $f(x) = f(a) + \sum h_{ij} x_i x_j$가 되는 $a$ 근방의 좌표계가 있다.

위의 정리를 증명없이 받아들이고 다양체에 응용하자. 함수 $f : X \to \mathbb{R}$이 $x \in X$를 임계점으로 가질 때 $\phi$를 $x$에서 매개변수화라 하면, $d(f \circ \phi)_0 = df_x \circ d\phi_0 = 0$이므로 $0 = \phi^{-1}(x)$는 $f \circ \phi$의 임계점이다. $x$가 $f$의 정상임계점이라는 것은 0이 $f \circ \phi$의 정상임계점임을 의미한다. 다음 보조정리는 임의의 매개변수화 $\phi$에 대해 이것이 성립함을 보여준다.

**보조정리 10.6.5**

원점 0이 $f : \mathbb{R}^k \to \mathbb{R}$의 정상임계점이고 $\psi : \mathbb{R}^k \to \mathbb{R}^k$, $\psi(0) = 0$이 미분동형함수이면 0이 $f \circ \psi$의 정상임계점이다.

**증명** $f_1 = f \circ \psi$이고 $H$가 $f$의 해시안이며 $H_1$이 $f_1$의 해시안이라 하면,

$\det(H) \neq 0$이면 $\det(H_1) \neq 0$임을 증명하자. 연쇄법칙을 이용하면

$$\frac{\partial f_1}{\partial x_i}(x) = \sum_\alpha \frac{\partial f}{\partial x_\alpha}(\psi(x))\frac{\partial \psi_\alpha}{\partial x_i}(x)$$

이고

$$\frac{\partial^2 f_1}{\partial x_i \partial x_j}(0) = \sum_\alpha\sum_\beta \frac{\partial^2 f}{\partial x_\alpha \partial x_\beta}(0)\frac{\partial \psi_\alpha}{\partial x_i}(0)\frac{\partial \psi_\beta}{\partial x_j}(0) + \sum_\alpha \frac{\partial f}{\partial x_\alpha}(0)\frac{\partial^2 \psi_\alpha}{\partial x_i \partial x_j}(0)$$

이다.

0이 $f$의 임계점이므로 $H_1 = (d\psi_0)^t H(d\psi_0)$이다. 또한 $\psi$가 미분동형함수이므로 $\det(d\psi_0) \neq 0$이고 $\det(H_1) = \det(d\psi_0)^2 \det(H)$이다.

따라서 $\det(H) \neq 0$이면 $\det(H_1) \neq 0$이다. ■

정상임계점만을 갖는 함수를 **모스함수**(Morse function)라 한다. 모스정리를 이용해 정상임계점 근방에서의 함수 형태를 알 수 있다. 정상임계점들은 다양체의 위상에 관한 많은 정보를 제공해준다. 또한 사드정리를 사용하면 거의 모든 함수가 모스함수임을 알 수 있다.

다양체 $X \subset \mathbb{R}^n$상의 함수 $f : X \to \mathbb{R}$, $a = (a_1, \ldots, a_n) \in \mathbb{R}^n$에 대해서 $f_a : X \to \mathbb{R}$을

$$f_a(x) = f(x) + a_1 x_1 + \cdots + a_n x_n$$

으로 정의하자.

**정리 10.6.6**

임의의 함수 $f : X \to \mathbb{R}$이 주어지면 거의 모든 $a \in \mathbb{R}^n$에 대하여 함수 $f_a$가 모스함수이다.

**보조정리 10.6.7**

$U \subset \mathbb{R}^k$가 열린집합이고 매끄러운 함수 $f : U \to \mathbb{R}$이 주어지면 거의 모든 $a = (a_1, \ldots, a_k) \in \mathbb{R}^k$에 대하여 함수 $f_a(x) = f(x) + a_1 x_1 + \cdots + a_k x_k$

는 $U$에서 모스함수이다.

증명 함수 $g: U \to \mathbb{R}^k$를

$$g = \left(\frac{\partial f}{\partial x_1}, \ldots, \frac{\partial f}{\partial x_k}\right)$$

라 하자. $p$에서 $f_a$의 도함수는 다음과 같다.

$$\begin{aligned}(df_a)_p &= \left(\frac{\partial f_a}{\partial x_1}(p), \ldots, \frac{\partial f_a}{\partial x_k}(p)\right) \\ &= g(p) + a.\end{aligned}$$

그러므로 $p$가 $f_a$의 임계점 $\Leftrightarrow$ $g(p) = -a$이고 $f$의 해시안$=f_a$의 해시안$=dg_p$이다. $-a$가 정칙값이고 $g(p) = -a$이면 $dg_p$는 선형동형이다. 따라서 $f_a$의 임계점은 모두 정상임계점이다. 사드정리에 의해서 거의 모든 $a \in \mathbb{R}^k$에 대하여 $-a$는 $g$의 정칙값이다. ■

증명 **정리 10.6.6의 증명**

점 $x \in X \subset \mathbb{R}^n$의 좌표함수를 $(x_1, \ldots, x_n)$이라 하고 $(x_1, \ldots, x_k)$가 $x$의 근방에서 $X$의 좌표계라 하자. $X$를 열린부분집합 $\{U_\alpha\}$로 덮고, 각 $\alpha$에 대해서 $x_1, \ldots, x_n$ 중 $k$개가 $U_\alpha$의 좌표계라 하자. $U_\alpha$에 대해서 $(x_1, \ldots, x_k)$가 좌표계이고

$$f_{(0,c)} = f + c_{k+1}x_{k+1} + \cdots + c_n x_n, \ c = (c_{k+1}, \ldots, c_n)$$

이라 하자. 위의 보조정리에 의하여 거의 모든 $b \in \mathbb{R}^k$에 대해서

$$f_{(b,c)} = f_{(0,c)} + b_1 x_1 + \cdots + b_k x_k$$

는 $U_\alpha$에서 모스함수이다. $S_\alpha = \{a \in \mathbb{R}^n \mid f_a$가 $U_\alpha$에서 모스함수가 아니다$\}$라 하면 $S_\alpha \cap \mathbb{R}^k \times \{c\}$는 $\mathbb{R}^k$의 부분집합으로 측도0이다. 푸비니(Fubini)정리에 의해서 모든 $S_\alpha$는 $\mathbb{R}^n$에서 측도0이다.

$\{a \in \mathbb{R}^n \mid f_a \neq$ 모스함수$\} = \cup_\alpha S_\alpha$이며 측도0인 집합의 가산열린합집합

이므로 다시 측도0인 집합이다. ■

## 연습문제 10.6

1. $Z \subset X$가 $X$의 부분다양체이고 $\dim Z < \dim X$이면 $Z$는 $X$ 내에서 측도0임을 보이시오.

2. 유리수 집합 $Q \subset \mathbb{R}$은 $\mathbb{R}$에서 측도0임을 보이시오.

3. 임계값이 조밀한 매끄러운 함수 $f : \mathbb{R} \to \mathbb{R}$을 구성하시오.

4. 함수 $f : \mathbb{R}^k \to \mathbb{R}$이 $f(x) = \sum a_{ij} x_i x_j$로 주어질 때 다음을 증명하시오.
   (1) 해시안 행렬 $H = (a_{ij})$이다.
   (2) $H : \mathbb{R}^k \to \mathbb{R}^k$에서 $Hv = 0$이면 $f$는 벡터 $\overrightarrow{ov}$를 포함하는 선을 임계점으로 갖는다.
   (3) 0이 고립된 임계점일 필요충분조건은 $H$가 선형동형이다.

5. $a \in \mathbb{R}^n$이 $f : \mathbb{R}^n \to \mathbb{R}$의 정상임계점이면 $a$의 국소좌표계$(x_1, \dots, x_n)$가 존재하여

$$f = f(a) + \sum_{i=1}^{n} \varepsilon_i x_i^2, \quad \varepsilon_i = \pm 1$$

임을 보이시오.

6. $$f : S^{k-1} = \left\{ (x_1, \dots, x_k) \in \mathbb{R}^k \;\middle|\; \sum_{i=1}^{k} x_i^2 = 1 \right\} \to \mathbb{R}, \quad f(x_1, \dots, x_k) = x_k$$

가 모스함수임을 보이고 그의 임계점을 구하시오.

7. $X$가 $\mathbb{R}^n$ 내의 컴팩트다양체이고 $f: X \to \mathbb{R}$일 때

$$\{a \in \mathbb{R}^n \mid f_a(x) = f(x) + a \cdot x : \text{모스함수}\}$$

가 $\mathbb{R}^n$의 열린집합임을 보이시오.

## 10.7 경계를 갖는 다양체(Manifold with Boundary)

앞 절에서 다룬 다양체는 경계가 없는 다양체이다. 예를 들면, $\mathbb{R}^n$ 내의 단위디스크 $D^n = \{x \in \mathbb{R}^n \mid |x| \le 1\}$은 경계 $S^{n-1}$을 갖고 원통 $S^1 \times [0, 1]$은 경계로 2개의 원을 갖는다. 경계 위의 점에서는 다양체를 정의하는 매개변수화가 존재하지 않는다.

$\mathbb{R}^k$의 상반공간을 $\mathbb{H}^k = \{(x_1, \ldots, x_k) \in \mathbb{R}^k \mid x_k \ge 0\}$로 나타내자. $\mathbb{H}^k$의 경계는 $\mathbb{R}^{k-1} \subset \mathbb{R}^k$이다.

부분집합 $X \subset \mathbb{R}^n$의 각 점 $x \in X$가 $\mathbb{H}^k$의 닫힌집합과 미분동형인 근방 $V(x) \subset X$를 가질 때, $X$를 **경계를 갖는 $k$-차원 다양체**($k$-dimensional manifold with boundary)라 한다. 앞 장에서와 같이, 이런 미분동형함수를 $X$의 **국소매개변수화**(local parametrization)라 한다. 국소매개변수화에서 $\mathbb{H}^k$의 경계점의 상으로 나타나는 점들은 $\partial X$로 나타내고, $X$의 **경계**(boundary)라 한다. 경계의 여집합을 $i(X) = X - \partial X$로 나타내고, $X$의 **내부**(interior)라 한다.

주의 ① $X$의 내부, 경계는 유클리드공간 $\mathbb{R}^n$의 부분공간으로서의 내부, 경계와 구분되어야 한다. $\dim X = n$일 때 두 개념은 일치한다.

② 경계를 갖는 두 다양체의 곱이 반드시 경계를 갖는 다양체인 것은 아니다. 예를 들면 $[0, 1] \times [0, 1]$은 네 꼭지점이 매끄럽지 못하므로 매끄러운 매개변수화가 없다.

**정리 10.7.1**

$X$는 경계가 없는 다양체이고 $Y$는 경계를 갖는 다양체라면 곱 $X \times Y$는

경계를 갖는 다양체이고,

$$\partial(X\times Y)=X\times\partial Y,\ \dim\,(X\times Y)=\dim X+\dim Y$$

이다.

---

**증명** 만일 $U\subset\mathbb{R}^k$, $V\subset\mathbb{H}^l$이 열린집합이고, $\phi : U \to X$, $\psi : V \to Y$가 국소 매개변수화이면

$$U\times Y\subset\mathbb{R}^k\times\mathbb{H}^l=\mathbb{H}^{k+l}$$

이고 $\phi\times\psi : U\times V \to X\times Y$도 국소 매개변수화이다. ■

$g : U\subset\mathbb{H}^k \to \mathbb{R}^l$을 매끄러운 함수라 하자. 만일 $u\in\partial U$이면 도함수 $dg_u : \mathbb{R}^k \to \mathbb{R}^l$이 정의된다. 만일 $u\in\partial U$이면 확장된 매끄러운 함수 $\tilde{g}$가 $u$의 $\mathbb{R}^k$ 내의 근방에서 정의된다. 이때 $dg_u=d\tilde{g}_u : \mathbb{R}^k \to \mathbb{R}^l$로 정의한다.

$\tilde{\tilde{g}}$가 $u$의 근방에서 $g$의 다른 확장이라 하고, 수열 $u_i\in i(U)$가 $u$에 수렴한다 하자. $i(U)$상에서 $\tilde{g}=g=\tilde{\tilde{g}}$이므로 $d\tilde{g}_{u_i}=d\tilde{\tilde{g}}_{u_i}$이다. 도함수의 연속성과 $u_i$가 $u$에 수렴하므로 $d\tilde{g}_u=d\tilde{\tilde{g}}_u$이다.

$X\subset\mathbb{R}^n$이 경계를 갖는 $k$-차원 다양체이고 $x\in X$에 대해 $\phi : U\subset\mathbb{H}^k \to X$가 국소 매개변수화라 할 때, $d\phi_0(\mathbb{R}^k)=T_xX$를 $x\in X$에서 $X$의 접공간이라 한다. 여기서 $\phi(0)=x$이다.

**주의** $x\in\partial X$일 때도 접공간 $T_xX$는 $\mathbb{R}^n$의 $k$-차원 부분 벡터공간이다.

경계가 없는 다양체에서와 같이 경계가 있는 다양체상의 매끄러운 함수 $f : X \to Y$에 대해서, 도함수

$$df_x : T_xX \to T_{f(x)}Y$$

가 정의되고 연쇄법칙이 성립한다.

$X$가 경계를 갖는 $k$-차원 다양체일 때 $i(X)$는 경계가 없는 $k$-차원 다양체이고, 경계 $\partial X$는 경계가 없는 $(k-1)$-차원 다양체가 된다.

**정리 10.7.2**

만일 $X$가 경계를 갖는 $k$-차원 다양체라면 경계 $\partial X$는 경계가 없는 $(k-1)$-차원 다양체이다.

**증명** 점 $x \in \partial X$에 대해서 국소 매개변수화 $\phi : U \subset \mathbb{H}^k \to V$(여기서 $V$는 $x$의 $X$ 내에서의 근방)라 할 때 $\phi(\partial U) = \partial V$임을 보이자.

$\partial U = U \cap \partial \mathbb{H}^k$는 $\mathbb{R}^{k-1}$에서 열린부분집합이고 $\partial V = \partial X \cap V$는 $\partial X$에서 $x$의 근방이며, 정의에 의해 $\phi(\partial U) \subset \partial V$이다.

다음으로 $\phi(\partial U) \supset \partial V$를 보이자. 만일 $\psi : W \subset \mathbb{H}^k \to V$가 다른 국소 매개변수화라 하고 $\phi(\partial U) \supset \psi(\partial W)$임을 보이자. 즉 동치로 $\phi^{-1}\psi(\partial W) \subset \partial U$임을 보이면 된다. $g = \phi^{-1} \circ \psi : W \to U$라 하고 $w \in \partial W$에 대해 $u = g(w) \in i(U)$라 하자. $\phi$와 $\psi$가 미분동형함수이므로 $g : W \to g(W) \subset U$도 미분동형함수이다. $d(g^{-1})_u$는 선형동형이다. $u \in i(U) \cap g(W)$이므로 $g(W)$가 $\mathbb{R}^k$ 내에서 $u$의 근방을 포함한다. 역함수 정리에 의하여 $g^{-1}$은 이 $u$의 근방을 $\mathbb{R}^k$ 내의 $w$ 근방으로 보내는 미분동형이다. 이것은 $w \in \partial W$임에 모순이 된다.

따라서 $u = g(w) \in \partial U$이다. ■

점 $x \in \partial X \subset X$에서 $T_x(\partial X)$는 $T_x X$의 $(k-1)$-차원 부분 벡터공간이다. 함수 $f : X \to Y$에 대하여 $\partial f : \partial X \to Y$는 경계로 축소함수를 의미하고 $d(\partial f)_x = df_x |_{T_x(\partial X)}$를 의미한다.

**정리 10.7.3**

$X$는 경계가 있는 다양체이고, $Z \subset Y$와 $Y$는 경계가 없는 다양체라 하자. 매끄러운 함수 $f : X \to Y$가 $Z$를 횡단하고 $\partial f : \partial X \to Y$도 $Z$를 횡단할 때, 원상 $f^{-1}(Z)$는 경계가 있는 다양체이며 경계는

$$\partial f^{-1}(Z) = f^{-1}(Z) \cap \partial X$$

이고 $f^{-1}(Z)$의 $X$에서 여차원은 $Z$의 $Y$에서 여차원과 같다.

**증명** 10.4절에서와 같이 $(f|_{i(X)})$가 $Z$를 횡단하므로 $f^{-1}(Z)\cap i(X)$는 경계가 없는 다양체이고 여차원 조건을 만족한다. $x\in f^{-1}(Z)\cap\partial X$에 대해 $\phi$를 $f(x)\in Y$의 근방에서 $\mathbb{R}^l$로의 침몰이라 하고 $z=\phi^{-1}(0)$이라 하자. 여기서 $l=\operatorname{codim} Z$이다. 함수 $\phi\circ f$는 $X$ 내의 $x$ 근방에서 정의되고 이 근방과 $f^{-1}(Z)$의 교집합은 $(\phi\circ f)^{-1}(0)$이다.

$h: U\subset\mathbb{H}^k\to h(U)\subset X$를 $x$에서 국소 매개변수화라 하면 $g=\phi\circ f\circ h: U\to\mathbb{R}^l$은 유클리드공간 사이에 매끄러운 함수이다. $h: U\to h(U)$는 미분동형함수이므로 $f^{-1}(Z)$가 $x$의 근방에서 경계가 있는 다양체일 필요충분조건은 $(f\circ h)^{-1}(Z)=g^{-1}(0)$이 $u=h^{-1}(x)\in\partial U$ 근방에서 경계가 있는 다양체가 되는 것이다. 횡단성에 의해

$$df_x(T_xX)+T_{f(x)}Z=T_{f(x)}Y$$

일 필요충분조건은 $x$가 $\phi\circ f$의 정칙점이고, 이 조건은 $u$가 $g$의 정칙점일 조건과 같다. $g$가 매끄러운 함수이므로, $u$의 근방 $\widetilde{U}\subset\mathbb{R}^k$와 매끄러운 확장 $\tilde{g}$가 존재하여 $d\tilde{g}_u=dg_u$이고 $u$가 $g$의 정칙점이다. $u$의 작은 근방에서 $\tilde{g}^{-1}(0)$은 경계가 없는 부분다양체 $S\subset\mathbb{R}^k$이다.

$u$의 근방에서 $g^{-1}(0)=S\cap\mathbb{H}^k$이므로 $S\cap\mathbb{H}^k$가 경계가 있는 다양체임을 보이자. 여기에 $\partial f$의 횡단성이 필요하다. $\pi: S\subset\mathbb{R}^k\to\mathbb{R}$을 마지막 좌표로 사영이라 하면

$$S\cap\mathbb{H}^k=\{s\in S\mid\pi(s)\ge 0\}$$

이다.

0이 $\pi$의 정칙값임을 증명하자. 만일 0이 $\pi$의 정칙값이 아니면 $s\in S$가 있어 $\pi(s)=0$이고, $d\pi_s=0$이다. $\pi(s)=0$이면 $s\in S\cap\partial\mathbb{H}^k$이다. 또한 $\pi:\mathbb{R}^k\to\mathbb{R}$이 선형함수이므로 $d\pi_s=\pi$이다. 따라서 $d\pi_s(T_sS)=0$은

$$T_sS\subset T_s(\partial\mathbb{H}^k)=\mathbb{R}^{k-1}$$

을 의미한다. $S=\tilde{g}^{-1}(0)$이므로 $dg_s=d\tilde{g}_s:\mathbb{R}^k\to\mathbb{R}$의 핵은 $T_sS$이다. $d(\partial g)_s:\mathbb{R}^{k-1}\to\mathbb{R}$의 핵과 $dg_s$의 핵 $T_sS$가 같다. $\partial g$의 횡단성

에 의해 $dg_s$와 $d(\partial g)_s$는 전사이다. 따라서 $\dim(\ker dg_s) = k-1$이고 $\dim(\ker d(\partial g)_s) = k-2$이다. 이 결과는 모순이 되므로 0이 $\pi$의 정칙값이다. ■

**보조정리 10.7.4**

$S$는 경계가 없는 다양체이고 $\pi : S \to \mathbb{R}$이 0을 정칙값으로 가진 함수라면, $\{s \in S \mid \pi(s) \geq 0\}$은 경계가 있는 다양체이며 경계는 $\pi^{-1}(0)$이다.

**증명** $\pi^{-1}(\infty, 0)$은 $S$의 열린부분집합이므로 $S$의 부분다양체이고 차원은 같다. 0은 $\pi$의 정칙값이므로, $\pi^{-1}(0)$은 $\pi(s) = 0$인 $s$에서 표준침몰이다. 따라서 증명은 명백하다. ■

**예 10.7.1**

$S = \mathbb{R}^n$이라 하고 $\pi : \mathbb{R}^n \to \mathbb{R}$, $\pi(s) = 1 - |s|^2$이면, 닫힌 단위디스크 $\{s \in \mathbb{R}^n \mid |s| \leq 1\}$은 경계가 있는 다양체이다. ◘

**정리 10.7.5 사드정리(sard theorem)**

$X$는 경계가 있는 다양체이고 $Y$는 경계가 없는 다양체일 때 $f : X \to Y$가 매끄러운 함수이면, $Y$의 거의 모든 점(측도0인 집합 외)이 $f : X \to Y$와 $\partial f : \partial X \to Y$의 정칙값이다.

**증명** 점 $x \in \partial X \subset X$에 대해서 $T_x(\partial X) \subset T_x X$이므로 $x$가 $\partial f$의 정칙점이면 $f$의 정칙점도 된다. 따라서 점 $y \in Y$가 $f : i(X) \to Y$ 또는 $\partial f : \partial X \to Y$의 임계값일 때 점 $y \in Y$는 $f$ 또는 $\partial f$의 임계값이다. $i(X)$와 $\partial X$는 경계가 없는 다양체이므로 임계값들의 집합은 측도0이다.

따라서 $f$와 $\partial f$의 정칙값의 여집합은 두 측도0인 집합의 합집합이므로 측도0이다. ■

## 연습문제 10.7

1. (1) $U \subset \mathbb{R}^k$, $V \subset \mathbb{H}^k$가 원점의 근방이면 $U$와 $V$는 미분동형이 아님을 증명하시오.
(2) 경계 $\partial X$는 $X$의 닫힌부분집합임을 증명하시오.

2. $f : X \to Y$가 미분동형함수이면 $\partial f : \partial X \to \partial Y$가 미분동형함수임을 보이시오.

3. 사각형 $X = [0, 1] \times [0, 1]$이 경계가 있는 다양체가 아님을 보이시오.

4. 입체(속이 찬)쌍곡면 $x^2 + y^2 - z^2 \le a(a > 0)$가 경계가 있는 다양체임을 보이시오.

5. $X$가 경계가 있는 다양체일 때 $T_x X$ 내에 $T_x(\partial X)$에 수직인 단위벡터가 있다. 하나는 내향법선벡터이고 다른 하나는 외향법선벡터이다. 외향법선단위벡터를 $\vec{n}(x)$라 하자. $X \subset \mathbb{R}^n$이면 $\vec{n} : \partial X \to \mathbb{R}^n$은 함수가 된다. $\vec{n}$가 매끄러운 함수임을 보이시오.

# 10.8 일차원 다양체(One Dimensional Manifold)

직관적으로 1-차원 컴팩트 다양체는 닫힌구간이거나 원이다. 이는 한 점에서 출발하여 일정한 속도로 1-차원 다양체를 따라가면 컴팩트이므로 끝점에 다르든지 혹은 다시 처음 출발점에 오게 되기 때문이다.

**정리 10.8.1**

컴팩트이고 연결되어 있는 1-차원 다양체는 단위구간 $[0,\ 1]$ 혹은 원 $S^1$과 미분동형이다. 따라서 컴팩트 1-차원 다양체는 원과 닫힌구간들로 구성되어 있다.

**계 10.8.2**

컴팩트 1-차원 다양체의 경계는 짝수의 점으로 구성되어 있다.

**정리 10.8.3**

$X$가 경계가 있는 컴팩트 다양체이면 경계함수 $\partial g : \partial X \rightarrow \partial X$를 항등함수로 하는 매끄러운 함수 $g : X \rightarrow \partial X$는 없다.

증명 만일 매끄러운 함수 $g : X \rightarrow \partial X$, $\partial g = I_{\partial X}$가 존재한다면 정칙값 $z \in \partial X$가 존재하여 $g^{-1}(z)$는 $X$의 컴팩트 1-차원 부분다양체이다. 경계

$$\partial g^{-1}(z) = g^{-1}(z) \cap \partial X = \{z\}$$

가 되어 모순이 된다. ■

**정리 10.8.4 브로워고정점정리(Brouwer fixed point theorem)**

닫힌 단위디스크를 $B^n \subset \mathbb{R}^n$이라 하면 매끄러운 함수 $f : B^n \rightarrow B^n$은 고정점을 가진다(예 : $f(x) = x$).

증명 만일 모든 $x \in B^n$에 대해서 $f(x) \neq x$라면, 함수 $g : B^n \rightarrow \partial B^n$을 $g(x)$는 $f(x)$와 $x$를 잇는 직선과 경계 $\partial B^n$이 만나는 점으로 정의하면 $\partial g$는 $\partial B^n$에서 항등함수이다. 정리 10.7.3에 의해서 $g$가 매끄러운 함수임을 보이면 된다. $f(x)$, $x$, $g(x)$는 일직선상에 있다.
따라서 $g(x) = tx + (1-t)f(x)$이고 $t \geq 1$이다.
양변에 내적을 취하면

$$1 = g(x) \cdot g(x) = t^2|x - f(x)|^2 + 2tf(x) \cdot (x - f(x)) + |f(x)|^2$$

이다. 따라서,

$$t^2|x-f(x)|^2+2tf(x)\cdot(x-f(x))+|f(x)|^2-1=0$$

$t$의 해를 구하면

$$t=\frac{-f(x)\cdot(x-f(x))\pm\sqrt{f(x)\cdot(x-f(x))^2-|x-f(x)|^2(|f(x)|^2-1)}}{|x-f(x)|^2}$$

이므로 $x$의 매끄러운 함수이다. 따라서 $g$는 매끄러운 함수이다. ■

## 연습문제 10.8

1. 열린 단위디스크 $\{x\in\mathbb{R}^n \,|\, |x|<1\}$ 에서는 브로워성리가 성립하지 않음을 보이시오.

2. $A$가 각 성분이 음이 아닌 실수로 이루어진 $n\times n$행렬이면 $A$는 음이 아닌 실수의 고유값을 가짐을 보이시오.

3. 1-차원 다양체 $L$이 $\mathbb{R}^1$ 내의 열린구간과 미분동형이면 $\overline{L}-L$은 많아야 두 점을 포함함을 보이시오.

# 제 11 장

# 드람코호몰로지 (De Rham Cohomology)

이 장에서는 미분적분학에서 배운 다음 정리들을 드람코호몰로지를 통하여 다양체상으로 확장하고자 한다.

(1) **적분의 기본공식**(Fundamental Theorem of Calculus)

$$\int_a^b d(f(x)) = \int_{\partial[a,\, b]} f(x) = f(b) - f(a)$$

(2) **그린정리**(Green Theorem)

$$\iint_\Omega d(f_1(x,\, y)dx + f_2(x,\, y)dy) = \int_{\partial\Omega} f_1(x,\, y)dx + f_2(x,\, y)dy$$

(3) **발산정리**(Divergence Theorem)

$$\iiint_\Omega \operatorname{div} F\, dv = \iint_{\partial\Omega} (F \cdot n)dA.$$

여기서 $F = (f_1,\, f_2,\, f_3)$이고 $n$은 $\partial\Omega$에서 외향단위법벡터이다.

(4) **스토크스정리**(Stokes Theorem)

$$\begin{aligned}
&\iint_\Omega (\operatorname{curl} F \cdot n)dA \\
&= \iint_\Omega \left(\frac{\partial f_2}{\partial x} - \frac{\partial f_1}{\partial y}\right)dx \wedge dy + \left(\frac{\partial f_3}{\partial y} - \frac{\partial f_2}{\partial z}\right)dy \wedge dz \\
&\quad + \left(\frac{\partial f_1}{\partial z} - \frac{\partial f_3}{\partial x}\right)dz \wedge dx = \int_{\partial\Omega} f_1 dx + f_2 dy + f_3 dz
\end{aligned}$$

여기서 $\operatorname{div} F$와 $\operatorname{curl} F$의 정의는 11.4절을 참조하시오.

## 11.1 외대수(Exterior Algebra)

$V$가 실벡터공간이고, 적벡터공간

$$V^p = \underbrace{V \times \cdots \times V}_{p\text{번}}$$

에 대하여 $V$상의 $p$-**텐서**(tensor)는 다선형함수(multilinear)

$$T:\ V^p \rightarrow \mathbb{R}$$

즉 각 변수에서의 선형함수를 뜻한다.

예를 들면, 1-텐서는 $V$상의 선형함수이고, $\mathbb{R}^n$상에서 내적은 2-텐서이며, 행렬식은 $n$-텐서이다. $p$-텐서에 상수를 곱하거나 $p$-텐서를 더하여도 다시 $p$-텐서이므로, $V$상의 모든 $p$-텐서의 집합 $\otimes^p V^*$은 다시 벡터공간이 된다. 여기서 $V^* = \{f:\ V \rightarrow \mathbb{R} \mid f: \text{선형사상}\}$은 $V$의 쌍대벡터공간(dual vector spacc)이다.

만일 $T \in \otimes^p V^*$, $S \in \otimes^q V^*$이면

$$T \otimes S(v_1,\ \dots,\ v_p,\ v_{p+1},\ \dots,\ v_{p+q}) = T(v_1,\ \dots,\ v_p) \cdot S(v_{p+1},\ \dots,\ v_{p+q})$$

로 정의하면 $T \otimes S \in \otimes^{p+q} V^*$은 $(p+q)$-텐서가 되고 $T$와 $S$의 **텐서곱**(tensor product)이라 한다. 텐서곱은 결합법칙을 만족하고 덧셈에 대해서 분배법칙을 만족한다.

---

**정리 11.1.1**

만일 $\{e_1,\ \dots,\ e_k\}$가 $V^*$의 기저이면 $p$-텐서의 집합 $\{e_{i_1} \otimes \cdots \otimes e_{i_p} \mid 1 \le i_1,\ \dots,\ i_p \le k\}$가 $\otimes^p V^*$의 기저이다.

따라서 $\dim(\otimes^p V^*) = k^p$가 된다.

---

**증명** $1 \le i_1,\ \dots,\ i_p \le k$에 대해서 $I = (i_1,\ \dots,\ i_p)$,

$$e_I = e_{i_1} \otimes \cdots \otimes e_{i_p}$$

로 쓰자. $\{v_1,\ \dots,\ v_k\}$를 $V$의 기저라 하고 $v_I = (v_{i_1},\ \dots,\ v_{i_p})$로 쓰자. 정의에 따라

$$e_I(v_J) = \begin{cases} 1, & I = J \\ 0, & I \neq J \end{cases}$$

이고, 두 $p$-텐서 $S = T$일 필요충분조건은 각 $J = (j_1,\ \dots,\ j_p)$에 대해

$T(v_J)=S(v_J)$이다. 따라서 임의의 $p$-텐서 $S$는

$$S=\sum_I S(v_I)e_I$$

로 표시할 수 있다. 그러므로 $\otimes^p V^*$은 $\{e_I\}_I$에 의해 생성된다. 만일 $\sum_I a_I e_I=0$이면 각 $I$에 대해서

$$a_I=\left(\sum_I a_I e_I\right)(v_I)=0$$

이므로 $\{e_I\}_I$는 $\otimes^p V^*$의 기저이다. ■

$p$-텐서 $T$가 **교대**(alternating)란 두 변수를 바꾸면 값의 부호가 바뀌는 것이다. 즉

$$T(v_1,\ \dots,\ v_i,\ \dots,\ v_j,\ \dots,\ v_p)=-T(v_1,\ \dots,\ v_j,\ \dots,\ v_i,\ \dots,\ v_p)$$

이다. 예를 들면 1-텐서는 자동적으로 교대이며 행렬식도 교대이다. 그러나 내적은 교대가 아니다. 1부터 $p$까지 자연수의 모든 **치환**(permutation)은 군을 이룬다. 이것을 $S_p$로 쓰고 치환군(permutation group)이라 한다. 모든 치환은 **호환**(transposition)의 곱으로 쓸 수 있다. 치환이 짝수개(홀수개) 호환의 곱으로 나타날 때 **짝치환**(**홀치환**)이라 한다. 기호로

$$(-1)^\pi=\begin{cases}1, & \pi: \text{짝치환}\\ -1, & \pi: \text{홀치환}\end{cases}$$

이라고 쓰자. $T$가 $p$-텐서이고 $\pi\in S_p$일 때 $p$-텐서 $T^\pi$는

$$T^\pi(v_1,\ \dots,\ v_p)=T(v_{\pi(1)},\ \dots,\ v_{\pi(p)})$$

로 정의한다. 만일 $T$가 교대 $p$-텐서이면

$$T^\pi=(-1)^\pi T$$

이다.

$p$-텐서 $T$로부터 교대 $p$-텐서를

$$\mathrm{Alt}(T)=\frac{1}{p!}\sum_{\pi\in S_p}(-1)^{\pi}T^{\pi}$$

로 만든다. 왜냐하면 $\sigma\in S_p$에 대해서

$$\begin{aligned}[\mathrm{Alt}(T)]^{\sigma}&=\left(\frac{1}{p!}\sum_{\pi\in S_p}(-1)^{\pi}T^{\pi}\right)^{\sigma}\\&=\frac{1}{p!}\sum_{\pi\in S_p}(-1)^{\pi}(T^{\pi})^{\sigma}\\&=\frac{1}{p!}\sum_{\pi\in S_p}(-1)^{\sigma}(-1)^{\pi\circ\sigma}T^{\pi\circ\sigma}\\&=(-1)^{\sigma}\cdot\mathrm{Alt}(T)\end{aligned}$$

이기 때문이다.

만일 $T$가 $p$-교대 텐서라면

$$\begin{aligned}\mathrm{Alt}(T)&=\frac{1}{p!}\sum_{\pi\in S_p}(-1)^{\pi}T^{\pi}\\&=\frac{1}{p!}\sum_{\pi\in S_p}T=T\end{aligned}$$

이다. 교대 $p$-텐서의 덧셈, 스칼라곱은 다시 교대 $p$-텐서이므로 모든 교대 $p$-텐서의 집합 $\wedge^p(V^*)$은 벡터공간이 된다. 만일 $T\in\wedge^p(V^*)$, $S\in\wedge^q(V^*)$이면 **쐐기곱**(wedge product)

$$T\wedge S\in\wedge^{p+q}(V^*)$$

을 $\mathrm{Alt}(T\otimes S)$로 정의한다. Alt가 선형함수이므로 쐐기곱 $\wedge$은 분배법칙을 만족하고 스칼라곱의 법칙도 만족한다.

---

**보조정리 11.1.2**

만일 $\mathrm{Alt}(T)=0$이면 $T\wedge S=0=S\wedge T$이다.

---

**증명** $T\in\wedge^p(V^*)$, $S\in\wedge^q(V^*)$라 하자. $(1, \dots, p, p+1, \dots, p+q)$에서 마지막 $q$원소를 항등함수로 하므로 $S_p$는 $S_{p+q}$의 부분군으로 생각하자.

$$\sum_{\pi \in S_p} (-1)^{\pi} (T \otimes S)^{\pi} = \left( \sum_{\pi \in S_p} (-1)^{\pi} \, T^{\pi} \right) \otimes S = p! \mathrm{Alt}(T) \otimes S = 0$$

이고, $S_{p+q}$를 $S_p$의 잉여류(coset)의 합집합으로 생각하면

$$\sum_{\pi \in S_p} (-1)^{\pi \circ \sigma} (T \otimes S)^{\pi \circ \sigma} = (-1)^{\sigma} \left( \sum_{\pi \in S_p} (-1)^{\pi} (T \otimes S)^{\pi} \right)^{\sigma} = 0$$

이다. 따라서

$$T \wedge S = \mathrm{Alt}(T \otimes S) = \frac{1}{(p+q)!} \sum_{\pi \in S_{p+q}} (-1)^{\pi} (T \otimes S)^{\pi} = 0$$

이다. 같은 방법으로 $S \wedge T = 0$이다. ■

**정리 11.1.3**

쐐기곱은 결합법칙을 만족한다. 즉

$$(T \wedge S) \wedge R = T \wedge (S \wedge R)$$

이다.

**증명**

$$\begin{aligned} (T \wedge S) \wedge R - \mathrm{Alt}(T \otimes S \otimes R) &= \mathrm{Alt}((T \wedge S) \otimes R) - \mathrm{Alt}(T \otimes S \otimes R) \\ &= \mathrm{Alt}[(T \wedge S - (T \otimes S)) \otimes R] \\ &= (T \wedge S - (T \otimes S)) \wedge R = 0 \end{aligned}$$

이다. 왜냐하면

$$\mathrm{Alt}(T \wedge S - T \otimes S) = \mathrm{Alt}(T \wedge S) - \mathrm{Alt}(T \otimes S) = 0$$

이기 때문이다. 같은 방법으로

$$T \wedge (S \wedge R) = \mathrm{Alt}(T \otimes S \otimes R)$$

이다. ■

위의 정리 11.1.3에 따라 $T \wedge S \wedge R = \mathrm{Alt}(T \otimes S \otimes R)$이다. 만일

$$T=\sum t_{i_1,\ \dots,\ i_p} e_{i_1}\otimes\cdots\otimes e_{i_p}$$

가 $p$-텐서이고, 다시 교대이면 $T=\mathrm{Alt}(T)$이므로

$$T=\sum t_{i_1,\ \dots,\ i_p}\mathrm{Alt}(e_{i_1}\otimes\cdots\otimes e_{i_p})=\sum t_{i_1,\ \dots,\ i_p} e_{i_1}\wedge\cdots\wedge e_{i_p}$$

이다. 따라서 $I=(i_1,\ \dots,\ i_p)$, $e_I=e_{i_1}\wedge\cdots\wedge e_{i_p}$라 하면 $\{e_I\}_I$가 $\wedge^p(V^*)$을 생성한다.

그러나 $\{e_I\}_I$는 독립이 아니다. 왜냐하면, 만일 $\phi,\ \psi\in\wedge^1(V^*)$이면

$$\phi\wedge\psi=\frac{1}{2}(\phi\otimes\psi-\psi\otimes\phi)$$

이므로

$$\phi\wedge\psi=-\psi\wedge\phi$$

이고

$$\phi\wedge\phi=0$$

이기 때문이다. 따라서 쐐기곱 $\wedge$은 $\wedge^1(V^*)$에서 **반교환**(anticommutative)이다. 만일 $I$와 $J$가 같은 집합으로 순서만 다르다면 $e_I=\pm e_J$이고, $I$ 내에 같은 요소가 있으면 $e_I=0$이다. 따라서 $I$를 $1\le i_1<i_2<\cdots<i_p\le k$와 같이 서로 다르고 증가하는 치환 $I$를 취하면 $\{e_I\}$는 일차독립이다. 왜냐하면, 만일 $\sum a_I e_I=0$이라 할 때 $\{e_i\}$의 쌍대기저 $\{v_i\}$에서 $v_I$를 양변에 취하면

$$0=\left(\sum a_I e_I\right)(v_I)=a_I$$

이므로 $a_I=0$이기 때문이다.

---

**정리 11.1.4**

---

만일 $\{e_1,\ \dots,\ e_k\}$가 $V^*$의 기저라면

$$\{e_I=e_{i_1}\wedge\cdots\wedge e_{i_p}\mid 1\le i_1<i_2<\cdots<i_p\le k\}$$

가 $\wedge^p(V^*)$의 기저이다. 따라서

$$\dim \wedge^p(V^*) = {}_kC_p = \frac{k!}{p!(k-p)!}$$

이 된다.

**계 11.1.5**

만일 $T \in \wedge^p(V^*)$이고 $S \in \wedge^q(V^*)$이면

$$T \wedge S = (-1)^{pq} S \wedge T$$

이다.

만일 $\dim V = k$이면 $\dim \wedge^k(V^*) = 1$이다. 예를 들면 $\dim \wedge^k(\mathbb{R}^{k*}) = 1$이고 행렬식텐서 (det)는 $k$-교대텐서이다. 따라서 $\mathbb{R}^k$상의 교대 $k$-선형함수는 det의 상수곱이다. 만일 $p > k$이면 $\wedge^p(V^*) = 0$이다. $\wedge^0(V^*) = \mathbb{R}$로 정의하고, $V$에서 $\mathbb{R}$로 가는 상수함수의 집합으로 생각하면 편리하다. 직합(direct sum)

$$\wedge(V^*) = \wedge^0(V^*) \oplus \wedge^1(V^*) \oplus \cdots \oplus \wedge^k(V^*)$$

은 쐐기곱에 의해서 대수가 된다. 이 대수를 $V^*$의 **외대수**(exterior algebra)라 한다. 여기서 $1 \in \wedge^0(V^*)$이 항등원이다.

$A : V \to W$를 벡터공간 사이의 선형함수라 하자. 전치함수는 $A^* : W^* \to V^*$이고 외대수까지 확장된다. 즉 만일 $T \in \wedge^p(W^*)$, $v_1, \dots, v_p \in V$이면

$$A^* T(v_1, \dots, v_p) = T(Av_1, \dots, Av_p)$$

로 정의한다. $A^*$은 선형이고 $A^*(T \wedge S) = A^* T \wedge A^* S$이므로

$$A^* : \wedge(W^*) \to \wedge(V^*)$$

은 대수 준동형함수이다. 만일 $B : W \to U$이면 $(BA)^* = A^* B^*$이다.

특히, $A : V \to V$가 선형동형이고 $\dim V = k$이면 $A^* : \wedge^k(V^*) \to \wedge^k(V^*)$은 1-차원 벡터공간에서의 선형함수이다. 따라서 임의의 $T \in \wedge^k(V^*)$에 대하여 $A^*(T) = \lambda T$이다.

다음 $\lambda$를 구해보자. $B : V \to \mathbb{R}^k$를 임의의 동형함수라 하자.

$B^*(\det) \equiv T \in \wedge^k(V^*)$라 하면, $A^*B^*(\det) = \lambda B^*(\det)$이고

$$B^{*-1}A^*B^*(\det) = \lambda B^{*-1}B^*(\det) = \lambda(BB^{-1})^*(\det) = \lambda(\det)$$

이다. 양변에 $\mathbb{R}^k$의 표준순서기저 $\{e_1, \ldots, e_k\}$를 취하면

$$\begin{aligned}(BAB^{-1})^*(\det)(e_1, \ldots, e_k) &= \det(BAB^{-1}) \\ &= \det(A)\end{aligned}$$

이고

$$\lambda(\det)(e_1, \ldots, e_k) = \lambda$$

이다. 따라서

$$\det(A) = \lambda$$

이고

$$A^*(T) = \lambda T = \det(A)T$$

이다.

**정리 11.1.6**

만일 $A : V \to V$가 선형동형함수이고 $\dim V = k$, $T \in \wedge^k(V^*)$이면 $A^*(T) = \det(A)T$이다. 만일 $\phi_1, \ldots, \phi_k \in \wedge^1(V^*)$이면

$$A^*\phi_1 \wedge \cdots \wedge A^*\phi_k = (\det A)\phi_1 \wedge \cdots \wedge \phi_k$$

이다.

## 연습문제 11.1

1. 교대 $p$-텐서 $T \in \wedge^p(V^*)$에 대하여 $v_1, \ldots, v_p \in V$가 일차종속일 때 $T(v_1, \ldots, v_p) = 0$임을 보이시오.

2. $\phi_1, \ldots, \phi_p \in V^*$이 일차종속이면 $\phi_1 \wedge \cdots \wedge \phi_k = 0$임을 보이시오.

3. $\phi_1, \ldots, \phi_k \in V^*$, $v_1, \ldots, v_k \in V$이고 $\dim V = k$일 때

$$\phi_1 \wedge \cdots \wedge \phi_k(v_1, \ldots, v_k) = \frac{1}{k!}\det[\phi_i(v_j)]$$

임을 보이시오. 여기서 $[\phi_i(v_j)]$는 $k \times k$행렬이다.

4. $T \neq 0 \in \wedge^k(V^*)$이고 $\dim = k$일 때 $V$의 2개의 순서기저 $\{v_1, \ldots, v_k\}$와 $\{v_1', \ldots, v_k'\}$이 같은 방향일 필요충분조건은 $T(v_1, \ldots, v_k)$와 $T(v_1', \ldots, v_k')$이 같은 부호임을 보이시오.

5. $V$를 $\mathbb{R}^n$의 방향을 갖는 $k$-차원 부분 벡터공간이라 할 때 다음을 증명하시오.
(1) 모든 양의 방향 정규 직교순서기저 $\{v_1, \ldots, v_k\}$에 대해 $T(v_1, \ldots, v_k) = \frac{1}{k!}$이 되는 교대 $k$-텐서 $T \in \wedge^k(V^*)$이 있다. 여기서 $T$는 유일하다. 이때 $T$를 $V$의 부피원소(volume element)라 한다.
(2) 만일 $e_1, \ldots, e_k \in V^*$이 $V$의 양의 방향 정규 직교순서기저에 대한 순서 쌍대기저(dual basis)라 하면 $e_1 \wedge \cdots \wedge e_k$가 $V$의 부피원소이다.

6. $V$가 $\mathbb{R}^n$의 부분 벡터공간일 때 각 원소 $v \in V$에 대하여 $\phi_v : V \to \mathbb{R}$, $\phi_v(w) = v \cdot w$라 하면 $\phi : V \to V^*$, $v \mapsto \phi_v$는 선형동형임을 보이시오.

## 11.2 미분형식(Differential Form)

$X$를 매끄러운 다양체라 하자. $X$상에 **$p$-형식**($p$-form) $\omega$는 각 점 $x \in X$에 대하여 $x$의 접공간 $T_x X$상의 교대 $p$-텐서 $\omega(x) \in \wedge^p(T_x X)^*$을 대응하는 매끄러운 함수이다. 2개의 $p$-형식 $\omega_1$과 $\omega_2$의 합은 다시 $p$-형식 $\omega_1 + \omega_2$를 만드는

데 임의의 $x \in X$에 대하여

$$(\omega_1 + \omega_2)(x) = \omega_1(x) + \omega_2(x)$$

로 정의되고, $\theta$가 $q$-형식이면 쐐기곱 $\omega \wedge \theta$는 $(p+q)$-형식

$$(\omega \wedge \theta)(x) = \omega(x) \wedge \theta(x)$$

로 정의된다. 이때 $\omega \wedge \theta = (-1)^{pq} \theta \wedge \omega$이다.

0-형식은 $X$상의 실함수 $X \to \mathbb{R}^1$로 정의한다. 만일 $f : X \to \mathbb{R}$이 매끄러운 함수라 하면 각 점 $x \subset X$에서 도함수 $df_x : T_x X \to \mathbb{R}$은 선형함수이므로 $df_x \in (T_x X)^*$이다. 따라서 $df$는 $X$상의 1-형식이다. 이때 $df$를 $f$의 **미분**(differential)이라 한다. 특히 $\mathbb{R}^k$상의 좌표함수 $x_1, \ldots, x_k$의 미분 $dx_1, \ldots, dx_k$는 $\mathbb{R}^k$상의 1-형식이다. 각 점 $z \in \mathbb{R}^k$에 대하여

$$T_z \mathbb{R}^k = \mathbb{R}^k, \ dx_i(z) \subset (T_z \mathbb{R}^k)^* = (\mathbb{R}^k)^*$$

이고

$$dx_j(z)(a_1, \ldots, a_k) = a_j$$

이다. 따라서 $dx_1(z), \ldots, dx_k(z)$는 $(\mathbb{R}^k)^*$의 **표준기저**(standard basis)이다.

$1 \le i_1 < \cdots < i_p \le k$인 $I = (i_1, \ldots, i_p)$에 대하여 $dx_I = dx_{i_1} \wedge \cdots \wedge dx_{i_p}$는 $\mathbb{R}^k$상의 $p$-형식이다.

**정리 11.2.1**

열린집합 $U \subset \mathbb{R}^k$상의 $p$-형식은 $\sum_I f_I dx_I$로 표시된다.
여기서 $I = (i_1 < \cdots < i_p)$, $1 \le i_j \le k$이고 $f_I : U \to \mathbb{R}$ 함수이다.

만일 $\phi : \mathbb{R}^k \to \mathbb{R}$이 매끄러운 함수라 하면 $\phi$의 미분은

$$d\phi = \sum_i \frac{\partial \phi}{\partial x_i} dx_i$$

이다.

만일 $f : X \to Y$가 매끄러운 함수이고 $\omega$가 $Y$상의 $p$-형식이라 하면 $X$상

의 $p$-형식 $f^*\omega$는 다음과 같이 정의된다. 만일 $f(x)=y$이면

$$df_x : T_x X \rightarrow T_y Y$$

이다. $\omega(y) \in \wedge^p (T_y Y)^*$은 교대 $p$-텐서이고, 전치

$$(df_x)^* : \wedge^p (T_y Y)^* \rightarrow \wedge^p (T_x X)^*$$

이므로

$$(f^*\omega)(x) = (df_x)^* \omega(f(x))$$

로 정의하며, $f^*\omega$를 $f$에 의한 $\omega$의 당김(pullback)이라 한다. 만일 $\omega$가 0-형식이면 $f^*\omega = \omega \circ f : X \rightarrow \mathbb{R}$이다.

**정리 11.2.2**

(1) $f^*(\omega_1 + \omega_2) = f^*\omega_1 + f^*\omega_2$

(2) $f^*(\omega \wedge \theta) = (f^*\omega) \wedge (f^*\theta)$

(3) $(f \circ h)^*\omega = h^*(f^*\omega)$

유클리드공간에서 $f^*$의 성질을 살펴보자. 열린부분집합 $U \subset \mathbb{R}^k$, $V \subset \mathbb{R}^l$에 대하여 $f : U \rightarrow V$, 좌표 $(x_1, \ldots, x_k) \in U$, $(y_1, \ldots, y_l) \in V$, $f = (f_1, \ldots, f_l)$이라 하자. $x \in U$에서 도함수

$$df_x = \left( \frac{\partial f_i}{\partial x_j}(x) \right)$$

는 $l \times k$행렬이다. $(df_x)^*$은 전치행렬이므로

$$f^* dy_i = (df_x)^*(dy_i) = \sum_{j=1}^{k} \frac{\partial f_i}{\partial x_j} dx_j = df_i$$

이다. 만일

$$\omega = \sum_I a_I dy_I$$

가 $V$상에 임의의 $p$-형식이라면

$$f^*\omega = \sum_I f^*(a_I)df_I = \sum_I (a_I \circ f)df_{i_1} \wedge \cdots \wedge df_{i_p}$$

이다. 따라서 $f^*$은 0-형식과 1-형식 $df_i$에 의해서 완전히 결정된다.

$f: U \to V$를 $\mathbb{R}^k$의 열린집합상의 미분동형함수라 하자. $f(x) = y$이고 $\omega = dy_1 \wedge \cdots \wedge dy_k$라 하면

$$\begin{aligned}(f^*\omega)(x) &= df_x^*(dy_1 \wedge \cdots \wedge dy_k)(f(x)) \\ &= df_x^*(dy_1(y)) \wedge \cdots \wedge df_x^*(dy_k(y)) \\ &= \det(df_x)dx_1(x) \wedge \cdots \wedge dx_k(x)\end{aligned}$$

가 된다. 특히

$$df^*(dy_1 \wedge \cdots \wedge dy_k) = \det(df)dx_1 \wedge \cdots \wedge dx_k$$

이다.

열린집합 $U \subset \mathbb{R}^k$에서 정의된 형식 $\omega = \sum_I a_I dx_I$가 매끄럽다는 것은 각 계수 $a_I: U \to \mathbb{R}$이 매끄러운 함수임을 의미한다. 따라서 $f: U \to V$가 매끄러운 함수이고 $\omega$가 매끄러운 형식이면 당김 $f^*\omega$도 매끄러운 형식이다. 다양체 $X$상의 형식 $\omega$가 매끄럽다는 것은 각 매개화 $\phi: U \subset \mathbb{R}^k \to X$에 대해서 당김 $\phi^*\omega$가 매끄럽다는 의미이다.

## 연습문제 11.2

**1.** 형식 $\omega$가 다양체 $X$상에서 매끄러울 필요충분조건은 $X$의 어느 매개화의 열린덮개상에서도 $\omega$가 매끄러운 것임을 보이시오.

**2.** $f: X \to Y$가 매끄러운 함수이고 $\phi: Y \to \mathbb{R}$도 매끄러운 함수일 때

$$d(f^*\phi) = f^*(d\phi)$$

임을 증명하시오.

## 11.3 다양체상의 적분(Integration on Manifold)

다양체는 유클리드공간의 작은 열린집합으로 이루어졌다. 미적분학에서 배운 변수변환했을 때의 적분공식을 상기하자.

**정리 11.3.1**

$f : U \to V$를 $\mathbb{R}^k$의 열린집합상의 미분동형함수이고 $g : V \to \mathbb{R}$은 적분가능한 함수라 하자. 그러면

$$\int_V g dy_1 \cdots dy_k = \int_U (g \circ f)|\det(df)| dx_1 \cdots dx_k$$

이다.

**주의** 적분가능인 함수 $g$를 $V$상에 적분할 때 변수변환인 미분동형함수 $f : U \to V$의 정의역을 변형하면 $f$는 당연히 $g \circ f$가 될 것이다. 이때 미분동형 $f$는 부피를 줄이거나 늘리거나 할 것이다. 줄어들면 $U$의 부피가 $V$의 부피보다 크고 늘어나면 $U$의 부피가 $V$의 부피보다 작다. 이 양의 변화가 $|\det(df)|$로서 양변이 같게 됨을 직관으로 추측할 수 있다.

위의 정리 11.3.1을 $k$-형식을 사용하여 생각해보자. 열린집합 $V \subset \mathbb{R}^k$상의 $k$-형식 $\omega = g dy_1 \wedge \cdots \wedge dy_k$에 대해서

$$\int_V \omega = \int_V g dy_1 \cdots dy_k$$

로 정의하면

$$f^* \omega = (g \circ f)\det(df) dx_1 \wedge \cdots \wedge dx_k$$

이다. 만일 $f$가 방향을 보존하면 $\det(df) > 0$이고 방향을 바꾸면 $\det(df) < 0$이다. 그리고 $k$-형식 $\omega$가 적분가능하다는 것은 함수 $g$가 적분가능함을 뜻한다. 따라서 정리 11.3.1을 $k$-형식으로 쓰면 다음과 같다.

**정리 11.3.2**

$f : U \to V$가 $\mathbb{R}^k$ 혹은 $\mathbb{H}^k$의 열린집합 $U$, $V$상에서 미분동형함수이고 $\omega$가 $V$상에서 적분가능 $k$-형식일 때, 만일 $f$가 방향을 보존하면

$$\int_V \omega = \int_U f^* \omega$$

이고 만일 $f$가 방향을 바꾸면

$$\int_V \omega = -\int_U f^* \omega$$

이다.

경계가 있는 $k$-차원 다양체 $X$상에 $k$-형식 $\omega$를 생각해보자.

$\omega$의 **받침**(support)은 $\omega(x) \neq 0$인 $x$의 집합의 닫힌포로 정의한다.

즉, $w$의 받침은 $\mathrm{supp}(w) = \{x \in X \mid w(x) \neq 0\}$이다.

특히 이 닫힌포가 컴팩트일 때 $\omega$를 **컴팩트받침**(compactly supported)을 가졌다고 한다. $\omega$의 받침이 $X$ 내의 하나의 매개변수화 근방 $W$ 내에 있다고 가정하자. 만일 $h : U \subset \mathbb{H}^k \to W \subset X$가 방향보존 미분동형함수이면 당김 $h^* \omega$는 $U$상에 컴팩트받침을 갖는 매끄러운 $k$-형식이다. 따라서 $h^* \omega$는 적분가능하다. 적분을

$$\int_X \omega = \int_U h^* \omega$$

로 정의한다. 만일 $g : V \to W$가 다른 매개변수화라면 $f = h^{-1} \circ g : V \to U$는 방향보존 미분동형함수이다. 따라서

$$\int_U h^* \omega = \int_V f^* h^* \omega = \int_V g^* \omega$$

이므로 $\int \omega$는 매개변수화에 의존하지 않는다.

$X$상에 임의의 컴팩트받침을 갖는 매끄러운 $k$-형식 $\omega$를 단위분할을 이용하여 적분하기 위해서 매개변수화 내에 받침을 갖도록 $\omega$를 분해하자. $X$를 매개변수화된 열린집합으로 덮자. 다음에 국소유한세분(locally finite refinement)으로 $X$를 덮고, 이 덮개에 대하여 단위분할 $\{\rho_i\}$를 선택하자. $\omega$의 컴팩트받침은 덮개 중 유한개의 열린집합으로 덮이고, 각 열린집합은 매개변수화된 열린집합 내에 포함된다. 따라서 $X$상의 $\omega$의 적분값을

$$\int_X \omega = \sum_i \int_X \rho_i \omega$$

로 정의한다.

---

**정리 11.3.3**

위의 적분정의 $\int_X \omega$는 어떤 단위분할을 하든지 같다.

---

**증명** $\omega$의 받침이 하나의 매개변수화된 열린집합에 포함되는 경우에 대해서는 위에서 증명했다. 다음은 모든 $x \in X$에 대하여 $\sum_i \rho_i(x) = 1$이므로

$$\sum_i \rho_i \omega = \omega$$

이다. 당김과 유클리드공간에서 적분은 선형함수이므로

$$\int_X \omega = \sum_i \int_X \rho_i \omega$$

이다. 만일 $\{\rho_j'\}$이 다른 단위분할이라면 각 $i$에 대하여

$$\int_X \rho_i \omega = \sum_j \int_X \rho_j' \rho_i \omega$$

이고 각 $j$에 대하여

$$\int_X \rho_j' \omega = \sum_i \int_X \rho_i \rho_j' \omega$$

가 된다. 따라서

$$\begin{aligned}\sum_i \int_X \rho_i \omega &= \sum_i \sum_j \int_X \rho_j{}' \rho_i \omega \\ &= \sum_j \sum_i \int_X \rho_i \rho_j{}' \omega \\ &= \sum_j \int_X \rho_j{}' \omega\end{aligned}$$

이므로 $\int_X \omega$는 단위분할에 의존하지 않는다. ■

적분정의에 따라서

$$\int_X (\omega_1 + \omega_2) = \int_X \omega_1 + \int_X \omega_2,$$

$$\int_X c\omega = c\int_X \omega, \quad c \in \mathbb{R}$$

은 명백하다.

**정리 11.3.4**

만일 $f: X \to Y$가 방향보존 미분동형함수이면

$$\int_Y \omega = \int_X f^* \omega$$

이다. 여기서 $\omega$는 $Y$상에 컴팩트받침을 갖는 $k$-형식이고, $k = \dim X = \dim Y$이다.

**증명** $\{V_i\}$를 $Y$의 국소 유한 세분 매개변수화된 열린집합이고, $\{\rho_i\}$를 그의 단위분할이라 하자. 그러면 $\{U_i = f^{-1}(V_i)\}$는 $X$의 국소 유한 세분 매개변수화된 열린집합이고, $\{\rho_i \circ f\}$는 그의 단위분할이다. 따라서

$$\begin{aligned}\int_Y \omega = \sum_i \int_Y \rho_i \omega &= \sum_i \int_{V_i'} \psi_i^* (\rho_i \omega) \\ &= \sum_i \int_{U_i'} (\psi_i^{-1} \circ f \circ \phi_i)^* \psi_i^* (\rho_i \omega)\end{aligned}$$

$$= \sum_i \int_{U_i'} \phi_i^* f^* (\rho_i \omega)$$
$$= \sum_i \int_X f^* (\rho_i \omega)$$
$$= \sum_i \int_X (\rho_i \circ f) f^* \omega$$
$$= \int_X f^* \omega$$

이다. 여기서 $\psi_i : V_i' \to V_i$, $\phi_i : U_i' \to U_i$는 매개변수화이다. ■

만일 $Z \subset X$가 $l$-차원 부분다양체이고 $\omega$가 $X$상에 $l$-형식이며, $\omega$의 받침과 $Z$의 교집합이 컴팩트이고 $i : Z \to X$가 포함함수일 때

$$\int_Z \omega = \int_Z i^* \omega$$

로 정의한다.

다음은 몇 가지 예를 들어보자.

[ i ] $\omega = f_1 dx_1 + f_2 dx_2 + f_3 dx_3$는 $\mathbb{R}^3$상의 1-형식이다. $\gamma : I \to \mathbb{R}^3$는 단위 구간 $I = [0, 1]$에서 경계를 갖는 컴팩트 1-차원 다양체인 상 $C = \gamma(I)$와 미분동형인 함수라 하자. 그러면

$$\int_C \omega = \int_I \gamma^* \omega$$

이다. 만일

$$\gamma(t) = (\gamma_1(t),\ \gamma_2(t),\ \gamma_3(t))$$

라 하면

$$\gamma^* dx_i = d\gamma_i = \frac{d\gamma_i}{dt} dt$$

이기 때문에

$$\int_C \omega = \sum_{i=1}^{3} \int_0^1 f_i[\gamma(t)] \frac{d\gamma_i}{dt}(t) dt = \int_0^1 F \cdot d\gamma$$

가 된다. 여기서 $F=(f_1, f_2, f_3)$는 $\mathbb{R}^3$상의 벡터장이고, 적분

$$\int_C \omega = \int_0^1 F \cdot d\gamma$$

를 $C$상에 $F$의 **선적분**(line integral)이라 한다.

[ ii ] $\mathbb{R}^3$상에 컴팩트받침을 갖는 2-형식

$$\omega = f_1 dx_2 \wedge dx_3 + f_2 dx_3 \wedge dx_1 + f_3 dx_1 \wedge dx_2$$

를 생각해보자. 매끄러운 함수 $g:\mathbb{R}^2 \to \mathbb{R}$의 그래프를

$$S = \{(x_1, x_2, g(x_1, x_2)) \mid (x_1, x_2) \in \mathbb{R}^2\}$$

라 하고 그의 매개변수화를 $h:\mathbb{R}^2 \to S$,

$$h(x_1, x_2) = (x_1, x_2, g(x_1, x_2))$$

라 하자. 그러면

$$\begin{aligned} h^*(dx_1 \wedge dx_2) &= dx_1 \wedge dx_2, \\ h^*(dx_2 \wedge dx_3) &= dx_2 \wedge dg = dx_2 \wedge \left(\frac{\partial g}{\partial x_1}dx_1 + \frac{\partial g}{\partial x_2}dx_2\right) \\ &= -\frac{\partial g}{\partial x_1}dx_1 \wedge dx_2, \\ h^*(dx_3 \wedge dx_1) &= dg \wedge dx_1 = -\frac{\partial g}{\partial x_2}dx_1 \wedge dx_2 \end{aligned}$$

이다. 따라서 적분

$$\begin{aligned} \int_S \omega &= \int_{\mathbb{R}^2} h^*\omega \\ &= \int_{\mathbb{R}^2}\left(-\frac{\partial g}{\partial x_1}f_1 \circ h - \frac{\partial g}{\partial x_2}f_2 \circ h + f_3 \circ h\right)dx_1 \wedge dx_2 \\ &= \int_{\mathbb{R}^2}(n \cdot h^*f)dx_1 \wedge dx_2 \end{aligned}$$

가 된다. 여기서

$$n = \left(-\frac{\partial g}{\partial x_1},\ -\frac{\partial g}{\partial x_2},\ 1\right),\ h^* f = (f_1 \circ h,\ f_2 \circ h,\ f_3 \circ h)$$

이다. 점 $x = (x_1,\ x_2,\ g(x_1,\ x_2))$에서 $n(x) \perp T_x S$이고 $u = n/|n|$, $dA = |n| dx_1 \wedge dx_2$라 하면

$$\int_S \omega = \int_{\mathbb{R}^2} (h^*(f) \cdot u) dA$$

이다. 2-형식 $dA = |n| dx_1 \wedge dx_2$를 $S$의 **넓이형식**(area form)이라 한다.

## 연습문제 11.3

**1.** $Z \subset X$가 유한집합이고 각 점 $z \in Z$에서 $\sigma(z) = \pm 1$을 방향수라 하면

$$\int_Z f = \sum_{z \in Z} \sigma(z) \cdot f(z)$$

임을 보이시오. 여기서 $f : X \to \mathbb{R}$은 실함수이다.

**2.** $X$가 경계가 있는 유향 $k$-차원 다양체이고 $\omega$는 $X$상의 컴팩트받침을 갖는 $k$-형식이다. $-X$를 반대방향으로 갖는 $X$라 하면

$$\int_{-X} \omega = -\int_X \omega$$

임을 보이시오.

**3.** $c : [a,\ b] \to [a,\ b]$는 매끄러운 곡선이고 $c(a) = p,\ c(b) = q$이며, $\omega = df$가 함수 $f : X \to \mathbb{R}$의 미분이면

$$\int_a^b c^* \omega = f(q) - f(p)$$

임을 보이시오. 만일 $f : [a_1, b_1] \to [a, b]$는 매끄러운 함수이고 $f(a_1) = a$, $f(b_1) = b$이면

$$\int_a^b c^* \omega = \int_{a_1}^{b_1} (c \circ f)^* \omega$$

임을 보이시오.

**4.** $X$상의 1-형식 $\omega$가 함수 $f : X \to \mathbb{R}$의 미분 $\omega = df$이면 $X$ 위의 폐곡선 $\gamma : S^1 \to X$상의 적분을

$$\int_\gamma \omega = \int_{S^1} \gamma^* \omega$$

로 정의하면 $\int_\gamma \omega = 0$임을 보이시오.

**5.** $\mathbb{R}^2 - \{0\}$상의 1-형식

$$\omega(x, y) = \frac{-y}{x^2 + y^2} dx + \frac{x}{x^2 + y^2} dy$$

에 대하여

(1) $\int_{S^1} \omega$를 구하시오.

(2) 반평면 $\{(x, y) \in \mathbb{R}^2 \mid x > 0\}$상에서 $\omega$는 함수의 미분임을 보이시오 (도움말 : $\tan^{-1}(y/x) = f(x, y)$).

(3) 왜 $\omega$는 $\mathbb{R}^2 - \{0\}$상에서 정의된 함수의 미분이 아닌가?

**6.** $S^1$상의 1-형식 $\omega$가 함수의 미분일 필요충분조건은 $\int_{S^1} \omega = 0$임을 보이시오.

**7.** 만일 $S^1$상의 1-형식 $\nu$가 $S^1$상의 적분이 0이 아니면 상수 $c$가 존재하여 $\omega - c\nu = df$임을 보이시오. 여기서 $\omega$는 임의의 $S^1$상의 1-형식이고 $f$는 $S^1$상의 함수이다.

8. $S \subset \mathbb{R}^3$가 유향 2-차원 다양체이고 $n(x) = (n_1(x),\ n_2(x),\ n_3(x))$가 $S$상의 외향단위법벡터이다.

$$dA = n_1 dx_2 \wedge dx_3 + n_2 dx_3 \wedge dx_1 + n_3 dx_1 \wedge dx_2$$

라 정의하면 그래프상에서 $dA$가 넓이형식과 같음을 보이시오.

## 11.4 외미분(Exterior Derivative)

형식은 적분을 할 수 있고, 또한 미분도 할 수 있다. 예를 들면 0-형식은 매끄러운 함수 $f$이고 미분하면 1-형식이 된다. 유클리드공간 $\mathbb{R}^k$의 열린부분집합에서 정의된 $p$-형식 $\omega = \sum a_I dx_I$의 **외미분**(exterior derivative)은 $(p+1)$-형식

$$d\omega = \sum da_I \wedge dx_I$$

로 정의한다.

**정리 11.4.1**

$\mathbb{R}^k$(혹은 $\mathbb{H}^k$)의 열린집합상의 형식에서 외미분 $d$는 다음 성질을 만족하는 유일한 연산자이다.

(1) $d(\omega_1 + \omega_2) = d\omega_1 + d\omega_2$이고

$$df = \sum_i \frac{\partial f}{\partial x_i} dx_i.$$

(2) 만일 $\omega$가 $p$-형식이면

$$d(\omega \wedge \theta) = d\omega \wedge \theta + (-1)^p \omega \wedge d\theta.$$

(3) $d(d\omega) = 0$.

**증명** (1), (2)는 쉬운 연습문제이다.
(3) 만일 $\omega = \sum_I a_I dx_I$ 이면

$$d\omega = \sum_I da_I \wedge dx_I = \sum_I \left( \sum_i \frac{\partial a_I}{\partial x_i} dx_i \right) \wedge dx_I$$

이고,

$$\frac{\partial^2 a_I}{\partial x_i \partial x_j} = \frac{\partial^2 a_I}{\partial x_j \partial x_i}, \quad dx_i \wedge dx_j = -dx_j \wedge dx_i$$

이므로

$$dd\omega = \sum_I \sum_i \left( \sum_j \frac{\partial^2 a_I}{\partial x_i \partial x_j} dx_j \right) \wedge dx_i \wedge dx_I = 0$$

이 된다.

다음은 $d$의 유일성을 증명하자. 만일 $d'$이 매끄러운 형식들상에서 (1), (2), (3)을 만족하면 $d'(dx_i) = d'(d'x_i) = 0$이고

$$\begin{aligned} d'(dx_I) &= d'(dx_{i_1} \wedge \cdots \wedge dx_{i_p}) \\ &= \sum_k (\pm 1) dx_{i_1} \wedge \cdots \wedge d'(dx_{i_k}) \wedge \cdots \wedge dx_{i_p} = 0 \end{aligned}$$

이다. $p$-형식 $\omega = \sum_I a_I dx_I$에 대하여

$$\begin{aligned} d'\omega &= \sum_I [d'a_I \wedge dx_I + a_I d'(dx_I)] \\ &= \sum_I da_I \wedge dx_I = d\omega \end{aligned}$$

이다. ■

**정리 11.4.2**

만일 $g : U \to V$가 $\mathbb{R}^k$(혹은 $\mathbb{H}^k$)상의 열린집합 $U$, $V$ 사이의 미분동형함수이면 $V$상의 모든 형식 $\omega$에 대하여

$$d(g^* \omega) = g^*(d\omega)$$

이다.

**증명** $d' = g^{-1*} \circ d \circ g^*$라 두면, $d'$이 정리 11.4.1의 (1), (2), (3)을 만족한

다. 함수 $f : V \to \mathbb{R}$에 대해서

$$d'(f) = g^{-1*}dg^{*}f = g^{-1*}d(f \circ g) = dg^{-1*}(f \circ g) = df$$

이다. 세 번째 등식은 11.2절의 연습문제 2번이다. 나머지는 정의에 따라 쓰면 된다. 따라서

$$d' = d = g^{-1*} \circ d \circ g^{*}$$

이고

$$d \circ g^{*} = g^{*} \circ d$$

이다. ■

유클리드공간의 열린집합상의 미분동형함수 $g : U \to V$에 대해서

$$\int_V \omega = \int_U g^{*}\omega$$

이고

$$d \circ g^{*} = g^{*} \circ d$$

임은 다양체상의 적분과 외미분을 할 수 있게 한다. $\omega$는 $X$상의 $p$-형식이다. $\phi : U \to X$가 매개화이면 $\phi(U)$상에서 외미분

$$d\omega = \phi^{-1*}d(\phi^{*}\omega)$$

로 정의한다.

만일 $\psi : V \to X$가 다른 매개화로 공통부분이 있으면, $g = \phi^{-1} \circ \psi$라 두면

$$g^{*}d(\phi^{*}\omega) = d(g^{*}\phi^{*}\omega) = d(\psi^{*}\omega)$$

이고

$$\psi^{-1*}d(\psi^{*}\omega) = \psi^{-1*}g^{*}d(\phi^{*}\omega) = \phi^{-1*}d(\phi^{*}\omega)$$

이다. $X$의 모든 점은 매개화의 상 속에 있으며 공통부분에서는 $d\omega$가 같으므로 $X$ 전체에서 $d\omega$가 정의된다. 유클리드공간에서와 같이 다양체에서도 다음 정리가 성립한다.

**정리 11.4.3**

다양체 $X$상의 형식상에서 정의된 외미분 $d$가 다음을 만족한다.

(1) $d(\omega_1 + \omega_2) = d\omega_1 + d\omega_2$.

(2) $\omega$가 $p$-형식이면,

$$d(\omega \wedge \theta) = d\omega \wedge \theta + (-1)^p \omega \wedge d\theta.$$

(3) $d(d\omega) = 0$.

(4) $f : X \to \mathbb{R}$이 함수라면, 국소적으로

$$df = \sum_i \frac{\partial f}{\partial x_i} dx_i.$$

(5) 만일 $g : Y \to X$가 미분동형함수이면

$$d \circ g^* = g^* \circ d.$$

**정리 11.4.4**

$g : Y \to X$가 임의의 매끄러운 함수이면 $X$상의 임의의 형식 $\omega$에 대해서 $d(g^* \omega) = g^*(d\omega)$이다.

**증명** $\omega$가 0-형식, 즉 $X \to \mathbb{R}$ 함수일 때 연습문제 11.2의 2번에서 증명했다. 만일 $\omega = df$, 함수의 미분이면 $d\omega = ddf = 0$이므로 $g^*(d\omega) = 0$이고

$$d(g^* \omega) = d(g^* df) = d(dg^* f) = 0$$

이다. 정리 11.4.3에 의해서 만일 $\omega$와 $\theta$가 만족하면 $\omega \wedge \theta$도 이 정리를 만족한다. 국소적으로 모든 형식은 $\sum a_I dx_I$로 표현되므로 국소적으로 정리가 성립한다. 미분은 국소적이므로 위 정리가 성립한다. ■

다음은 $\mathbb{R}^3$상에서 몇 가지 예를 들어보자.

[ i ] 0-형식 : $f : \mathbb{R}^3 \to \mathbb{R}$은 매끄러운 함수이다. 외미분

$$df = \frac{\partial f}{\partial x_1} dx_1 + \frac{\partial f}{\partial x_2} dx_2 + \frac{\partial f}{\partial x_3} dx_3$$

는 1-형식이다. 여기서

$$\left(\frac{\partial f}{\partial x_1},\ \frac{\partial f}{\partial x_2},\ \frac{\partial f}{\partial x_3}\right) = \text{grad}(f) = \nabla(f)$$

를 **그래디언트벡터장**(gradient vector field)이라 한다.

[ii] 1-형식 : $\omega = f_1 dx_1 + f_2 dx_2 + f_3 dx_3$의 외미분은

$$\begin{aligned} d\omega &= df_1 \wedge dx_1 + df_2 \wedge dx_2 + df_3 \wedge dx_3 \\ &= \left(\frac{\partial f_3}{\partial x_2} - \frac{\partial f_2}{\partial x_3}\right) dx_2 \wedge dx_3 + \left(\frac{\partial f_1}{\partial x_3} - \frac{\partial f_3}{\partial x_1}\right) dx_3 \wedge dx_1 \\ &\quad + \left(\frac{\partial f_2}{\partial x_1} - \frac{\partial f_1}{\partial x_2}\right) dx_1 \wedge dx_2 \end{aligned}$$

이다. 여기서

$$\begin{aligned} \left(\frac{\partial f_3}{\partial x_2} - \frac{\partial f_2}{\partial x_3},\ \frac{\partial f_1}{\partial x_3} - \frac{\partial f_3}{\partial x_1},\ \frac{\partial f_2}{\partial x_1} - \frac{\partial f_1}{\partial x_2}\right) &= \nabla \times (f_1,\ f_2,\ f_3) \\ &= \text{curl}(f_1,\ f_2,\ f_3) \end{aligned}$$

는 $(f_1,\ f_2,\ f_3)$의 **컬**(curl)이다.

[iii] 2-형식 : $\omega = f_1 dx_2 \wedge dx_3 + f_2 dx_3 \wedge dx_1 + f_3 dx_1 \wedge dx_2$의 외미분은

$$\begin{aligned} d\omega &= \left(\frac{\partial f_1}{\partial x_1} + \frac{\partial f_2}{\partial x_2} + \frac{\partial f_3}{\partial x_3}\right) dx_1 \wedge dx_2 \wedge dx_3 \\ &= \nabla \cdot (f_1,\ f_2,\ f_3) dx_1 \wedge dx_2 \wedge dx_3 \\ &= \text{div}(f_1,\ f_2,\ f_3) dx_1 \wedge dx_2 \wedge dx_3 \end{aligned}$$

이다. 여기서 $\frac{\partial f_1}{\partial x_1} + \frac{\partial f_2}{\partial x_2} + \frac{\partial f_3}{\partial x_3}$는 $(f_1,\ f_2,\ f_3)$의 **발산**(divergence)이다.

[iv] 3-형식 : $\omega = f dx_1 \wedge dx_2 \wedge dx_3$의 외미분 $d\omega = 0$이다.

## 연습문제 11.4

**1.** $\mathbb{R}^3$에서 $\text{curl}(\text{grad} f) = 0$, $\text{div}(\text{curl}(f_1, f_2, f_3)) = 0$임을 증명하시오.

**2.** 다음 형식을 $\mathbb{R}^3$에서 외미분하시오.

(1) $z^2 dx \wedge dy + (z^2 + 2y^2) dx \wedge dz$

(2) $13x dx + (y^2 + x) dy + xyz dz$

(3) $f^2 dg$ (여기서 $f, g : \mathbb{R}^3 \to \mathbb{R}$ 함수이다)

(4) $(x + 2y^3)(dz \wedge dx + (1/2) dy \wedge dx)$

**3.** $\mathbb{R}^2 - \{0\}$ 상의 벡터장

$$\left( \frac{-y}{x^2 + y^2}, \frac{x}{x^2 + y^2} \right)$$

의 컬은 0임을 보이고, 그러나 함수의 그래디언트벡터장이 아님을 보이시오.

# 11.5 드람코호몰로지(De Rham Cohomology)

다양체 $X$상의 $p$-형식 $\omega$가 $d\omega = 0$일 때 $\omega$를 **닫힌형식**(closed form)이라 하고, $X$상에 $(p-1)$-형식 $\theta$가 존재하여 $\omega = d\theta$일 때 $\omega$를 **완전형식**(exact form)이라 한다. $d^2 = 0$이므로 완전형식은 닫힌형식이다. 그러나 $X$상의 닫힌형식이 완전형식이 되느냐는 $X$상의 위상에 의해서 결정된다. 예를 들면 모든 그래디언트벡터장(gradient vector field)의 컬은 0이다. 그러나 $\mathbb{R}^2 - \{0\}$에서

$$\omega = \frac{-y}{x^2 + y^2} dx + \frac{x}{x^2 + y^2} dy$$

는 닫힌형식이나 완전형식은 아니다. 드람코호몰로지는 닫힌형식이 얼마나 완

전형식으로 될 수 없는가를 말해주는 것이다.

$X$의 매끄러운 $k$-차원 컴팩트 다양체이고

$$\Omega^p(X) = \Gamma(\wedge^p T^* X) = \{w : X \to \wedge^p T^* X \mid w : \text{절단}\}$$

를 $X$상의 매끄러운 $p$-형식들의 집합이라 하면, 외미분 $d$를 준동형함수로 하는 무한차원 벡터공간의 복체

$$0 \to \Omega^0(X) \xrightarrow{d} \Omega^1(X) \xrightarrow{d} \cdots \xrightarrow{d} \Omega^k(X) \to 0$$

을 갖는다. $d^2 = 0$으로부터 $X$의 **$p$번째 드람코호몰로지**($p$-th de Rham cohomology)

$$H^p(X, \mathbb{R}) = \frac{\ker d : \Omega^p(X) \to \Omega^{p+1}(X)}{\text{im } d : \Omega^{p-1}(X) \to \Omega^p(X)}$$

인 벡터공간을 얻는다. 따라서 $\Omega^p(X)$에서 완전형식은 $H^p(X, \mathbb{R})$에서 0이 된다.

만일 $f : X \to Y$가 매끄러운 함수이면 $Y$상의 $p$-형식 $\omega$의 당김 $f^*\omega$는 $X$상의 $p$-형식으로 선형함수

$$f^\# : H^p(Y, \mathbb{R}) \to H^p(X, \mathbb{R}),$$

$f^\#[\omega] = [f^*\omega]$를 유도한다.

왜냐하면, 만일 $\omega$가 닫힌형식이면 $d(f^*(\omega)) = f^*(d\omega) = 0$이므로 $f^*(\omega)$도 닫힌형식이고, 만일 $\omega = d\theta$가 완전형식이면 $f^*(\omega) = f^*(d\theta) = d(f^*(\theta))$이므로 $f^*(\omega)$도 완전형식이기 때문이다. $f^*$이 선형함수이므로 $f^\#$도 선형함수이다.

---

**정리 11.5.1**

만일 $X \xrightarrow{f} Y \xrightarrow{g} Z$이면 $(g \circ f)^\# = f^\# \circ g^\#$이다.

---

**정리 11.5.2**

(1) 만일 $p > \dim X$이면 $H^p(X, \mathbb{R}) = 0$이다.

(2) $\dim H^0(X, \mathbb{R})$은 $X$의 연결성분(connected component)의 개수와 같다.

**증명** (1) 정의에 의해 명백하다.

(2) $X$상의 완전 0-형식은 $\{0\}$이며, $X$상의 0-형식(함수)이 닫힌형식일 필요충분조건은 각 연결성분에서 상수함수이다. 따라서 각 연결성분에서 상수함수의 모임은 $\mathbb{R}$과 같다. ■

다른 코호몰로지군을 구하기 위해서 새로운 연산자 $P$를 소개하자. $U$는 $\mathbb{R}^k$의 열린부분집합이고 $\omega$는 $\mathbb{R}\times U$상의 $p$-형식이라 하자. 그러면

$$\omega=\sum_I f_I(t,\ x)dt\wedge dx_I+\sum_J g_J(t,\ x)dx_J$$

로 유일하게 쓸 수 있다.

여기서 $t\in\mathbb{R}$, $(x_1,\ \dots,\ x_k)\in\mathbb{R}^k$, $I=(i_1<\cdots<i_{p-1})$, $J=(j_1<\cdots<j_{p-1})$이다.

$P\omega$는 $\mathbb{R}\times U$상의 $(p-1)$-형식인

$$P\omega(t,\ x)=\sum_I\left[\int_0^t f_I(s,\ x)ds\right]dx_I$$

로 정의한다. $\phi:V\to U$를 $\mathbb{R}^k$의 열린집합 사이의 미분동형함수라 하면, $\Phi=\mathrm{id}\times\phi:\mathbb{R}\times V\to\mathbb{R}\times U$인 미분동형함수이다.

---

**정리 11.5.3**

$\Phi^*P\omega=P\Phi^*\omega$이다.

---

**증명** $\omega=\sum_I f_I(t,\ x)dt\wedge dx_I+\sum_J g_J(t,\ x)dx_J$라 하고 $\Phi=\mathrm{id}\times\phi=\mathrm{id}\times(\phi_1,\ \dots,\ \phi_k)$라 하면 $\Phi^*(dt)=dt$이고 $\Phi^*(dx_i)=d\phi_i$이다. 정의에 따라 쓰면

$$\begin{aligned}\Phi^*P\omega&=\Phi^*\sum_I\left(\int_0^t f_I(s,\ x)ds\right)dx_I\\&=\sum_I\left(\int_0^t f_I(s,\ \phi(x))ds\right)d\phi_I\end{aligned}$$

이고,

$$\begin{aligned} P\Phi^* \omega(t,\ x) &= P(\sum_I f_I(t,\ \phi(x))dt \wedge d\phi_I + \sum_J g_J(t,\ \phi(x))d\phi_J) \\ &= \sum_I (\int_0^t f_I(s,\ \phi(x))ds)\, d\phi_I \end{aligned}$$

이다. 따라서 $\Phi^* P\omega = P\Phi^* \omega$이다. ■

**정리 11.5.4**

모든 다양체 $X$에 대해서 다음 두 조건을 만족하는 유일한 연산자(operator) $P : \Omega^p(\mathbb{R} \times X) \to \Omega^{p-1}(\mathbb{R} \times X)$가 존재한다.

(1) 만일 $\phi : X \to Y$가 미분동형함수이고 $\Phi = \mathrm{id} \times \phi : \mathbb{R} \times X \to \mathbb{R} \times Y$이면 $\Phi^* \circ P = P \circ \Phi^*$이다.

(2) 만일 $X = U$가 $\mathbb{R}^k$의 열린부분집합이고 $\omega = \sum_I f_I(t,\ x)dt \wedge dx_I + \sum_J g_J(t,\ x)dx_J$이면

$$P\omega(t,\ x) = \sum_I (\int_0^t f_I(s,\ x)ds)dx_I$$

이다.

증명 $\psi : \mathbb{R} \times U \to \mathbb{R} \times X$를 국소매개화라 하면 $\omega \in \Omega^p(\mathbb{R} \times X)$에 대하여 $\psi^*(\omega) \in \Omega^p(\mathbb{R} \times U)$이다. (2)에 의해서 $P\psi^*(\omega) \in \Omega^{p-1}(\mathbb{R} \times U)$이므로 $P : \Omega^p(\mathbb{R} \times X) \to \Omega^{p-1}(\mathbb{R} \times X)$를

$$P(\omega) = \psi^{-1*} P\psi^*(\omega)$$

로 $\mathrm{im}\psi$상에서 정의하면 매개화의 공통부분에서 같아져 $P$는 전체 $\mathbb{R} \times X$상에서 정의할 수 있다. 정리 11.5.3에 의해서 $\Phi^* \circ P = P \circ \Phi^*$이 성립하고 유클리드공간에서의 유일성이 임의의 다양체상에서 유일성을 보장한다. ■

**정리 11.5.5**

$\pi : \mathbb{R} \times X \to X$를 사영함수라 하고 $a \in \mathbb{R}$에 대해서 $i_a : X \to \mathbb{R} \times X$,

$i_a(x)=(a,\ x)$로 정의하면

$$dP\omega+Pd\omega=\omega-\pi^* i_a^*\omega$$

이다.

**증명** 우선 유클리드공간에서

$$\omega=\sum_I f_I(t,\ x)dt\wedge dx_I+\sum_J g_J(t,\ x)dx_J$$

라 하면

$$\pi^* i_a^*\omega=\sum_J g_J(a,\ x)dx_J$$

이다. $dP\omega+Pd\omega$를 계산하는 것은 좋은 연습문제이다. 이를 이용하여 임의의 다양체에서 증명할 수 있다. 참고문헌 [4]에 자세히 증명되어 있다. ■

**정리 11.5.6 푸앵카레보조정리(Poincaré lemma)**

함수 $i_a^{\#}: H^p(\mathbb{R}\times X)\to H^p(X)$와 $\pi^{\#}: H^p(X)\to H^p(\mathbb{R}\times X)$는 서로 역함수 관계에 있다.

**증명** $X\xrightarrow{i_a}\mathbb{R}\times X\xrightarrow{\pi}X,\ x\mapsto(a,\ x)\mapsto x$에서 $\pi\circ i_a=I$이므로 $i_a^{\#}\circ\pi^{\#}=I$이다. 정리 11.5.5에 의해 임의의 $\omega\in H^p(\mathbb{R}\times X)$에 대하여

$$dP\omega+Pd\omega=\omega-\pi^{\#}i_a^{\#}\omega\text{이고, }\pi^{\#}i_a^{\#}\omega=\omega$$

이므로 $\pi^{\#}i_a^{\#}=I$이다. ■

**정리 11.5.7**

만일 $p>0$이면 $k\geq 0$일 때 $H^p(\mathbb{R}^k)=0$이다. 따라서 $p>0$이면 모든 닫힌 $p$-형식은 완전형식이다.

**증명** 만일 $p>0$이면 $H^p(\mathbb{R}^k)\cong H^p(\mathbb{R}^{k-1})\cong H^p(\text{점})=0$이다. ■

**정리 11.5.8**

만일 함수 $f,\ g: X \to Y$가 호모토픽하면 $f^{\#} = g^{\#}$이다.

증명 $H: \mathbb{R} \times X \to Y$가 매끄러운 함수로 $H(a,\ x) = f(x),\ H(b,\ x) = g(x)$라 하자. 그러면 $f = H \circ i_a,\ g = H \circ i_b$이므로

$$f^{\#} = i_a^{\#} \circ H^{\#} \text{이고 } g^{\#} = i_b^{\#} \circ H^{\#}$$

이다. 정리 11.5.6에 의해 $i_a^{\#}$과 $i_b^{\#}$은 $\pi^{\#}$의 역함수이므로 $i_a^{\#} = i_b^{\#}$이다. 따라서

$$f^{\#} = i_a^{\#} \circ H^{\#} = g^{\#}$$

이다. ■

**정리 11.5.9**

만일 $X$가 점 $\{x\}$와 호모토픽하면 임의의 $p > 0$에 대해서 $H^p(X) = 0$이다.

증명 임의의 함수 $\{x\} \xrightarrow{f} X \xrightarrow{g} \{x\}$에 대하여 $f \circ g$와 $I_X$, $g \circ f$와 $I_{\{x\}}$가 호모토픽하므로 정리 11.5.8에 의해서 증명이 된다. ■

**정리 11.5.10**

$$H^p(S^k) = \begin{cases} \mathbb{R}, & p=0,\ k>0 \text{ 혹은 } p=k>0 \\ \mathbb{R} \oplus \mathbb{R}, & p=k=0 \\ 0, & \text{다른 } p \end{cases}$$

이다.

증명 $k$에 대한 귀납법으로 증명하자. $k=0$일 때 $S^0 = \{p,\ q\}$는 두 점이다. 따라서 $H^0(S^0) = \mathbb{R} \oplus \mathbb{R}$이고 $H^p(S^0) = 0$이다. $k=1$일 때

$$H^p(S^1) = \begin{cases} \mathbb{R}, & p=0,\ 1 \\ 0, & p \neq 0,\ 1 \end{cases}$$

이다(연습문제 11.3.2). $S^{k-1}$일 때 정리가 성립한다고 가정하자. $S^k - \{N =$

북극점$\} = U_1$, $S^k - \{S=$남극점$\} = U_2$라 하자. 그러면 $U_1$, $U_2$, 그리고 $\mathbb{R}^k$는 미분 동형이고, $U_1 \cap U_2$는 $\mathbb{R} \times S^{k-1}$과 미분동형이다. ■

**보조정리 11.5.11**

$p > 1$에 대해서 $H^p(U_1 \cup U_2) \simeq H^{p-1}(U_1 \cap U_2)$ 동형이다.

증명 $\omega \in H^p(U_1 \cup U_2) = H^p(S^k)$에 대해서 $\omega$를 닫힌 $p$-형식이라 하면, $U_1$은 점과 호모토픽하므로 $\omega$는 $U_1$에서 완전형식이다.

따라서 $U_1$에서 $\omega = d\phi_1$이라 하자.

같은 방법으로 $U_2$에서 $\omega = d\phi_2$이다. $U_1 \cap U_2$에서 $(p-1)$-형식 $\nu = \phi_1 - \phi_2$를 생각하자. $U_1 \cap U_2$에서 $d\phi_1 = d\phi_2$이므로 $\nu$는 닫힌형식이다.

따라서 $\nu \in H^{p-1}(U_1 \cap U_2)$이다.

역으로 $\{\rho_1, \rho_2\}$를 $\{U_1, U_2\}$에 대한 $S^k$상의 단위분할이라 하자.

$\nu$를 $(p-1)$-형식으로 $H^{p-1}(U_1 \cap U_2)$의 원소라 하자. 그러면 $\phi_1 = \rho_1 \nu$를 $U_1$에서 $(p-1)$-형식이다.

$\phi_2 = -\rho_2 \nu$를 $U_2$에서 $(p-1)$-형식이라 하자. 그러면 $U_1 \cap U_2$에서 $\phi_1 - \phi_2 = \nu$이다.

$U_1 \cup U_2$상에서 $p$-형식

$$\omega = \begin{cases} d\phi_1, & U_1 \\ d\phi_2, & U_2 \end{cases}$$

라 정의하면, $U_1 \cap U_2$상에서 $d\phi_1 - d\phi_2 = d\nu = 0$이므로 $\omega$는 $U_1 \cup U_2$상에서 잘 정의된다. 또한 $d\omega = 0$이므로 $\omega \in H^p(U_1 \cup U_2)$이다. ■

다시 정리 11.5.10의 증명으로 돌아가자.

증명 **정리 11.5.10의 증명의 연속**

만일 $p > 1$이면

$$H^p(S^k) = H^p(U_1 \cup U_2) \simeq H^{p-1}(U_1 \cap U_2)$$

$$= H^{p-1}(\mathbb{R} \times S^{k-1}) \simeq H^{p-1}(S^{k-1})$$

이다. $H^1(S^1) = \mathbb{R}$이고 연습문제 11.5의 2에 의하여 만일 $k > 1$이면 $H^1(S^k) = 0$이다. 그리고 $H^p(S^k) = H^{p-1}(S^{k-1})$에 의해 만일 $p = 2$이면

$$H^2(S^k) = H^1(S^{k-1}) = \begin{cases} \mathbb{R}, & k = 2 \\ 0, & k > 2 \end{cases}$$

이고, $p = 3$이면

$$H^3(S^k) = H^2(S^{k-1}) = \begin{cases} \mathbb{R}, & k = 3 \\ 0, & k > 3 \end{cases}$$

이다. 따라서 정리 11.5.10이 증명된다. ■

## 연습문제 11.5

1. 유클리드공간 $\mathbb{R}^n$에서 $p > 0$이면 모든 닫힌 $p$-형식은 완전(exact)임을 보이시오.

2. **마이어-비토리스열**(Mayer-Vietoris sequence)
다양체 $X = U \cup V$가 열린집합 $U$와 $V$의 합집합이라 하자. 포함함수 $U \cap V \underset{i_1}{\overset{i_0}{\rightrightarrows}} U \coprod V \xrightarrow{i} X$에 대하여
(1) $0 \to \Omega^*(X) \xrightarrow{f} \Omega^*(U) \oplus \Omega^*(V) \xrightarrow{g} \Omega^*(U \cap V) \to 0$이 완전열(exact sequence)임을 보이시오. 여기서 $f = i^*$, $g = i_1^* - i_0^*$이다.
(2) (1)로부터

$$\to H^q(X) \to H^q(U) \oplus H^q(V) \to H^q(U \cap V) \to$$
$$\xrightarrow{d^*} H^{q+1}(X) \to H^{q+1}(U) \oplus H^{q+1}(V) \to \cdots$$

이 완전열임을 보이시오. 여기서 $d^*$는 **공경계**(coboundary)연산자이다.

**3.** 2를 이용하여 원 $S^1$의 코호몰로지를 구하시오.

## 11.6 스토크스정리(Stokes Theorem)

다양체상의 형식들은 외미분 $d$를 취하면 차수가 하나씩 늘어나고, 부분다양체들 사이에 경계 $\partial$는 차원이 하나씩 줄어든다. 이들 사이의 관계를 적분 $\int$이 연결해준다. 미분적분학에서 기본정리, 그린정리, 발산정리 등은 이런 관계를 말해주는 간단한 예들이다.

**정리 11.6.1 스토크스정리(Stokes theorem)**

만일 $\omega$가 컴팩트인 유향 $k$-차원 다양체 $X$상에서의 $(k-1)$-형식이면

$$\int_{\partial X} \omega = \int_X d\omega$$

이다.

**증명** 등식의 양변은 $\omega$에 대해서 선형이므로 $\omega$가 매개화 $\phi : U \to X$의 상 내에서 컴팩트받침을 갖는다고 가정하자. 여기서 $U$는 $\mathbb{R}^k$ 혹은 $\mathbb{H}^k$의 열린부분집합이다.

우선, 만일 $U \subset \mathbb{R}^k$이면 $\phi(U) \cap \partial X = \phi$이므로,

$$\int_{\partial X} \omega = 0$$

이고

$$\int_X d\omega = \int_U \phi^*(d\omega) = \int_U d\phi^* \omega$$

이다. 여기서 $\phi^* \omega$는 $\mathbb{R}^k$에서 $(k-1)$-형식이므로

$$\phi^*\omega = \sum_{i=1}^{k}(-1)^{i-1} f_i dx_1 \wedge \cdots \wedge \widehat{dx_i} \wedge \cdots \wedge dx_k$$

로 쓸 수 있다. 여기서 $\widehat{dx_i}$는 $dx_i$를 제거한다는 뜻이다. 따라서

$$d\phi^*\omega = \sum_i \frac{\partial f_i}{\partial x_i} dx_1 \wedge \cdots \wedge dx_k$$

이고, 푸비니(Fubini)정리를 이용하면

$$\begin{aligned}\int_{\mathbb{R}^k} d\phi^*\omega &= \sum_i \int_{\mathbb{R}^k} \frac{\partial f_i}{\partial x_i} dx_1 \cdots dx_k \\ &= \sum_i \int_{\mathbb{R}^{k-1}} \left( \int_{-\infty}^{\infty} \frac{\partial f_i}{\partial x_i} dx_i \right) dx_1 \cdots \widehat{dx_i} \cdots dx_k\end{aligned}$$

이다. 그런데

$$\begin{aligned}\int_{-\infty}^{\infty} \frac{\partial f_i}{\partial x_i} dx_i &= \int_{-\infty}^{\infty} \frac{\partial f_i}{\partial x_i}(a_1, \ldots, x_i, \ldots, a_k) dx_i \\ &= \int_{-\infty}^{\infty} \frac{dg(x_i)}{dx_i} dx_i = 0\end{aligned}$$

이다. 여기서 $g(x_i) = f(a_1, \ldots, x_i, \ldots, a_k)$이고 마지막 등식은 $g$가 컴팩트받침을 가지고 있기 때문에,

$$\int_{\mathbb{R}^k} d\phi^*\omega = \int_X d\omega = 0$$

이다.

다음은 $U \subset \mathbb{H}^k$일 때 위의 기호를 사용하면

$$\begin{aligned}\int_X d\omega = \int_{\mathbb{H}^k} d\phi^*\omega &= \int_{\mathbb{R}^{k-1}} \left( \int_0^{\infty} \frac{\partial f_k}{\partial x_k} dx_k \right) dx_1 \cdots dx_{k-1} \\ &= \int_{\mathbb{R}^{k-1}} - f_k(x_1, \ldots, x_{k-1}, 0) dx_1 \cdots dx_{k-1}\end{aligned}$$

이다. 여기서 컴팩트받침을 가지므로 둘째 등호에서 $\dfrac{\partial f_k}{\partial x_k}$항만 남고,

다음 등호에도 $f_k(x_1, \ldots, x_{k-1}, 0)$인 항만 남는다. 반면에

$$\int_{\partial X} \omega = \int_{\partial \mathbb{H}^k} \phi^* \omega = \int_{\partial \mathbb{H}^k} (-1)^{k-1} f_k(x_1, \ldots, x_{k-1}, 0) dx_1 \cdots dx_{k-1}$$

이다. 여기서 $\partial \mathbb{H}^k$에서 $x_k = 0$이므로 $dx_k = 0$이고

$$\phi^* \omega = (-1)^{k-1} f_k(x_1, \ldots, x_{k-1}, 0) dx_1 \cdots dx_{k-1}$$

이다. $\{e_1, \ldots, e_k\}$를 $\mathbb{R}^k$의 표준순서기저라 하면,

$$\{-e_k, \partial \mathbb{H}^k \text{의 표준순서기저}\} = \{e_1, \ldots, e_k\}$$

이므로 $\partial \mathbb{H}^k$에서 방향은 $(-1)^k \{e_1, \ldots, e_{k-1}\}$이다. 따라서

$$\begin{aligned} \int_{\partial X} \omega &= \int_{\mathbb{R}^{k-1}} (-1)^k (-1)^{k-1} f_k(x_1, \ldots, x_{k-1}, 0) dx_1 \cdots dx_{k-1} \\ &= \int_{\mathbb{R}^{k-1}} -f_k(x_1, \ldots, x_{k-1}, 0) dx_1 \cdots dx_{k-1} \end{aligned}$$

이다. 그러므로

$$\int_{\partial X} \omega = \int_X d\omega$$

를 만족한다. ■

## 연습문제 11.6

1. $W$가 $\mathbb{R}^2$ 내의 컴팩트 영역이고 경계 $\partial W = \gamma$가 매끄러운 곡선일 때

$$\int_\gamma f dx + g dy = \int_W \left( \frac{\partial g}{\partial x} - \frac{\partial f}{\partial y} \right) dx\, dy$$

임을 보이시오.

2. $W$가 $\mathbb{R}^3$ 내의 컴팩트 영역이고 경계가 매끄러운 곡면일 때 $W$상의 매끄

러운 벡터장 $F=(f_1, f_2, f_3)$에 대하여

$$\int_W (\operatorname{div} F)dx\,dy\,dz = \int_{\partial W}(n \cdot F)dA$$

임을 보이시오. 여기서 $n$은 $\partial W$의 **외향단위법벡터**(outward unit normal vector)이다.

**3.** $S$가 $\mathbb{R}^3$ 내의 경계가 있는 컴팩트 유향 2-차원 다양체이고 $F=(f_1, f_2, f_3)$가 $S$의 근방에서 매끄러운 벡터장이면

$$\int_S (\text{curl} \cdot n)dA = \int_{\partial S} f_1 dx_1 + f_2 dx_2 + f_3 dx_3$$

임을 보이시오.

**4.** $X$가 경계가 없는 컴팩트 유향 $k$-차원 다양체이고 $\omega$가 $X$상의 완전 $k$-형식이면 $\int_X \omega = 0$임을 보이시오.

**5.** $W$는 컴팩트 $X=\partial W$, $f: X \to Y$는 매끄러운 함수, $\omega$는 $Y$상의 닫힌 $k$-형식일 때, $f$를 $W$상으로 확장할 수 있으면 $\int_X f^*\omega = 0$임을 보이시오.

**6.** 만일 함수 $f_0, f_1 : X \to Y$가 호모토픽하고 $X$는 경계가 없는 $k$-차원 컴팩트다양체이면, $Y$상의 닫힌 $k$-형식 $\omega$에 대하여

$$\int_X f_0^*\omega = \int_X f_1^*\omega$$

임을 보이시오.

**7.** (1) 두 닫힌 $p$-형식 $\omega$와 $\omega'$이 **코호몰로거스**(cohomologous)란 차 $\omega - \omega' = d\theta$가 완전형식(exact form)일 때를 의미한다. $\omega$와 $\omega'$이 $X$상에서 코호몰로거스 $p$-형식이고 $Z$가 $X$의 컴팩트 유향 $p$-차원 부분다양체이면,

$$\int_Z \omega = \int_Z \omega'$$

임을 보이시오.

(2) 자연스런 함수

$$\int_Z : H^p(X) \to \mathbb{R}$$

이 선형함수임을 보이시오.

(3) 두 컴팩트 유향 $p$-차원 다양체 $Z_1$, $Z_2$가 **코보단트**(cobordant)란 컴팩트 유향 $(p+1)$-차원 부분다양체 $W \subset X$가 존재하여 $\partial W = Z_1 \cup (-Z_2)$임을 의미한다. 이때 (2)의 두 함수

$$\int_{Z_1}, \int_{Z_2} : H^p(X) \to \mathbb{R}$$

이 같음을 보이시오.

## 11.7 차수공식(Degree Formula)

이 장에서는 스토크스정리를 이용하여 함수의 차수를 생각한다.

**정리 11.7.1 차수공식(degree formula)**

$f : X \to Y$가 컴팩트이며 연결된 유향 $k$-차원 다양체상에서의 매끄러운 함수이고 $\omega$가 $Y$상의 $k$-형식일 때

$$\int_X f^* \omega = \deg(f) \cdot \int_Y \omega$$

이다.

차수공식을 이용하여 다양체의 몇 가지 성질을 알아보고 차수공식을 증명하자.

**정리 11.7.2**

$\Omega$를 복소평면 $\mathbb{C}$상의 영역으로 매끄러운 경계(곡선)를 갖고 복소 다항식

$$p(z) = z^m + a_1 z^{m-1} + \cdots + a_m$$

이 경계 $\partial\Omega$에서 근을 갖지 않는다면, 중복도까지 세어서 $\Omega$ 내의 $p$의 근의 수는

$$\frac{1}{2\pi}\int_{\partial\Omega} d\,\arg p(z)$$

이다.

**증명** 복소수 $w = re^{i\theta}$라고 하면 **편각**(argument)은 $\arg(w) = \theta$이다. 사실은 임의의 정수 $n$에 대해서 $w = re^{i\theta} = re^{i(\theta + 2\pi n)}$이므로 $\arg(w) = \theta + 2\pi n$이나, 외미분 $d\arg(w) = d\theta$는 $n$이 어떤 상수이거나 상관없다.

따라서 $d\theta$는 $\mathbb{C} - \{0\}$에서 정의된다. 여기서 $d\arg$는 외형으로는 완전 1-형식이나 $\arg$가 전체 $\mathbb{C}$에서 잘 정의되지 않는 함수이므로 완전 1-형식(exact 1-form)이 아니다. 또 1-형식 $d\,\arg p(z) = p^* d\arg(z)$는 $\mathbb{C}$에서 $p(z) = 0$인 점을 제외한 곳에서 정의된다. $\Omega$ 내에서 $p(z)$의 근의 수는

$$f(z) = \frac{p(z)}{|p(z)|} = e^{i\arg p(z)}$$

로 정의된 함수 $f : \partial\Omega \to S^1$의 차수 $\deg(f)$이다. 따라서

$$\int_{\partial\Omega} d\,\arg p(z) = 2\pi \cdot \deg(f)$$

임을 보이자. 만일

$$w = f(z) = e^{i\arg p(z)}$$

이면 $\arg(w) = \arg p(z)$이고,

$$d\,\arg p(z) = d[f^* \arg(w)] = f^* d\arg w$$

이다. 따라서 정리 11.7.1에 의하여

$$\int_{\partial\Omega} d\ \arg p(z) = \int_{\partial\Omega} f^* d\arg w = \deg(f)\int_{S^1} d\ \arg(w)$$

이다. $S^1$의 매개변수화를 $(0,\ 2\pi) \to S^1 - \{1\},\ \theta \mapsto e^{i\theta}$라 하면, $d$ arg $w = d\theta$이고

$$\int_{S^1} d\ \arg w = \int_0^{2\pi} d\theta = 2\pi$$

이다. 그러므로

$$\frac{1}{2\pi}\int_{\partial\Omega} d\ \arg p(z) = \deg(f) = p(z)\text{의 } \Omega \text{ 내에서의 근의 수}$$

이다. ■

**정리 11.7.3**

만일 $X = \partial W$이고 함수 $f : X \to Y$가 매끄럽게 $W$상으로 확장가능하면 $\int_X f^* \omega = 0$이다. 여기서 $\omega$는 $Y$상의 $k$-형식, $X$, $Y$, $W$는 컴팩트, $k = \dim X = \dim Y$이다.

**증명** $F : W \to Y$가 $f$의 확장이면

$$\int_X f^* \omega = \int_{\partial W} F^* \omega = \int_W F^* d\omega = 0$$

이다. 왜냐하면 $\omega$는 $k$-차원 다양체 $Y$상의 $k$-형식이므로 $d\omega = 0$이기 때문이다. ■

**계 11.7.4**

만일 $f_0,\ f_1 : X \to Y$가 컴팩트인 유향 $k$-차원 다양체상에서의 호모토픽 함수이면 임의의 $Y$상의 $k$-형식 $\omega$에 대하여

$$\int_X f_0^* \omega = \int_X f_1^* \omega$$

이다.

**증명** $F: I\times X \to Y$를 $f_0$와 $f_1$의 호모토피라 하자. 그러면

$$\partial(I\times X) = X_1 - X_0$$

이고

$$F|_{X_1} = f_1,\ F|_{X_0} = f_0$$

이다. 정리 11.7.3에 의해서

$$0 = \int_{\partial(I\times X)} (\partial F)^* \omega = \int_{X_1} f_1^* \omega - \int_{X_0} f_0^* \omega$$

이다. ■

**보조정리 11.7.5**

$X$와 $Y$가 컴팩트인 유향 $k$차원 다양체이고 점 $y$가 $f: X \to Y$의 정칙값이면 $y$의 근방 $U$가 존재하여

$$\int_X f^* \omega = \deg(f) \int_Y \omega$$

이다. 여기서 $\omega$는 $U$ 내에 받침을 갖는 $k$-형식이다.

**증명** $y$가 $f$의 정칙값이므로 $f^{-1}(y)$의 각 점에서 $f$는 국소 미분동형함수이며, $X$가 컴팩트이므로 $f^{-1}(y) = \{x_1, \ldots, x_N\}$은 유한집합이다.

따라서 $y$의 근방 $U$와 서로소인 $x_i$의 근방 $V_i$가 존재하여 $f^{-1}(U) = V_1 \cup \cdots \cup V_N$이고 모든 $i = 1, \ldots, N$에 대하여 $f: V_i \to U$는 미분동형함수이다. 만일 $\omega$가 $U$에서 받침을 가지면 $f^*\omega$는 $f^{-1}(U)$에서 받침을 갖는다. 따라서

$$\int_X f^* \omega = \sum_{i=1}^{N} \int_{V_i} f^* \omega$$

이다. $f: V_i \to U$는 미분동형함수이므로

$$\int_{V_i} f^* \omega = \varepsilon_i \int_U \omega$$

이다. 여기서 $\varepsilon_i = \pm 1$로서 만일 $f$가 방향을 보존하면 $+1$이고 그렇지 않으면 $-1$이다. 따라서 $\deg(f) = \sum_{i=1}^{N} \varepsilon_i$이고

$$\int_X f^* \omega = \deg(f) \int_Y \omega$$

이다. ■

**증명** **차수공식 11.7.1의 증명**

점 $y$가 함수 $f : X \to Y$의 정칙값이고 $U$는 $y$의 근방으로 정리 11.7.5에서 정의된 것으로 선택하자. 각 점 $z \in Y$에 대하여 미분동형함수 $h : Y \to Y$가 존재하여 $h(y) = z$이고 $h$가 항등함수에 동위적(isotopic)이다. 열린집합들 $\{h(U)\}$가 $Y$를 피복하므로 유한개의 함수 $h_1, \ldots, h_n$이 존재하여 $Y = h_1(U) \cup \cdots \cup h_n(U)$가 된다. 여기서 단위분할(partition of unity) $\{\lambda_i \mid i = i, \ldots, n\}$을 사용하면, $\omega = \sum_{i=1}^{n} \lambda_i \omega$이고 $\lambda_i \omega$는 $h_i(U)$에서 받침을 갖는다. 따라서

$$\int_X f^* \omega = \deg(f) \int_Y \omega$$

에서 양변 모두 $\omega$에 관하여 선형이므로 $h(U)$ 안에서 받침을 갖는 형식에 대해 차수공식이 성립함을 보이면 충분하다. $\omega$가 $h(U)$에서 받침을 갖고 있다고 가정하자. 그러면 $h^* \omega$는 $U$에서 받침을 갖는다. 호모토피 $h \sim \mathrm{id}$이므로 $h \circ f \sim f$이다. 따라서 계 11.7.4에 의해

$$\int_X f^* \omega = \int_X (h \circ f)^* \omega = \int_X f^* h^* \omega = \deg(f) \int_Y h^* \omega$$

이다. 특히 $h \sim \mathrm{id}$이므로 $\deg(h) = +1$이다. 그러므로

$$\int_X h^* \omega = \int_Y \omega$$

이고

$$\int_X f^*\omega = \deg(f)\int_Y \omega$$

이다. ■

## 연습문제 11.7

**1.** $\mathbb{R}^2 - \{0\}$ 에서 1-형식 $d\arg$는

$$\frac{-y}{x^2+y^2}dx + \frac{x}{x^2+y^2}dy$$

임을 보이시오(도움말 : $\theta = \tan^{-1}(y/x)$).

**2.** $\mathbb{R}^k$상의 컴팩트받침을 갖는 $k$-형식 $w$가 컴팩트받침을 갖는 $(k-1)$-형식의 외미분일 필요충분조건은 $\int_{\mathbb{R}^k}\omega = 0$임을 보이시오.

**3.** $X$는 컴팩트인 유향 $k$-차원 다양체이다. 선형함수 $\int_X : H^k(X) \to \mathbb{R}$이 동형임을 보이시오.

**4.** $f : X \to Y$가 컴팩트 유향 $k$-차원 다양체상의 매끄러운 함수이다. 다음 다이어그램이 교환임을 보이시오.

$$\begin{array}{ccc} H^k(Y) & \xrightarrow{\ f^*\ } & H^k(X) \\ \int_Y \Big\uparrow & & \Big\uparrow \int_X \\ \mathbb{R} & \xrightarrow[\deg f]{} & \mathbb{R} \end{array}$$

**5.** (1) $S^k$상에 $\int_{S^k}\omega \neq 0$인 $k$-형식 $w$를 구성하시오.

(2) $S^k$상의 닫힌 $k$-형식 $\omega$가 완전형식일 필요충분조건은 $\int_{S^k} \omega = 0$임을 보이시오.

(3) $\int_{S^k} : H^k(S^k) \to \mathbb{R}$이 동형임을 보이시오.

# 참고문헌

[1] 조용승, 다양체의 미분위상수학, 아르케, 2002.

[2] 조용승, 대수적 위상수학, 경문사, 2010.

[3] 조용승, 지표이론, 경문사, 2012.

[4] Bott, R. and Tu, L., *Differential Forms in Algebraic Topology*, Springer-Verlag, 1982.

[5] Kelley, J. L., *General Topology*, New York: Van Nostrand, 1955.

[6] Greenberg, M. and Harper, J., *Algebraic Topology*, The Benjamin/ Cummings Publishing Company, 1981.

[7] Guillemin, V. and Pollack, A., *Differential Topology*, Prentice-Hall, Englewood Cliffs, N. J., 1974.

[8] Lipschutz, S., *Schaum's Outline of Theory and Problems of General Topology*, McGraw-Hill, 1965.

[9] Massey, W., *Algebraic Topology, An Introduction*, Springer-Verlag, 1967.

[10] Milnor J. and Stasheff, J., *Characterisfic Classes*, Princeton, Princeton Univ. Press, 1963.

[11] Milnor, J., *Topology from a Differential Viewpoint*, Charlottesville, Va. Univ. of Virginia Press, 1965.

[12] Munkres, J. R., *Topology*, Prentice-Hall, Inc. Englewood Cliffs, New Jersey, 2000.

[13] Singer, I. M. and Thorpe, J. A., *Lecture Notes on Elementary Topology and Geometry*, Scott, Foresman and Company, 1967.

[14] Warner, F., *Foundations of Differentiable Manifolds and Lie Groups*, Scott, Foresman an Company, 1971.

# 찾아보기

**|ㅇ|**



**|ㅈ|**

|D|



|E|



|F|



|G|



|H|



|I|

**|Q|**



**|R|**



**|S|**



**|T|**

### |U|



### |V|



### |W|



### |Z|

제2판

# 위상수학

지은이 조용승
펴낸이 조경희
펴낸곳 경문사
펴낸날 2010년 9월 1일 1판 1쇄
2019년 3월 5일 2판 2쇄
등 록 1979년 11월 2일 제313-1979-23호
주 소 04057, 서울특별시 마포구 와우산로 174
전 화 (02)332-2004 팩스 (02)336-5193
이메일 kyungmoon@kyungmoon.com
facebook facebook.com/kyungmoonsa

값 16,000원

ISBN 979-11-6073-048-7

★ 경문사 홈페이지에 오시면 즐거운 일이 생깁니다.
http://www.kyungmoon.com

한국과학기술출판협회 회원사